地质与城市扩张
——安庆多要素城市地质调查

DIZHI YU CHENGSHI KUOZHANG
——ANQING DUOYAOSU CHENGSHI DIZHI DIAOCHA

李云峰　葛伟亚　陆远志　李　惠　编著

内容提要

本书来源于中国地质调查局"城市地质调查工程"下二级项目"安庆多要素城市地质调查",是研究安庆地区城市地质的一本专著,是对近几十年来安庆地区地质工作成果的提炼和总结。全书共分为4篇:第一篇主要从区域地质、第四纪地质、工程地质、水文地质的角度来介绍安庆地区的地质背景,从更深的层次来理解东晋时期"地质学家"郭璞所感叹的"此地宜城";第二篇从水资源、地质遗迹资源、矿产资源、特色土壤资源等角度分析安庆地区城市发展的物质资源,领略潜峰皖水资源禀赋,避免因为盲目扩张而导致的资源浪费;第三篇从地下空间、绿色能源、城市地质安全等角度,介绍了城市地质工作助力安庆市拓展城市空间,再筑宜居新城;第四篇总结了安庆多要素城市地质调查工作过程中凝练的一些工作方法、技术手段、理论认识和地质信息化建设成果,以期为城市地质及相关领域科研工作者和从业人员开展工作提供思路与借鉴。

本书以地球系统科学理论为综合指导,按照城市发展的时间脉络,围绕资源、环境、空间、灾害等领域详细阐述了以安庆为例的滨江丘岗型城市发展过程中面临的地质问题和开发利用建议。本书内容较为丰富,总结的城市地质调查方法、技术、评价、信息化等方面成果,可供区域地质、水工环地质、城市地质、城市规划、环保、农业等领域的从业人员及大专院校学生阅读参考。

图书在版编目(CIP)数据

地质与城市扩张:安庆多要素城市地质调查/李云峰等编著.—武汉:中国地质大学出版社,2024.10.—ISBN 978-7-5625-6089-0

Ⅰ.X321.225.4

中国国家版本馆 CIP 数据核字 2025M5N424 号

地质与城市扩张——安庆多要素城市地质调查　　李云峰　葛伟亚　陆远志　李　惠　编著

责任编辑:舒立霞　　　　选题策划:张　琰　段　勇　张　旭　　　　责任校对:徐蕾蕾

出版发行:中国地质大学出版社(武汉市洪山区鲁磨路388号)		邮编:430074
电　　话:(027)67883511	传　　真:(027)67883580	E-mail:cbb@cug.edu.cn
经　　销:全国新华书店		http://cugp.cug.edu.cn
开本:880mm×1230mm　1/16		字数:451千字　印张:14　插页:1
版次:2024年10月第1版		印次:2024年10月第1次印刷
印刷:武汉中远印务有限公司		
ISBN 978-7-5625-6089-0		定价:98.00元

如有印装质量问题请与印刷厂联系调换

《地质与城市扩张——安庆多要素城市地质调查》编委会

主　　编：李云峰　葛伟亚　陆远志　李　惠
副 主 编：张　庆　周小平　牛晓楠　鲍晓明　吴涵宇
　　　　　洪文二　李运怀
成　　员：苏小四　查甫生　倪　欢　侯莉莉　王　睿
　　　　　华　健　杜菁菁　杨　潘　魏长帅　黄永涛
　　　　　赵先鸣　陈宗芳　司志远　岳运华　马　明
　　　　　朱一姝　刘中刚

主编单位：自然资源部城市地下空间探测评价工程技术创新中心
　　　　　中国地质调查局南京地质调查中心
　　　　　中国地质调查局城市环境地质研究中心

作者简介：李云峰（1985—），男，正高级工程师。2006年以来一直在中国地质调查局南京地质调查中心（华东地质科技创新中心）工作，安庆多要素城市地质调查项目负责人。参加工作以来，主要在长江三角洲地区、海峡西岸经济区、皖江经济带等重要经济区和城市群从事地下水污染、环境地质及城市地质等调查研究工作。

项目组简介：该项目承担单位为中国地质调查局南京地质调查中心，参加单位（委托业务承担单位）共有11家。南京地质调查中心参加人员15人（中心在职），其中高级职称3人，硕士研究生及以上学历6人，是一个以青年业务骨干为主的业务团队，团队包括水文地质、工程地质、遥感、构造地质、矿产地质、地球物理及地理信息等多专业人员，专业构成合理。团队创新动力足，项目实施过程中发表论文18篇（其中SCI 6篇），申报发明专利3项、实用新型专利3项、软件著作权7项，研发地质调查装备2套。

前言

城市扩张伴随着整个城镇化过程，根据城市主要交通方式的改变，在不同阶段呈现出的形态与扩张速度不同。地质资源特征、地基稳定性、区域构造稳定性和地质环境要素等组成的地质条件是一个城市发展的物质基础。城市快速扩张会对地质条件产生剧烈影响，而同时受制于地质条件，城市扩张的局部形态会发生改变。城市扩张与地质条件之间存在明显的相互制约影响的关系，需要研究城市扩张与地层构造、地质作用、地质过程的互馈影响，旨在为服务大中小城市协调发展的新型城镇化战略，探索一条地质工作路径。

安庆作为一个发展中城市，地处两大构造板块拼接处，山水林田湖湿等自然资源丰富，以安庆作为中部发展中城市试点，开展发展中城市多要素城市地质调查是新一轮部委改革、"十三五"收官、城乡协调发展下的必然需求，是探索滨江丘岗城市地质调查工作技术方法体系的理想场地，因此安庆成为全国首批多要素城市地质调查试点城市之一。

本书以中国地质调查局项目"安庆多要素城市地质调查"成果为基础，根据安庆市地质条件和城市扩张特征，分析了快速发展的城市对地质资源开发、地质环境保护及地质安全防护的不同需求，通过项目工作的实施，探索了中心城区面向地质安全防护、外围郊区特色地质资源开发和城市整体面向地质环境保护的新型城市地质工作思路，从资源、空间、环境、灾害等各个角度对项目成果和经验进行了梳理和总结，并根据安庆市经济发展特点，为安庆市经济社会发展提供了地质资源利用、地质环境保护和地质问题防控等对策建议。主要成果：①查明了大观区、宜秀区、迎江区、桐城市三维地质结构、地质资源分布及潜力、地质环境问题的主控因素等，在地表-地下水交互作用带、大气降水入渗带等关键节点设立了地质环境自动化监测站点，已经取得监测数据20多万条；②创新遥感解译方法查清了规划建设区900余处暗浜和厚填土分布；③应用三维高密度电法查明了隐伏岩溶的空间分布和深浅岩溶的连通性；④解决了厚杂填土、强电磁干扰地区电法物探失灵的问题，应用抗干扰电测深查明滨江地区易液化砂土分布范围；⑤在城市规划区圈定一处地下水应急水源地，可应急供应80万人65天生活用水；⑥应用水文学、地球化学和水文地质学调查评价了地下水 Fe、Mn 和 As 的原生劣质水体分布。

在项目实施和本书编撰过程中，得到了中国地质调查局水文地质环境地质部、中国地质调查局水文地质环境地质调查中心、安徽省自然资源厅、安徽省地质矿产勘查局、安徽省地质调查院（安徽省地质科学研究所）、安徽省地质矿产勘查局326地质队、安徽省地质矿产勘查局第一水文地质队、安徽省地质矿产勘查局勘查技术院、安徽省地质矿产勘查局地球物理地球化学勘察技术院、合肥工业大学、吉林大学、中国地质大学（北京）、河海大学、超图软件股份有限公司、北京勘查技术工程有限公司等单位相关领导和专家的支持与帮助，在此一并表示衷心感谢！

编著者
2024年6月

目 录

CONTENTS

第一章 引 言 ………………………………………………………………………… (1)
  第一节 中国城市扩张特征 ………………………………………………………… (1)
  第二节 中国城市地质概况 ………………………………………………………… (3)
  第三节 安庆多要素城市地质调查 ………………………………………………… (6)

第一篇 此地宜城——地质背景篇

第二章 区域地质概况 ………………………………………………………………… (15)
  第一节 基 岩 ……………………………………………………………………… (15)
  第二节 地质构造 …………………………………………………………………… (18)

第三章 第四纪地质 …………………………………………………………………… (20)
  第一节 第四纪地层划分 …………………………………………………………… (20)
  第二节 第四纪地层年代 …………………………………………………………… (26)
  第三节 第四纪地层空间结构特征 ………………………………………………… (30)
  第四节 第四纪沉积环境演化 ……………………………………………………… (33)

第四章 工程地质 ……………………………………………………………………… (37)
  第一节 安庆市辖区工程地质特征 ………………………………………………… (37)
  第二节 桐城地区工程地质特征 …………………………………………………… (49)

第五章 水文地质 ……………………………………………………………………… (59)
  第一节 安庆市辖区水文地质特征 ………………………………………………… (59)
  第二节 桐城地区水文地质特征 …………………………………………………… (66)

第二篇 潜峰皖水——资源禀赋篇

第六章 皖水清波润万家——水资源 ………………………………………………… (75)
  第一节 地表水资源 ………………………………………………………………… (75)
  第二节 地下水资源 ………………………………………………………………… (76)

第七章 奇峰缥缈出奇云——地质遗迹资源 ………………………………………… (84)
  第一节 地质遗迹资源概况 ………………………………………………………… (84)
  第二节 代表性地质遗迹 …………………………………………………………… (86)

第八章　云烟万岭有遗宝——矿产资源 (91)
第一节　安庆市辖区矿产资源 (91)
第二节　桐城地区矿产资源 (93)

第九章　龙山凤水育沃土——特色土壤资源 (94)
第一节　特色农产品产地资源 (94)
第二节　富锌特色土壤资源 (97)

第三篇　再筑宜城——助力拓展篇

第十章　为城市扩张拓展新空间 (103)
第一节　东部新城地质条件 (103)
第二节　地质问题 (104)
第三节　地下空间资源分区分层综合利用地质建议 (105)

第十一章　支撑绿色低碳城市建设 (108)
第一节　地热能 (108)
第二节　浅层地热能 (109)

第十二章　发掘老区振兴资源亮点 (119)
第一节　大别山区优质矿泉水资源 (119)
第二节　开发保护建议 (125)

第十三章　守护城市健康安全发展 (130)
第一节　城市地质环境 (130)
第二节　城市地质安全 (143)

第四篇　总结篇

第十四章　城市地质信息化建设 (157)
第一节　三维地质建模 (157)
第二节　信息平台建设 (167)

第十五章　科技创新总结 (180)
第一节　工作方法创新 (180)
第二节　技术创新 (188)
第三节　理论认识创新 (204)

主要参考文献 (206)

第一章 引 言

第一节 中国城市扩张特征

我国城市化呈现出典型的增长趋势,1978年前经历了一个缓慢稳定的城市化阶段,1978—2020年经历了一次加速城市化阶段,2000年后经历了一段高速波动的城市化阶段。这与重大政策的实施和国家战略的制定是一致的。中国城市化速度在不同的国民经济和社会发展五年计划中表现出不同的特点,概括起来主要包括如下几个方面。

1. 快速城市化

从20世纪80年代开始,中国的城市化速度显著增加。尤其是在改革开放政策推动下,城市人口迅速增长(图1-1-1),城市地域也不断扩大。我国城市扩张呈现出普遍性、显著性、持续性、周期性和波动性(Liu et al.,2021)。

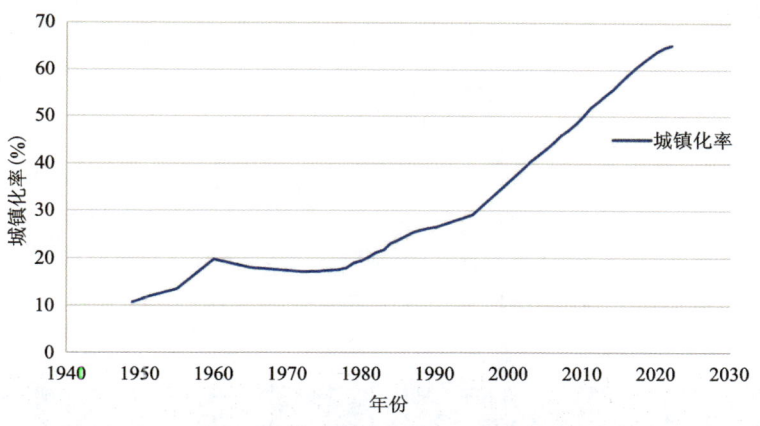

图1-1-1 中国城市化过程曲线(据《中国统计年鉴(2022)》)

从"十五"期间东部、超大城市的扩张,到"十一五""十二五"期间全国大中小城市的普遍扩张,再到"十三五"期间各类城市的扩张呈现减速趋势,如图1-1-2所示,各城市逐渐从外延式扩张转化为内涵式增长(尹上岗等,2022)。

2. 中心城市强化

大部分大城市和省会城市在20世纪90年代开始出现明显的中心城市强化现象。这表现为城市中心区域的用地规模和人口密度增大,城市周边的人口和功能逐渐外迁。如2003年中国各省城镇化率统计显示,北京、天津、上海、浙江、广东等地区发达城市城镇化率水平远高于中西部地区(图1-1-3),详细数据显示对这一时期各地区城镇化率作出主要贡献的是这些省份的中心城市在不断加强。

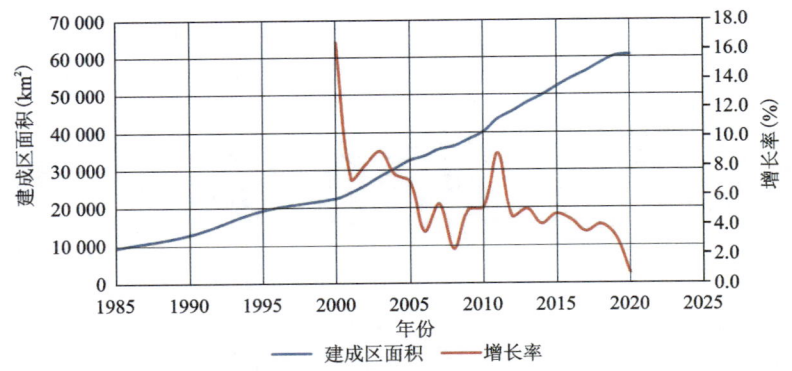

图 1-1-2　中国城市扩张曲线（据《中国统计年鉴（2000—2021）》）

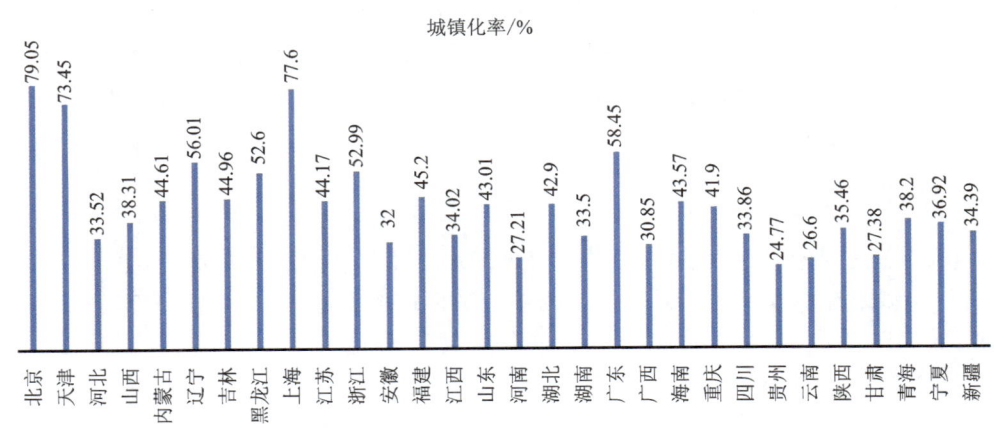

图 1-1-3　中国部分地区 2003 年城镇化率柱状图（据《中国城市统计年鉴（1985—2022）》）

3. 城市扩张

随着城市的扩大，一些新兴的工业和商业区域逐渐与原有的城市区域融合，形成了一种"蔓延"的城市形态。这使得城市的边界变得模糊，原有的乡村地区逐渐城市化。如果说中心城市强化的过程中重点在人口和建筑密度的增加，那么这一阶段就是城市范围的扩大。如典型城市 1984 年与 2020 年遥感影像对比如图 1-1-4 所示。

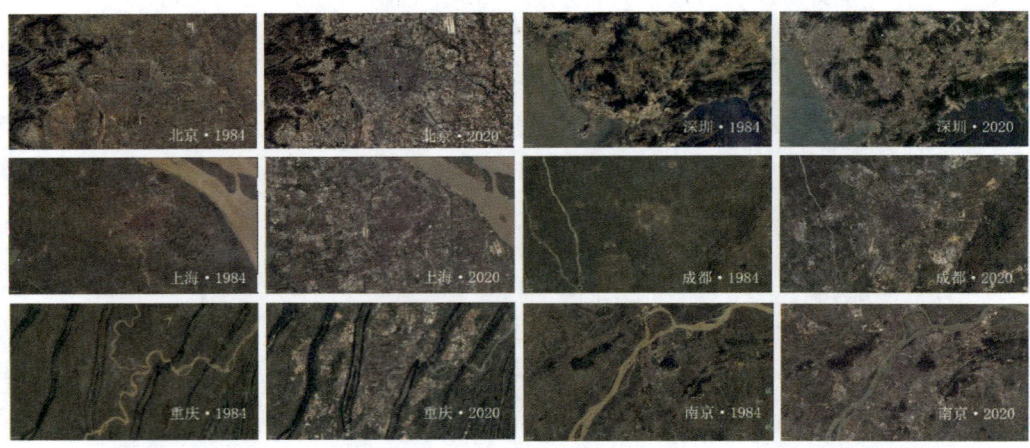

图 1-1-4　典型城市 1984 年与 2020 年遥感影像对比

4. 区域城市化

在特定环境及政策影响下,如长江三角洲和珠江三角洲等城市群的形成是一个显著特征。这些城市群由多个城市组成,通过紧密的交通网络和经济联系,形成了区域性的城市化现象(图1-1-5)。

图1-1-5 江苏南部及上海部分地区2020年遥感影像

第二节 中国城市地质概况

一、城市地质的概念

(一)城市地质内涵

我国以城市为服务对象的地质工作也随着城市化进程的不同阶段呈现出不同的特点。经过近30年的发展,我国城市地质工作的核心概念也逐渐清晰,逐渐聚焦到研究人类活动与地质环境互馈作用关系,在城市化的不同阶段,突出了地质资源利用、地质环境保护和地质安全防控等方面。因此,城市地质的研究对象是人类活动与地质环境的互馈影响,是一门地质学与自然地理学、经济学在支撑城市化进程中逐渐形成的交叉学科。

(二)城市地质研究对象

据国家统计局公开报道,2022年中国城镇化率为65.22%,城市区承载了我国超过65%的人口和大部分的经济社会活动。因此,城市地质工作研究的对象是强人类活动扰动下的地质环境本底,研究强人类活动扰动下地质环境演化机理、动力学过程和演化方向,聚焦城市地下岩土水气扰动再平衡理论,为城市地质资源开发利用、地质环境保护、地质安全防控提供理论依据,为快速扩张城市版图摸清地质资源家底,识别高度聚集的人口和经济要素催生新的地质安全风险要素。城市还具有重磁电震等各种信号纷繁多样、城市地面分类权责清晰等特点,使得城市区开展地质工作还需要解决高强度、多频次的电磁和震动干扰下地质要素精细探测、快速有效的监测和地质调查智能化、信息化等关键技术问题。

二、中国城市地质工作发展

(一)基础地质工作阶段

2003年之前,我国城市化处于起步阶段,大规模的城市建设并未展开,该阶段主要开展了一些以服务城市建设为目标的水文地质、工程地质等基础性地质普查工作。我国以城市为服务对象的地质工作始于20世纪50年代(冯小铭等,2001),50—70年代具有基础性特点,完成了1:20万区域地质、水文地质等普查工作;80—90年代具有单一性特点,根据城市发展需求开展了区域地壳稳定性评价、地下水污染、地面沉降等环境地质调查工作。总的来说,50—90年代主要是以点状工程地质调查和区域地质条件调查为主;2000年陆续开展了主要城市环境地质调查、典型城市三维地质调查及城市群地质环境综合调查等工作。

(二)城市地质结构调查阶段

2003年陆续启动北京、上海、天津、广州、南京、杭州等6个城市试点,开展了以三维地质模型构建为主的城市地质调查。这一阶段我国东部一些大城市迎来了一个快速城市化的阶段,城市的快速扩张对地质结构和地质条件等资料提出了更高的需求,其中这6座试点城市最为典型,大规模的规划建设需要大量综合性的、基础性的地质结构资料,因此该阶段的城市地质工作重点也侧重于查清城市地质结构等基础地质条件(龚士良,2008;陈华文,2010;程光华等,2013,2014)。

通过本次工作,首次系统总结了城市地质调查技术方法和成果应用案例,形成了《城市地质与城市可持续发展》《中国城市地质调查技术方法》《中国城市地质调查工作指南》和《中国城市地质调查成果与应用》等系列专著,明确了城市工作的相关内涵。

(三)地质资料信息化集群化利用阶段

2008年以来,我国逐步进入快速城市化阶段,最直接的表现就是城市建设用地量的快速增长。同时,这种城市化快速扩张是从东部地区逐渐蔓延到中西部地区的。我国中小城市的普遍扩张,对地质资源、地质环境造成了一定的压力。如何合理配置特色土壤、地下水、优质矿产等地质资源成为这一时期的主要需求。同时,生态环境问题也逐渐成为城市规划建设的依据。这一时期,中央与地方合作开展了福州、厦门、苏州、丹阳等城市地质调查,进一步从资源、环境等方面拓展了调查内容,基本实现了综合性地质资料的信息化、集群化,逐渐形成了地质资源利用和地质环境保护等多方面综合支撑城市规划建设的总体思路(林良俊等,2017;葛伟亚等,2019)。

通过这一轮工作,以统筹城市和乡村、生产和生活为目标,建立了"查结构、摸家底、探问题、建系统、搭平台"的小城镇地质调查模式,并以丹阳为试点取得了良好成果成效和示范经验。根据小城镇需求建立小城镇地质调查模式,针对小城镇具有地质工作程度低、地质结构不了解、地质资源不清楚、环境质量不明白、生态文明支撑弱的特点,提出了"查三维地质结构、摸地质资源家底、探环境生态问题、建地质信息系统、搭地质科普平台、提工作对策建议"的主要工作内容。根据小城镇发展情况建立小城镇地质服务模式,针对小城镇发展所需的资源保障和环境安全,提出了"服务重大项目规划建设、服务饮用水安全保障、服务清洁能源开发利用、服务现代农业科学发展、服务生态环境安全防护、服务公众科学普及"等服务内容。根据小城镇政府管理特点,建立小城镇地质工作推进模式,针对小城镇地质管理基础薄弱的特点,提出了"共同策划、共同出资、联合实施、突出应用、宣传转化"的工作组织推进措施。

(四)多要素城市地质调查阶段

2017年是城市地质工作具有里程碑意义的一年,这一年城市地质工作首次被写进国务院政府工作报告,国土资源部出台了《关于加强城市地质工作的指导意见》,同年11月召开了全国城市地质工作会议,提出聚焦城市规划、建设、运行管理的重大问题,大力推进"空间、资源、环境、灾害"多要素的城市地质调查(郝爱兵等,2017)。2018年以来,中国地质调查局与相关省、市政府合作,启动雄安新区、成都、西安、杭州、南昌、安庆、延安等21个城市多要素城市地质调查示范,城市地质调查进入了多要素综合调查、全过程支撑服务、多层级协调推进的城市地质升级阶段(郝爱兵等,2017;林良俊等,2017)。这一阶段全国各地区城市经过了迅速扩张后,从城市地下空间、资源配置、环境保护和灾害防控等方面逐渐显现出一些不平衡,"城市病"成为这一时期的主题词(葛伟亚等,2021),为促进城市地质资源高效利用和韧性发展,多要素城市地质调查应运而生。

本轮工作服务城市快速扩张带来的地质资源配置、地质环境保护和地质安全防控等方面问题,攻关了城市区干扰大的探测难题,探索了全过程服务城市规划建设和运行管理的工作理念,建立了局省市多方合作的工作机制。聚焦城市区人类活动强、地质环境扰动大、电磁干扰强等问题,形成了0~10m、10~50m和50~100m不同深度高精度探测技术方法,总结了城市区地球物理探测效率高、精度高的技术方法组合,解决了城市区地球物理探测难题。结合城市需求,建立事前、事中、事后全过程服务机制。立项前通过对以往地质资料的分析,形成地质资源环境图集、支撑服务报告和城市地质调查总体工作方案。项目实施过程中围绕城市需求的轻重缓急、急用先行开展相关工作。项目结束后,项目建立的地质环境监测站点为城市提供持续性服务。通过局省市多方参与合作,建立了城市地质优势互补的工作机制,提出了资源充分利用建议、地质灾害防治对策和地质环境生态修复措施,优化了产业布局,使城市地质成为建设新型城镇化国土空间规划编制的"先行者"。

(五)城市地质安全调查阶段

2020年以来,我国城市外延式扩张逐渐停止,城市边界已经基本成型,很多城市为提高城市居民生活质量,地铁、地下商场等地下空间开发强度逐渐加大。同时因工程施工扰动带来的城市地质安全事件更多地见诸报端,其中在全国范围内具有较大影响力的有"1·13西宁路面塌陷事故""12·4广州地陷事故""12·1广州地铁地面塌陷事故""8·28杭州路面塌陷事故"等。中国地质调查局开展了北京、重庆、杭州、武汉、西安、沈阳、深圳、郑州等8个特大城市地质安全风险调查评价。这一阶段聚焦典型城市地质安全风险防控,逐步建立了体检评估、调查评价和风险管理三级工作体系(图1-2-1),形成案例库建设、地质风险评价、地质风险监测等工作方法,构建活动断裂、地面塌陷、地面沉降等城市地质问题风险评价模型,建立了城市地下空间资源调查监测评价技术体系。

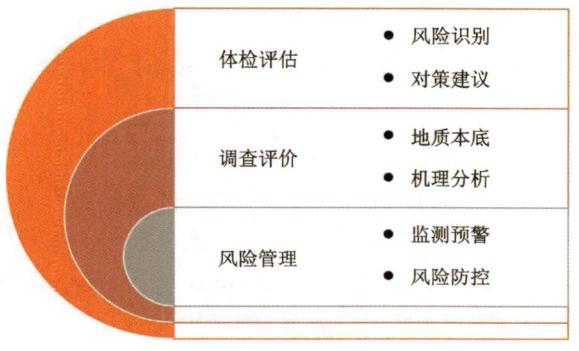

图1-2-1 城市地质安全风险防控三级工作体系

第三节　安庆多要素城市地质调查

一、安庆市自然经济概况

（一）位置与交通

安庆市位于安徽省西南部、长江中下游北岸，是长江沿岸十大港口城市之一，为皖西南政治、经济、文化中心。其地理坐标范围为东经115°45′—117°14′，北纬29°47′—31°16′。东南与池州市隔江相望，西接湖北，南邻江西，北与六安、合肥相连。安庆市现辖怀宁、桐城、望江、太湖、岳西、宿松、潜山七县（市）及迎江、大观、宜秀三区，全市总面积13 590km²。

区内交通状况良好，已初步形成了水、陆、空三维立体的交通运输网络，成为沟通皖、鄂、赣三省并连接上海、武汉两大经济区的纽带。安庆机场位于城区北部，为一座4C级军民两用机场，现已开通至北京、上海、广州等5条航线。沪蓉、东香、安合、沿江高速公路以及G105、G206、G318三条国道，合九铁路、宁安城际铁路等交通干线在区内交会，安庆长江公路大桥和南京—安庆城际铁路大桥跨越长江。工作区紧贴长江黄金水道及皖河水道，航道及港口基础设施的建设发展迅速，现已建成各类码头60多座，可常年停泊万吨油轮和5000吨级货轮，年吞吐能力1000多万吨，是国家一类口岸和对外籍货轮开放口岸。

安庆多要素城市地质调查工作的重点区位于安庆市东部城市重点发展区，包括迎江、大观、宜秀三区，以及桐城市和怀宁县部分地区，工作区面积2373km²（图1-3-1）。

（二）自然地理及社会经济特点

1. 地形地貌

安庆市地跨大别山中低山区、桐潜红层盆地、沿江低山丘陵和沿江平原4个地貌单元，地形总趋势北西高、南东低，从北西向南东由崇山峻岭的中低山区到波状起伏的低山丘陵再到开阔沿江平原，形成自北西向南东逐渐降低呈阶梯状的地貌景观（图1-3-2）。西北部大别山地海拔400m以上，山间盆地和河谷平原是山区主要农耕区，中部丘陵海拔100～200m，南部长江冲积平原地势平坦，丘陵与平原之间夹有低山岗地湖泊带。最高峰为岳西县天鹅尖1 751.2m，最低为长江漫滩7.5m，高低相差1 743.7m。山地占全市面积35.69%，丘陵占33.1%，圩区占20.05%，水面占10.58%，沿江滩地占0.58%。

2. 气象水文

安庆市属北亚热带湿润季风气候区，总的气候特征是气候温和、四季分明、雨水充沛、光照充足、无霜期长等。

据安庆市安庆站1951—2020年气象统计资料，全区多年平均降水量1 428.18mm，年最大降水量2 294.1mm（1954年），年最小降水量758.6mm（1978年）。区内降水年内分布不均，主要集中在4—7月，占全年降水量的57.27%。其次，3月的春汛时期以及8月、9月的台风时期，也常出现强降雨天气，月降水量也较大。历年月平均降水量最大为257.36mm（6月），最小为36.57mm（12月）。历年月最大降水量为873.2mm（1999年6月）。历年日降水量≥200mm的天数0～3天，平均0.10天；日降水量100～200mm的天数0～7天，平均1.15天；日降水量50～100mm的天数0～17天，平均5.25天；日降

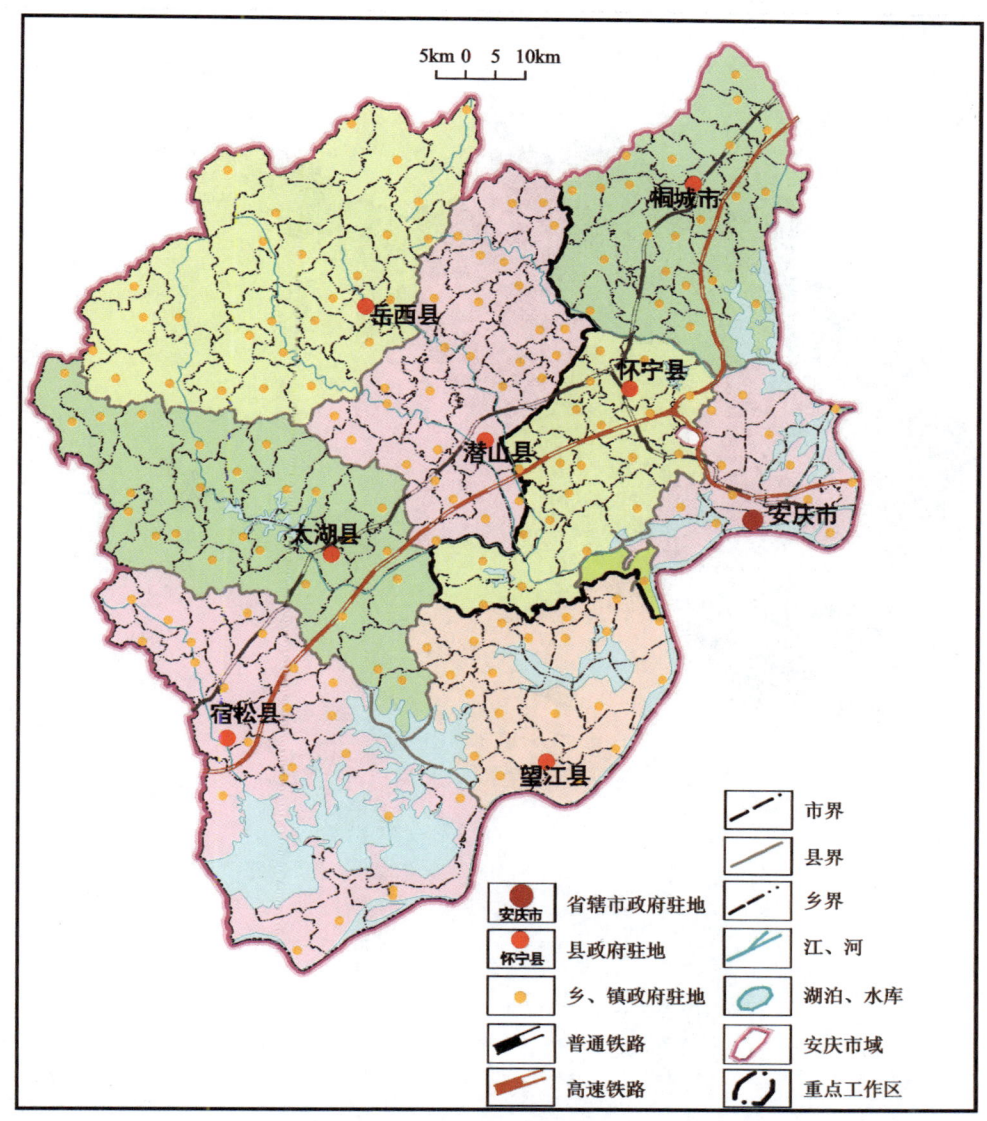

图 1-3-1 安庆多要素城市地质调查重点工作区地理位置图

水量 25~50mm 的天数 1~31 天,平均 10.63 天。日最大降水量 300.3mm(2010 年 7 月 13 日),一次连续最大降水量 578.4mm。最长连续降水量日数达 17 天。特大暴雨、大暴雨天气主要出现在 6—7 月。多年平均蒸发量为 1 300.77mm。2019 年 8 月 12 日"利奇马"台风过后,经历了有记录以来最长干旱期,至当年 11 月 25 日才形成有效降雨缓解旱情。

辖区多年平均日照时数 1672h。多年平均气温 16.82℃。7 月气温最高,平均气温 28.91℃,其次为 8 月,平均气温 28.44℃;1 月气温最低,平均气温 3.90℃,其次为 2 月,平均气温 5.83℃。极端最高气温 40.9℃(2003 年 8 月),极端最低气温-13.2℃(2016 年 1 月)。多年平均无霜期 277 天。

区内风向风力具有明显的季节性变化,冬季偏北风,夏季偏南风,冬夏之间东北风与西南风交替运行。年平均风速 3.2m/s,全年大风多年平均天数 11.9 天。

区内河渠纵横交错,湖泊、池塘星罗棋布,地表水系发育,均属长江水系。流经区内的主干河流为长江和皖河。根据长江安庆站多年观测资料统计,长江安庆段年平均流量 28 900m³/s。多年平均水位 15.28m(黄海高程,下同),历年最高水位 18.74m(1954 年 8 月 1 日),最高水位一般出现在 7—8 月;历年最低水位 4.88m(1982 年 2 月 4 日),最低水位一般出现在 1—2 月。

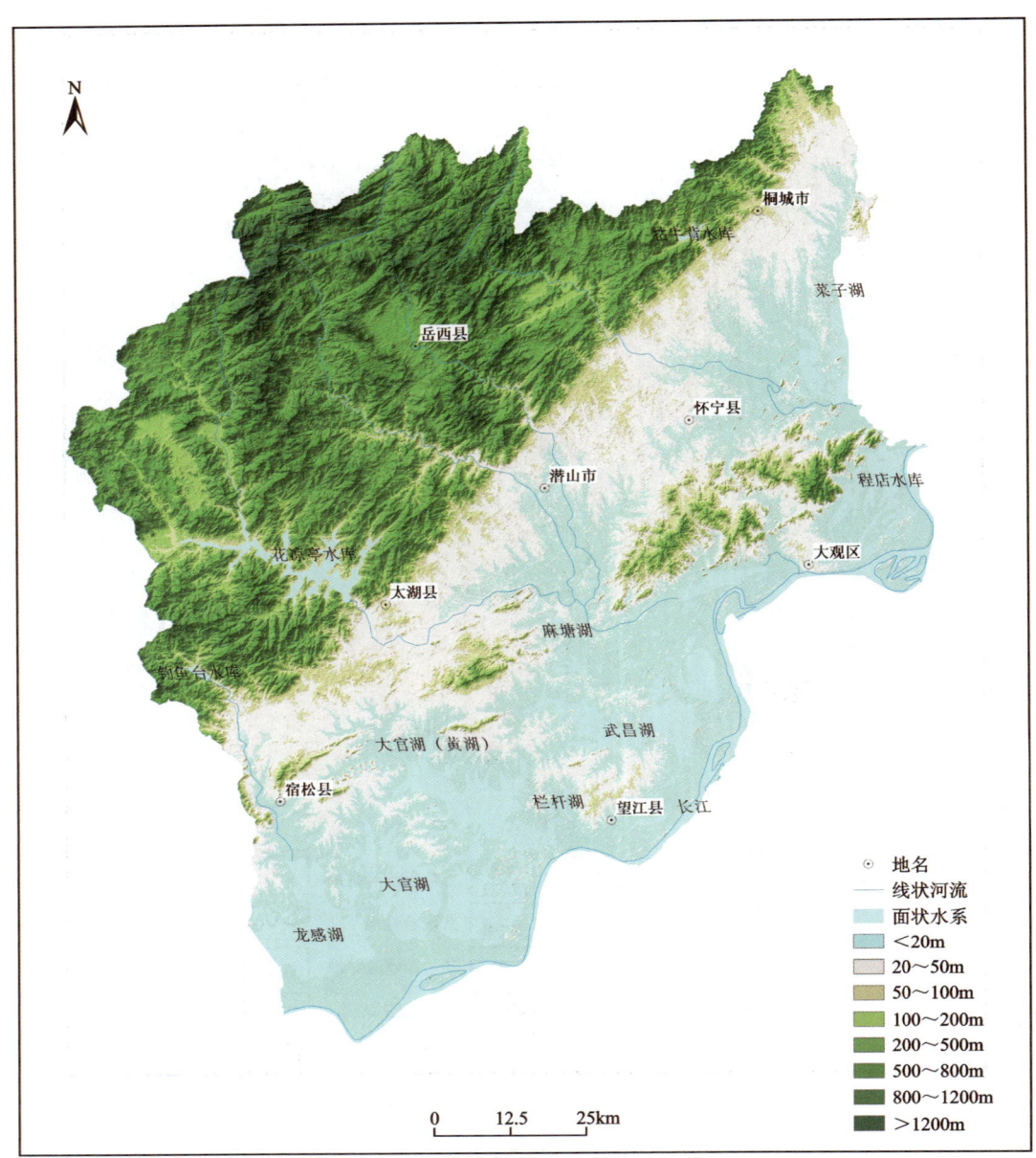

图 1-3-2 安庆市地势地形图

皖河起源于岳潜一带的山区,自怀宁县石牌镇纳长河、潜水、皖水之水后,向东流经怀宁县江镇,入七里湖、八里湖,再入安庆市西郊山口乡,于海口镇附近的河口一带汇入长江,全长约 42km。据皖河石牌站水文资料统计,该河道历年的最大流量 4700m³/s(1983 年 7 月 5 日)。正常年份年径流总量 53.97 亿 m³,最丰水年份年径流总量高达 92.76 亿 m³,最枯水年份年径流总量仅 21.90 亿 m³。历年最高水位 21.13m(1983 年 7 月 5 日),最低水位 13.15m(1957 年 9 月 20 日)。

境内主要湖泊有菜子湖、破罡湖、石塘湖、七里湖、八里湖、石门湖等 6 个。其中,菜子湖位于工作区北部,为安庆市宜秀区、桐城市、枞阳县共有水域,东西长约 22km,南北约 8km,水位 14m 时,水域面积 225.35km²,容量 9.26 亿 m³,供水河流主要为桐城市境内的大沙河。破罡湖位于工作区东北部,流域面积 346.27km²,破罡闸历史最高水位 13.68m(1999 年 8 月 31 日),相应的水面面积约 65km²,相应容积 2.45 亿 m³。石塘湖位于工作区的东部,最高水位 12.08m,最低水位 8.13m。以上各湖泊均有河汊与长江相通,其水位动态变化特征与长江基本一致。

3. 自然资源

安庆市自然资源丰富,山水林田湖门类齐全。

安庆林业用地 902.2 万亩(1 亩≈666.67m²),森林覆盖率 38%,活立木总蓄积量 1260 多万立方米。在山丘、滩涂和圩畈等多种地形中拥有各类乔灌木 1048 种,其中被国家列入保护树种有香果、银杏、大别山五针松、马挂木、金钱松、樟树等。天然草场 17 亿多平方米,可利用面积达 90%,其中 650 万 m² 以上的草场 50 余处。

4. 社会经济发展

全市陆地总面积 13 589.99km²,其中市区面积 901km²,建成区面积 281km²。截至 2020 年末,全市常住人口 472.3 万人,户籍人口 528.58 万人,GDP 总量 2467 亿元。从城市户籍人口比重曲线可看到,安庆市在 2010 年前后进入爆发式增长阶段(图 1-3-3),同时城市规划发展目标也提出了"东进、北扩、西拓"的发展规划。

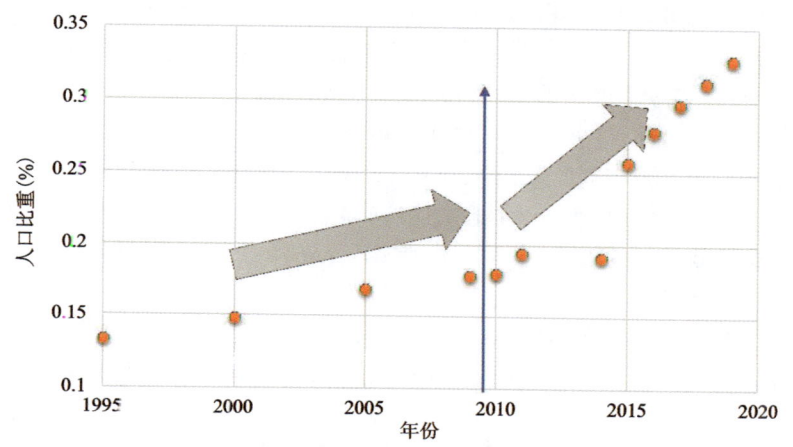

图 1-3-3　安庆市城市户籍人口比重(据《安庆统计年鉴(2021)》)

根据城市规划,将现状市区与近郊乡镇——龙山镇、山口乡、白泽湖乡,近郊风景区——大龙山风景名胜区、沿江湿地保护区,按照建设区域性中心城市和现代化城市需要进行空间组合。保护大龙山风景名胜区和破罡湖水系的湿地保护区,使山、水、城融为一体,形成"一城两翼,两心七片、山水交融、环状组团"的城市空间结构形态。中心城区总的空间结构为"主城区+外围组团",其中"主城区"的结构又可概括为"一城两翼"。主城区是指在现状基础上向东、西两侧轴向延伸,形成东至长风港、西至安庆石化、南至长江、北至白泽湖之间的集中建设区。"一城"是指由合安高速以西的现状老城区以及以东的新城区共同组成中部生活片区。"两翼"分别是指东、西两侧的新城东区和安庆石化工业区。

城市发展方向为综合自然条件、建设用地和用地经济性,分析规划期内中心城区的城市用地发展方向,选择"东进北扩西拓、环山依江发展"的发展策略,形成"滨江、襟湖、环山"的城市空间布局。

二、安庆多要素城市地质调查项目概况

(一)安庆典型城市地质问题

安庆市地处长江下游的起点,大别山和江南造山带的拼接处,特色土壤、地质遗迹、晶质石墨、建筑石料和铁铜大宗矿产等地质资源丰富,暗浜、砂土液化、岩溶塌陷、采空塌陷、膨胀土变形、崩滑流地质灾

害等地质环境问题多样。安庆作为我国典型的中小城市，近10年城市建设规模和强度不断加强，中心城区的东、北和西部的规划建设分别受到暗浜、岩溶塌陷和膨胀土等地质环境问题影响。同时，城市快速扩张，逐渐对城市郊区特色土壤、地质遗迹或稀缺特种的矿产等自然资源产生侵占或者破坏，无法发挥这些自然资源应有的价值。再者，城市开发强度的增加，破坏了原有湿地的生态修复功能，揭露了天然劣质水体和土体，使得一些天然污染物参与到经济社会建设过程中，增加了生态治理修复的难度。

因此安庆市典型的地质问题包括3个方面：一是城市规划建设区暗浜、液化砂土、岩溶塌陷或膨胀土等不良地质体对工程建设和地下空间开发利用的影响；二是天然劣质水土体对生态环境治理和修复的影响；三是城市规划建设的辐射区特种优势自然资源的保护和利用问题。

（二）安庆多要素城市地质调查工作内容

根据地方政府的需求，结合制约安庆发展的地质问题，安庆多要素城市地质调查项目着重开展了3个层次的工作：

一是全市范围内开展面向资源环境承载能力和国土空间适宜性"双评价"的综合分析和评价，控制比例尺1:25万。根据大地构造特征将全市划分为大别山区、桐潜盆地、巢湖-怀宁褶断山系和沿江平原4个地质单元，分别梳理了各个单元的地质环境和地质资源特征，形成了各个单元的地质档案，编制了全市国土空间控制性要素图件13张。该部分成果可为全市国土空间规划提供基础地质资料。

二是在桐城和怀宁地区等城市规划辐射区开展了面向资源、环境保护利用的综合调查评价，控制比例尺1:5万。重点查清了桐城市特色土壤、地质遗迹、地下水等地质资源分布和潜力，查清了桐城小花茶和桐城水芹等特色农产品的适生地质环境条件。该部分成果可为城市规划建设和自然资源保护利用提供地质支撑，促进城市绿色健康发展。

三是在城市规划建设区开展了面向重大工程建设和地下空间开发利用的综合地质调查评价，控制比例尺1:2.5万。精细查清城市规划建设区三维地质结构，同时在地表-地下水交互作用带、大气降水入渗带等关键节点设立了地质环境自动化监测站点；创新遥感解译方法查清了规划建设区900余处暗浜和厚填土分布；应用三维高密度电法查明了隐伏岩溶的空间分布和深浅岩溶的连通性；解决了厚杂填土、强电磁干扰地区电法物探失灵的问题，应用抗干扰电测深查明滨江地区易液化砂土分布范围；在城市规划区圈定一处地下水应急水源地，可应急供应80万人60天生活用水；应用地球化学和水文地质学调查评价了地下水高铁锰和砷的天然劣质水体分布。该部分成果可支撑城市重大工程建设和地下空间开发利用，同时提高城市应对城市地质安全风险的能力，提高城市韧性。

三、安庆多要素城市地质调查成果应用

安庆多要素城市地质调查取得的成果主要体现在服务城市重大工程建设和重大战略产业布局、服务城市自然资源综合利用和生态环境保护以及为城市日常管理提供咨询服务，将城市地质工作从单一服务规划建设拓展到服务城市自然资源综合管理、生态环境保护和日常咨询等多方面。

（一）服务城市重大工程建设和重大战略产业布局

一是开展工程地质调查服务高铁新区建设，提出3个方面工程建设地学建议。在安庆高铁新区，通过大比例尺工程地质调查（面积27km²），评价了埋深0~10m、10~15m及15~30m地下空间开发利用适宜性，提出各层空间主要制约问题，从建筑布局、基础选型及基坑工程开挖等3个方面提出了地学建议，为高铁新区勘查建设服务。

二是综合地质调查支撑滨江CBD建设,提出浅层地热能资源、地下水资源和地下空间资源综合利用建议。为服务东部新城滨江CBD片区建设开发利用,优化东部新城规划布局和国土空间开发,实现空间转型升级和城市集约、绿色、可持续发展,对20份调查报告和近70个勘察钻孔数据进行了综合分析和二次挖掘,分析表明东部新城滨江CBD片区开发建设利用的基础地质条件良好且具有丰富的浅层地热能资源(0~100m总热容量相当于2.85亿kW·h电),但应关注软土、液化砂土、松散砾石层及地下水等工程建筑问题,鉴于建设区距离长江近(最远端距江900m)的特点,开发过程中应对地下水的问题予以充分关注。

三是滨江新区地面塌陷风险评价结果显示主要风险层为厚达10m的砂土层,提出工程风险防范建议。项目调查表明滨江新区潜水水位埋深0.5~2m,承压水位埋深1~6m,该区存在两个砂层:第一层顶板埋深0.7~5.7m,底板埋深3.25~18.4m,厚度1.95~16.5m;第二层顶板埋深20.0~34.45m,底板埋深31.0~38.65m,厚度4.2~11.0m。砂层是发生地面塌陷的主要风险层。分析认为2019年5月在滨江新区发生的地面塌陷主要原因是工程砂土液化叠加管道渗漏。建议施工过程中合理埋设供排水管道深度,采取滤波带、隔离沟等防护措施,做好工程预处理,保障滨江CBD工程建设安全。

(二)服务城市自然资源综合管理和生态环境保护

一是大别山矿泉水资源评价结果表明有6处达饮用矿泉水标准,3处达理疗矿泉水标准。项目根据国家标准《饮用天然矿泉水》(GB 8537—2018)评价了安庆市大别山区矿泉水资源。其中太湖县汤泉乡汤湾温泉和岳西县菖蒲镇溪沸温泉开发利用程度很低,可结合当地旅游点打造乡村旅游路线,吸引游客光顾,振兴乡村发展。

二是桐城市地质遗迹资源评价结果表明有3处国家级地质遗迹、6处省级地质遗迹。项目查清桐城市主要地质遗迹共24处,其中地貌景观遗迹类23处,地质灾害遗迹类1处,有国家级地质遗迹3处、省级地质遗迹6处、市级地质遗迹15处。合理利用好地质遗迹资源,可有力支撑《安庆市政府工作报告(2020年)》中提出的"全域旅游带动工程"。

三是土地质量调查结果显示"桐城小花"产区土壤养分丰富、环境清洁,富有硒、锌等有益元素。应桐城市政府的要求,开展了"桐城小花"产区土地质量地球化学调查,分析了龙眠地区50km^{2}范围内土壤类型、地质背景、地球化学及耕地地力等级,总结了土壤养分、土壤环境和土壤质量地球化学特征。认为:①土壤养分较丰富以上的面积45.74km^2,占全区91.48%;②土壤环境尚清洁以上的面积35.09km^2,占全区70.18%;③表层有益元素硒含量适量以上的土壤面积46.96km^2,锌含量适中以上的土壤面积47.99km^2。而且核心产区茶叶具有高茶多酚(含量17.3%~23.8%)、高咖啡碱(含量3.7%~5.1%)的特点,含量远高于行业标准。

四是地下水应急水源地评价结果表明破罡湖一带(白泽湖乡)有大型水源地1处,可保障当地应急状况下安全供水。项目在破罡湖一带(白泽湖乡)圈定1处地下水应急供水大型水源地。评价水源地允许开采量达13.85万m^3/d,能够满足80万人,长达60天应急期的生活用水需求,可适用于集中式生活饮用水水源及工农业用水,可应对干旱以及地表水污染等突发应急事件,助力"中心城市功能完善"。

五是生态指数评价结果显示近10年遥感生态指数均值已由0.4834增长到0.5022。项目选取1999年、2009年、2019年3期Landsat卫星影像为研究数据,对安庆市1999—2019年间生态环境质量状况进行了综合分析评价,结果显示安庆市1999年、2009年、2019年的遥感生态指数均值分别是0.5485、0.4834、0.5022,体现出近10年经过不断治理修复,安庆市生态环境质量总体向好。

(三)为城市日常管理提供咨询服务

一是查明高砷、铁及锰等天然劣质地下水体分布及成因,支撑市生态环境局地下水污染修复。通过对沿江地区江水-地下水交互作用带调查评价，编写了《长江安徽段沿江平原地下水 Fe、Mn、NH_4^+、NO_2^- 离子评价专报》，认为沿江平原地区存在高砷、铁及锰的天然劣质水体分布，受到原生地质环境影响，在特殊的氧化还原环境中富集到地下水中，在生态环境修复、地下水资源利用过程中应采取措施主动避让相关层位，同时建议应区分污染来源，识别天然劣质水体，使生态修复、环境治理有的放矢。

二是获取长期动态地质环境监测数据，服务城市运行管理。整合以往地质资料，结合已建立的地质环境动态监测站点的数据，分析了集贤关片区地形、地质构造、地热资源、地下水动态等数据，编写了《安庆市集贤关片区山体面积简况》《安庆市集贤关片区地质结构简况》《安庆市集贤关片区地热能资源简介》和《安庆市大观区古桥大沟上游区域地下水调查报告》，为安庆市集贤关片区科学规划、合理开发建设及资源环境保护提供了地质保障，支撑市政府的招商工作。

四、安庆多要素城市地质调查示范经验

一是针对滨江丘岗地区大地构造复杂、地质成因多样的特点，总结了有效的城市地质工作方法，形成《滨江丘岗地区多要素城市地质调查技术细则》。

部署上，根据地方经济建设的需求和资源环境保护利用的要求，将全市作为一个整体，分层次围绕不同的问题，突出重点进行部署。实施上，根据主控地质因素划分地质单元建立标准地质度量，分区整合不同专业的地质相关资料，围绕重点地质问题展开工作，重点解决以往探测难度大和精度不高的问题，同时在地表-地下水交互作用带、表层土壤、地下水富水带等关键点位和层位建立水位和化学动态的长期观测站。

二是建立常态化工作对接机制，形成 RAMs 快速成果服务模式。

在分层次、分单元标准化整理好地质档案数据的基础上，以咨询服务的形式参与到政府规划和建设全过程中。根据不同的需求，可快速形成报告、图集和模型等多种形式的地质成果。

三是全方位技术创新解决资料整合、城区地质问题探查和城区地球物理探测干扰强等难题。

(1)综合地质单元划分和全要素地质钻探技术，解决了城市区资料多整合难的问题。城市区范围内的地质资料涉及地质、矿产、水利、建筑和环保等多个部门，各个部门对地质资料的要求不尽相同，因此增加了资料整合的难度。通过对比分析，在安庆市区根据沉积结构划分地质单元，使得各单元内地质资料具有了很强的一致性。创新应用全要素钻探建立各个单元的地质要素的标准"尺子"，使得各类资料具有很强的可对比性。

(2)应用支持向量机算法实现了遥感影像的自动监督分类，解决了水网平原城市区暗浜和厚填土等不良地质体探查难的问题。水网平原水系发达，而近年粗犷式发展人为阻断了大小水体的连通性，进而演化成区域连片的暗浜和厚填土等严重影响、制约浅层地下空间利用的不良地质体。这些不良地质体具有埋深浅（一般小于 10m）、数量多、体积小和分布范围广的特征，使得传统探查手段失灵或者探查成本剧增。应用支持向量机算法实现了遥感影像的自动监督分类，开展多期遥感影像的自动判别，实现了城市变迁过程中的地表覆被的自动化监测，进而解决了暗浜和厚填土等不良地质体的探查难题。

(3)应用抗干扰电测深技术解决了厚填土和负信噪比地区电法物探失灵的问题，实现城市区强干扰下精细化地球物理探测。城市区在快速城镇化进程中往往形成巨厚的性质复杂、电磁信号屏蔽强的填土层，同时城市里各种电磁信号的覆盖导致传统电磁法失灵。应用抗干扰电测深，创新收发电极工艺和信号发送方式，实现厚填土、负信噪比地区电法物探的精细探测。

此地宜城——地质背景篇

安庆地区目前已经发现 20 多处距今 5000～7000 年的具有一定规模的人类聚居遗址,其中较为知名的有潜山薛家岗遗址和市郊张四墩遗址。自此安庆地区人类活动日益繁盛,春秋时期境内有皖、桐、宗、群舒等诸侯国,安徽的简称"皖"即来源于古皖国。相传,东晋时期著名文学家、游仙诗祖师、风水学鼻祖郭璞路过北靠天柱群峰,南凭长江天堑的安庆地区,有感而发"此地宜城"。郭璞是否曾经说过这句话,目前并无确凿的史料记载,但安庆地区确因其优越的地理条件,作为一个战略重镇,牢牢控扼着长江下游的起点,数千年来人烟繁盛。本篇主要从区域地质、第四纪地质、工程地质、水文地质的角度来介绍安庆地区的地质背景,或许可以从更深的层次来理解东晋时期的"地质学家"郭璞所感叹的"此地宜城"。

第二章 区域地质概况

安庆市位于大别造山带东段与扬子陆块北缘交会处,以郯庐断裂带为界,西北为强烈变质变形的秦岭大别造山带,其东南属扬子陆块下扬子地块沿江褶断带,这两大地质单元在地质构造和地质演化历史上具有各自不同的特征。

第一节 基 岩

安庆市大致以桐城-太湖断裂为界,可分为西北和东南两部分。西北部基岩区出露基岩为大别造山带核部的中深变质岩及中生代岩浆岩。东南部基岩区出露基岩主要为新元古代至三叠纪以海相沉积为主的沉积地层、中新生代陆相沉积地层以及中生代岩浆岩(图2-1-1)。

一、西北部基岩区

区内主要为基岩出露区,出露的最古老的岩石时代为古元古代。区内岩石主体上为火成岩和变质岩,北部出露的岩石以侵入岩和变质侵入岩为主,南部出露的岩石以变质表壳岩为主。

(一)岩浆岩

区内侵入岩主要包含中生代基性—超基性中关-沙村岩体和中酸性岩浆岩两大类。

其中,中关-沙村岩体呈北西-南东向展布于罗田-岳西变质杂岩带中,出露面积约3.8 km^2,主要岩性有辉闪岩、角闪辉石岩、角闪石岩和闪长岩等。前人研究表明中关-沙村岩体形成年代应为晚侏罗世—早白垩世(葛宁洁等,1999;刘敦一等,1999)。

中酸性岩浆岩岩石类型主要有闪长岩、石英闪长岩、石英二长岩、花岗闪长岩、二长花岗岩、钾长花岗岩、花岗岩等。该类岩石分布范围较为广泛,出露面积据统计约1 758.7 km^2。其形成时代为早侏罗世—早白垩世,根据年代由老到新呈现出一定的岩浆演化及活动规律。

此外,区内还广泛分布有从古元古代至中生代等各个时期的脉岩,包含基性、中性、酸性、碱性等多个类型,其中最为发育的是花岗斑岩脉和碱性岩脉。

区内火山岩仅分布于岳西县桃园寨一带,出露面积约10 km^2。岩性以石英安山岩-英安岩组合为主,其时代应为早白垩世(刘敦一等,1999)。

(二)变质侵入岩

本区变质侵入岩主要包含二郎河基性—超基性岩带、罗田片麻岩套、潜山片麻岩套和枫香驿片麻等。其中，二郎河基性—超基性岩带变质变形强烈，岩性以蛇纹岩为主，其年代为新元古代—早古生代；罗田片麻岩套岩性组成包含黑云角闪斜长片麻岩、中细粒二长花岗质片麻岩、斑状二长花岗质片麻岩等，根据《太湖县幅（H50 C 002002）1∶250 000区域地质调查报告》，其年代应为新元古代；潜山片麻岩套与超高压变质带伴生，岩性组成包含黑云角闪斜长片麻岩、二长花岗质片麻岩等，年代学研究显示花岗质岩石可能形成于新元古代，其后经历了印支期的超高压—高压变质作用；枫香驿片麻岩性组成包含白云钾长片麻岩、白云二长片麻岩、白云钠长片麻岩等，其分布与区域构造线方向一致，形成于新元古代，并经后期的构造热事件改造（汤加富等，1999）。

（三）变质表壳岩

变质表壳岩主体为宿松岩群和大别山岩群。其中，大别山岩群是一套古老的中深变质火山-沉积岩系，岩性组成包含斜长角闪岩、富铝片岩、石墨片岩、石英岩、片麻岩、浅粒岩、变粒岩、大理岩等，其形成时代为古元古代。宿松岩群主要岩石类型为变质火山岩组合和变质含磷岩系，其形成时代为新元古代。

二、东南部基岩区

该区广泛发育第四纪松散沉积，基岩呈北东向带状展布于安庆中部和西北边缘（表2-1-1）。

（一）地层

区内大部分区域为第四纪松散层所覆盖，地层主要出露在东起安庆市区西北侧、西至宿松县一带的狭长区域，古生界以来地层发育相对齐全，部分层组之间有沉积间断。

古生界：寒武系—奥陶系以灰岩、白云岩为主，亦有少量页岩、硅质页岩、硅质岩，部分灰岩地层可见大理岩化；志留系只发育有下统和中统，上统缺失，岩性以页岩为主；泥盆系只发育有五通组，岩性主要为石英砂岩；石炭系下统缺失，主要有黄龙组和船山组，岩性以灰岩、白云岩为主；二叠系岩性以灰岩为主，部分层组岩性为页岩、硅质页岩等。

中生界：区内中生界较为发育，其中三叠系下统以灰岩为主，中统、上统以页岩粉砂岩等细粒碎屑岩为主，上统部分层组发育煤层；侏罗系以碎屑沉积为主；白垩系以红层发育为主要特征。

新生界：仅发育上新统安庆组，可分为3段，下段为浅黄色砾石层，中段为浅黄色、棕红色粗砂、含砾粗砂及砾石互层，上段为浅黄色砂砾层。

（二）岩浆岩

区内岩浆活动强烈，主要侵入岩为早白垩世酸性侵入岩。火山岩共发育两期：一期为早白垩世的彭家口旋回（K_1p）和江镇旋回（K_1j），另一期为古新世的基性—超基性金拱岩体。

（三）变质岩

区内变质岩有区域变质岩和接触变质岩两种。其中区域变质岩主体为张八岭岩群西冷岩组呈狭长条带状近北东向展布于江塘—麻姑岭—破凉亭一带，呈北西向、近东西向分布，主要为一套细碧—石英角斑岩建造，时代为新元古代青白口纪。接触变质岩主要分布于洪镇—月山地区，主要是早震旦世到早三叠世岩石由于后期岩浆活动遭受不同程度的接触变质作用所形成的。

表 2-1-1　安庆市东南部基岩区地层简表

界	系	统	组	符号	岩石类别及构成	厚度/m	分布及特征	备注
新生界	新近系	上新统	安庆组	N_2a	中粗砂砾层、中粗砾夹含砾粗砂层、含砂粗砾层	17	分布在大观区的凤凰山、新庄岭等地	
中生界	白垩系	上统	宜南组	K_2x	中厚层、厚层砾岩夹砂岩	>3000	主要出露于大观区境内的山口、十里等地	由于变质作用，局部碎屑沉积岩变质成片麻岩、片岩、板岩及千枚岩；碳酸盐沉积岩变质成大理岩
	侏罗系	上统	红花桥组	J_3h	粉砂岩、长石石英砂岩夹沉凝灰岩	>1058	主要出露宜秀区北西部的五横、罗岭等地	
		中统	罗岭组	J_2l^2	粉砂岩、长石石英砂岩互层	>1000		
				J_2l^1	粉砂岩夹长石石英砂岩，底部为含砾石英砂岩或砾岩	1 017.3		
		下统	磨山组	J_1m^2	细粒石英砂岩、粉砂岩、砂质页岩夹煤层	421.2		
				J_1m^1	细粒石英砂岩、岩屑石英砂岩、含砾石英砂岩	102.2		
	三叠系	上统	拉犁尖组	T_3l	钙质粉砂岩、砂质页岩、碳质页岩夹煤层	17.00~55.00	主要出露于宜秀区的大龙山镇、杨桥镇一带	
		中统	铜头尖组	T_2t	粉砂质页岩夹细砂岩夹含铜粉砂岩透镜体	1735		
			月山组	T_2y	杂色粉砂岩、细砂岩；角砾岩；白云质灰岩、白云岩	154.4		
		下统	南陵湖组	T_1n	白云质灰岩、具缝合线构造的灰岩	>420.0		
			和龙山组	T_1h	泥质条带灰岩、灰岩夹页岩、泥灰岩等	42.40		
			殷坑组	T_1y	粉砂质页岩、钙质页岩、薄层灰岩	60.0		
古生界	二叠系	上统	大隆组	P_2d	碳质页岩、微晶灰岩，下部中厚层硅质岩	20.10	地表零星出露于安庆宜秀区、大观区的集贤关和宜秀区的杨桥镇一带	
			龙潭组	P_2l	碳质泥岩、泥质粉砂岩、燧石结核灰岩等，夹煤层	28.53~74.00		
		下统	孤峰组	P_1g	中薄层硅质岩	11.28		
			栖霞组	P_1q	含燧石结核灰岩、砂(生物)碎屑灰岩	184.1		

续表 2-1-1

界	系	统	组	符号	岩石类别及构成	厚度/m	分布及特征	备注
古生界	石炭系	上统	船山组	C_3c	粗晶灰岩,球粒状灰岩	8.94~16.00	宜秀区杨桥镇、大观区十里乡境内零星出露	由于变质作用,局部碎屑沉积岩变质成片麻岩、片岩、板岩及千枚岩;碳酸盐沉积岩变质成大理岩
		中统	黄龙组	C_2h	灰岩、白云岩含硅质条带	74.77~106.16		
	泥盆系	上统	五通组	D_3w	石英砂岩,底部石英砾岩	35.70~66.17	同上	
	志留系	中统	坟头组	S_2f	粉砂质泥岩、砂岩	115.00~133.50	主要出露于大观区山口镇一带	
		下统	高家边组	S_1g	泥质石英砂岩、泥质粉砂岩夹粉砂质泥岩	205.63~776.00		
	奥陶系	上统	五峰组		硅质页岩、碳质页岩	32.00~60.00	同上	
			汤头组		钙质页岩夹瘤状灰岩			
		中统	汤山组		大理岩夹硅质、泥质条带			
		下统	仑山组	O_1l	大理岩、白云石大理岩	240.0~247.0		
	寒武系	上统	观音台组	ϵ_3O_1g	青灰色中—细晶泥白云岩、细晶白云岩、砂屑白云岩灰色微晶白云质灰岩、灰质白云岩夹多层生物屑灰岩	453~832	分布于宿松河西山、怀宁县泉涧冲	
		中统	炮台山组	$\epsilon_{1-2}p$	青灰色、深灰色纹层状、条带状大理岩、灰白色透闪石化、硅化大理岩夹含磷大理岩	>217	主要分布于宿松县龙山地区和怀宁县泉涧冲一带	
		下统	幕府山组	ϵ_1m	灰色、浅灰色含燧石结核微晶灰质白云岩、含泥质微晶白云岩夹砂屑、砾屑微晶白云岩	>41~>150	分布范围局限,仅分布于宿松县龙山,出露不全	
			荷塘组	ϵ_1ht	上部灰黑色碳质页岩、含硅质碳质泥岩,下部黑色碳质硅质泥(页)岩、石煤层夹微晶灰岩	>143~233	零星分布于宿松县破凉、沈家寨湾	

第二节　地质构造

安庆市跨两大地质构造单元(图 2-2-1),以郯庐断裂带为界,西北为秦岭-大别造山带,东南属扬子陆块下扬子地块沿江褶断带,主体为大别构造带。秦岭-大别造山带磨子潭断裂以北为北淮阳构造带,大别构造带包括大别-阚集构造亚带、宿松-肥东构造亚带和张八岭构造亚带。

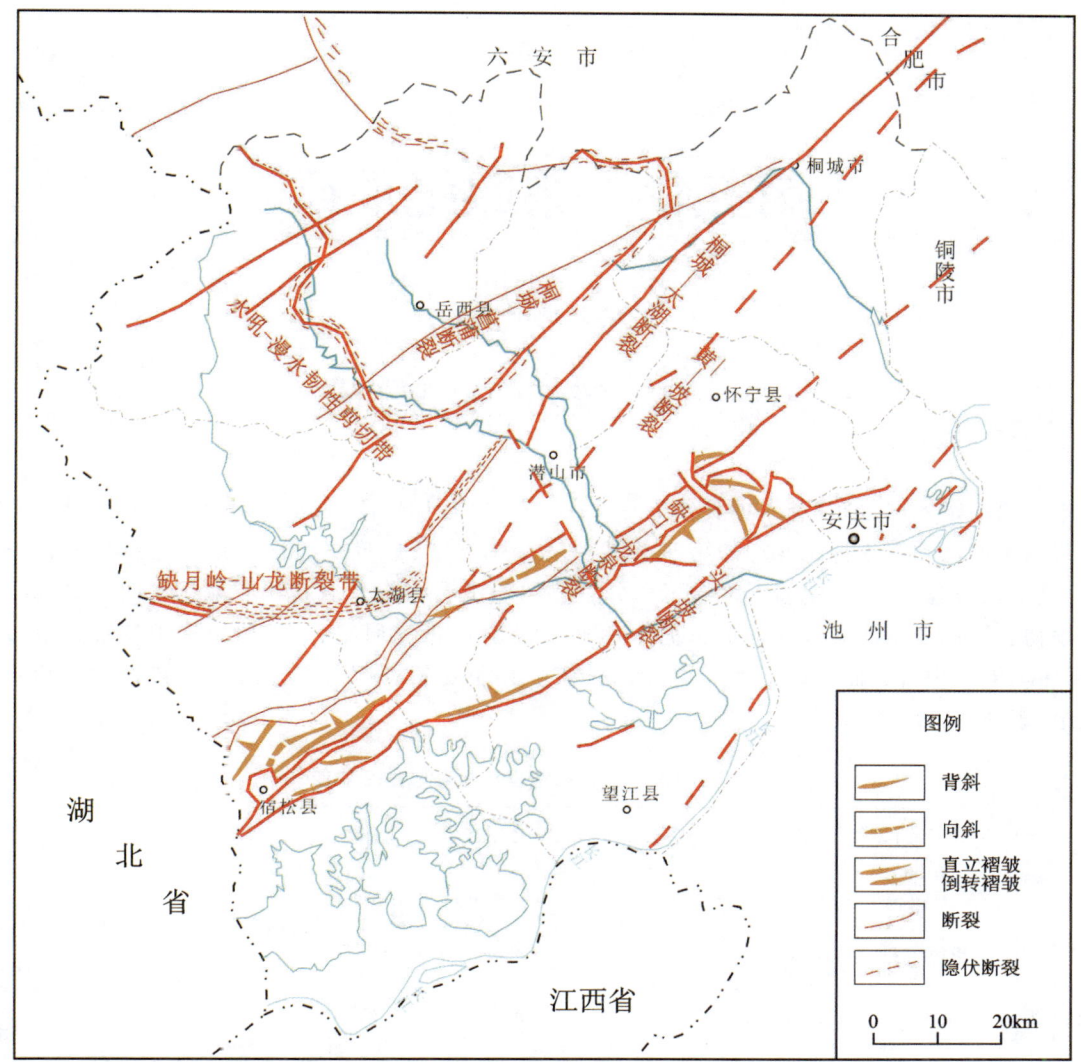

图 2-2-1 安庆市地质构造略图

区内多期次构造变形强烈,秦岭-大别造山带及扬子地块沿江褶断带经历了陆块(基底)发展阶段、陆缘发展(盖层沉积)阶段和陆内发展(板内变形)阶段,主要构造形成于印支期和燕山期,于不同构造单元形成形态各异、复杂多样的构造格局。区内基底类型包括大别型和扬子型,褶皱构造在不同地区差异显著,中新生代陆相盆地形成于印支运动后,包括坳陷盆地和断陷盆地,主要盆地有潜山盆地、怀宁(火山)盆地、望江盆地(沿江盆地西南段)等。主要断裂包括郯庐断裂带之桐(城)-太(湖)断裂、黄(栗树)-破(凉亭)断裂、头坡断裂、磨子潭断裂、长江断层带等。郯庐断裂带是中国东部一条巨型复杂断裂带,桐-太断裂属其南段分支,该断裂和头坡断裂等为区内主要活动性断裂。

第三章　第四纪地质

第一节　第四纪地层划分

安庆市第四纪地层分布广泛，主要分布在长江冲积平原、丘陵低山山前及丘陵低山分布区的河流漫滩区。依据于振江和彭玉怀（2008）的第四系划分方案，并结合新《安徽省区域地质志报告》（戴圣潜等，2014）的成果，工作区内第四纪岩石地层可划分为坡麓环境堆积物和河湖环境堆积物两大类，其中坡麓环境堆积物自下而上依次划分为下更新统马冲组、中更新统戚家矶组、中上更新统下蜀组、全新统芜湖组；河湖环境堆积物自下而上划分为下更新统朱冲组、中下更新统青弋江组、中上更新统大桥镇组、全新统芜湖组（表3-1-1）。

表3-1-1　工作区第四纪岩石地层划分沿革表

地质年代		1：20万铜陵幅（1969）	《安徽省区域地质志》（1987）	1：25万安庆幅区调报告（2005）	《安徽省区域地质志报告》（2014）		本书采用	
					坡麓环境	河湖环境	坡麓环境	河湖环境
第四纪	全新世	现代堆积	芜湖组	芜湖组		芜湖组		芜湖组
	晚更新世	下蜀组	下蜀组	下蜀组	下蜀组	大桥镇组	下蜀组	大桥镇组
	中更新世	网纹红土	戚家矶组	戚家矶组	戚家矶组	青弋江组	戚家矶组	缺失
			马冲组					
	早更新世	安庆砾石层	朱冲组	马冲组	马冲组	朱冲组	马冲组	
			安庆组					

鉴于第四纪地层岩性岩相变化通常较为复杂，同期异相和异期同相极为普遍，因此本书在前人资料和有关成果的基础上，以本次安庆多要素城市地质调查项目钻探、调查工作所取得的数据资料为核心，在综合分析区域第四纪松散堆积物的分布特征、沉积环境、沉积物组成特征及地貌因素的基础上，总结了区内岩石地层划分的重要标志。

（1）坡麓相网纹红土：岩性主要为红棕色粉质黏土，具有大量灰白色次生条纹，以垂向为主，为戚家矶组上部层段产物，是上更新统与中更新统的地层界线，与我国南方地区网纹红土产出时代一致，可作为区域对比的依据。

（2）坡麓相下蜀土：岩性主要为棕黄色粉质黏土，硬塑，柱状节理，含铁锰结核，为河流相、坡积物沉积产物，为该区下蜀组上段产物，是全新统与更新统的地层界线，可作为区域地层对比的标志。

(3)河湖相沉积:以大桥镇组上部第一硬黏土层为标志,大桥镇组上部灰褐色、青灰色硬塑—可塑粉质黏土在大区域上可与长江三角洲地区鬲湖组进行对比,是全新统与更新统的地层界线,是河流相沉积环境的区域地层对比关键层。

一、更新统

(一)河湖相

大桥镇组(Qpd)

大桥镇组(Qpd)创建于1986年,建组剖面为芜湖市大桥镇南芜湖师专钻孔。大桥镇组主要分布在长江Ⅰ级阶地,在安庆市规划区主要分布在破罡湖周边区域、杨桥镇南部丘陵区的坡脚及大龙山中部山间洼地,在大龙山中部山间洼地为全新统覆盖。据本次调查及过往收集资料,大桥镇组厚度为2.0～80.7m,厚度变化大,平均厚度35.2m,层底埋深(基岩面)7.1～80.7m,平均层底埋深38.2m,沿长枫港厚度大,最厚达80余米。

根据安庆规划区所施工的钻孔资料,按其岩性特征,大桥镇组可以划分为上、下两段(对应两个河流相的沉积旋回)。

上段一般厚度在15～30m之间,厚者达55m。岩性上,上部主要为褐黄色粉质黏土及粉土(图3-1-1),含铁锰质结核部分可见少量灰白色条纹,一般厚度在8～15m之间,最厚可近40m。中下部岩性为黄色砂土,底部局部为砾石,一般厚度在10～20m之间,厚处可达40m左右,中下部层顶埋深4.05～37.1m,一般在6～15m之间。

A 5～10m,上段浅灰黄色粉砂;B.65～70m,下段含砾中粗砂及砂质砾石层
图3-1-1 典型大桥镇组岩心照片(安庆市规划区18ZK04)

下段一般厚度在10～20m之间,平均厚度16.05m,最厚处有54.60m,层顶埋深7.8～55.0m,平均层顶埋深23.84m,层底埋深13.77～80.7m,平均层底埋深39.88m。岩性上,上部主要为灰—灰黑—灰绿色粉质黏土及粉土,平均厚度6.9m,中部为灰色砂土,平均厚度9.78m,下部为灰—青灰色砾卵石(图3-1-1),平均厚度8.7m,下部砾卵石在长枫港附近厚度大,远离长枫港则厚度变小或者缺失,下伏地层主要为红层。根据本次在长枫港周边开展的微动和高密度电法勘探工作以及全要素钻探工作(图3-1-2),指示在长枫港周边区域存在一近南北向的深槽,深槽之上为砾石层、砂层所充填,推测该处为长江古河道所在位置。

此外,通过钻探施工在桐城地区也揭露出该套地层,但地表未见出露。桐城地区大桥镇组主要分布于挂车河—金神镇许咀村—龙眠河一带。上覆地层全新统芜湖组或者中上更新统下蜀组(图3-1-3),层顶埋深1.7～7.65m,层底埋深7.05～14.3m,层厚3.2～9.0m。

主要岩性分为上、下两部分,上部岩性为淤泥质粉质黏土、粉质黏土等,土质均匀,可塑—硬塑状,与

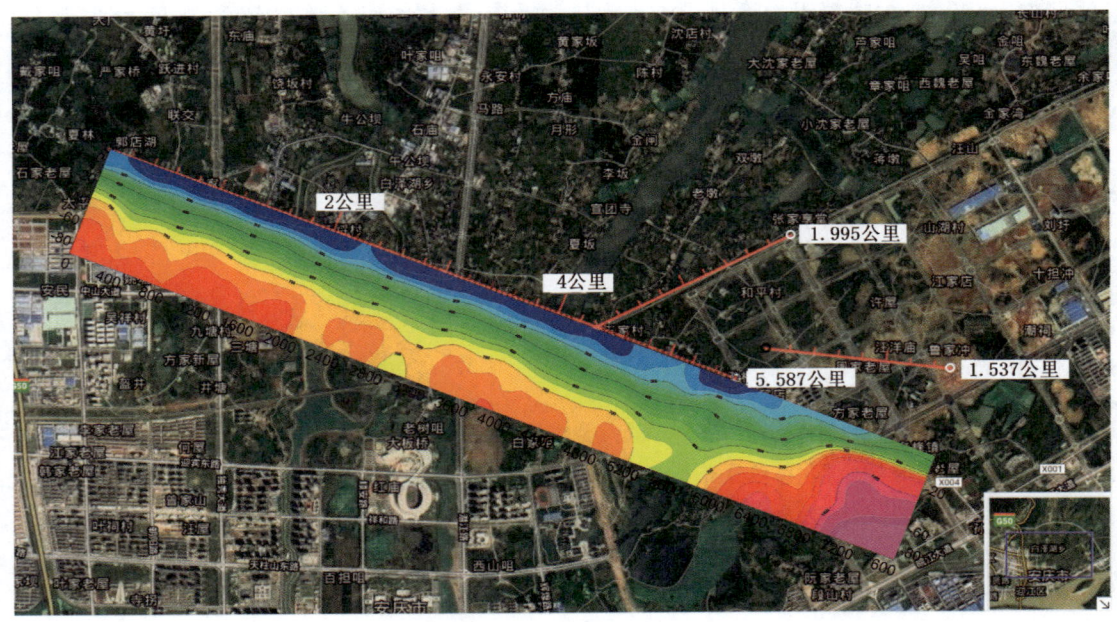

图 3-1-2　深槽砂体分布范围示意图

（WD 为本次所开展微动勘探剖面，GMD70 为本次所开展高密度电法勘探剖面）

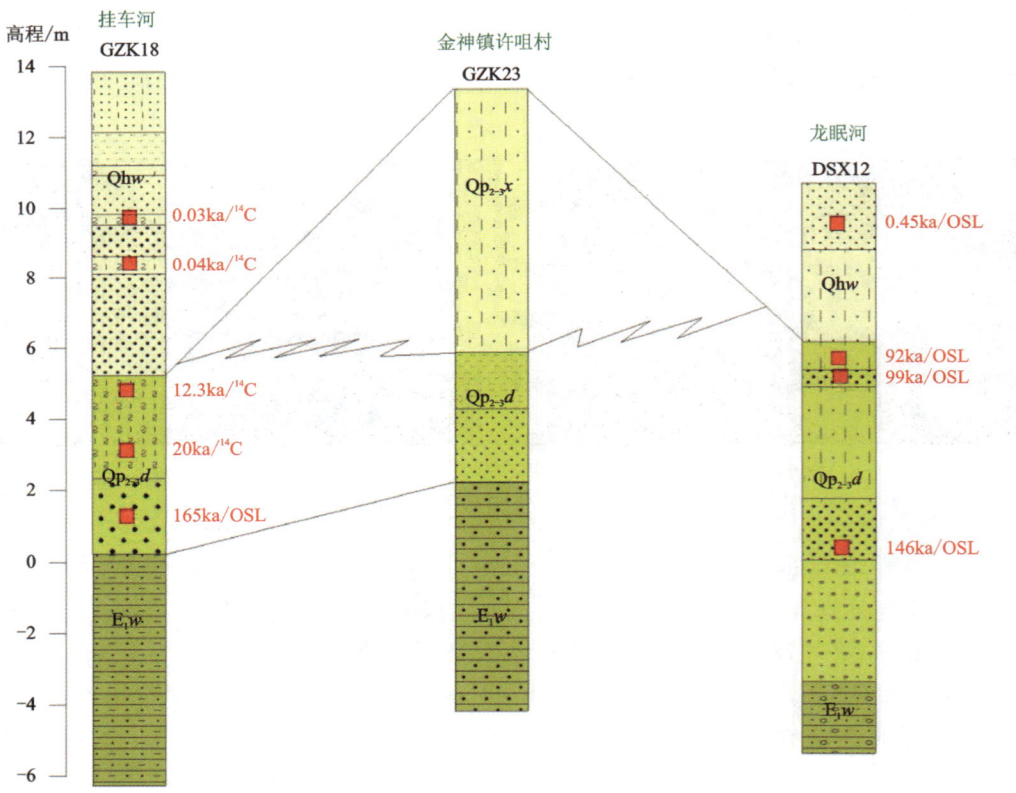

图 3-1-3　桐城地区大桥镇组对比剖面

下层接触界线突变。该层厚一般 2～5m。下部岩性为细砂—粗砂—砂砾石等，局部地区部分岩性缺失，浅灰—灰绿色，砂质成分为石英、长石。自上而下砾石含量渐增，底部可达 70%，砾石成分以石英岩、花岗质片麻岩为主，大小一般 1～4cm，次棱角—次圆状，主要由砂质，少量黏粒充填。

(二)山麓相

1. 马冲组(Qp*m*)

马冲组(Qp*m*)由安徽区域地质调查队于1988年命名,该地层系早更新世冲洪积物堆积而成,其主要特征:下部为青红杂色泥砾,或含巨砾黏土;上部为灰黄色砂质黏土,少量细砾;下与安庆组不整合接触;上与戚家矶组平行不整合接触。

安庆地区地表未见马冲组出露,可零星见于部分采石剖面或公路切坡剖面,如望江县西厢寺大王殿后采石坑和安庆市大观区睛北路附近剖面(图3-1-4、图3-1-5)。

图3-1-4 望江县西厢寺大王殿后采石坑　　　　图3-1-5 大观区睛北路剖面

通过本次调查在桐城地区金神镇南部香铺村—许咀村、黄盆村一带,龙腾街道白马村附近,孔城镇南口村,范岗镇沥岗村苏家老屋—陈老屋一带等,马冲组呈片状小面积分布,地表同样未见出露,均埋藏于中上更新统之下,层顶埋深5~15m。

2. 戚家矶组(Qp*q*)

戚家矶组(Qp*q*)由安徽区域地质调查大队于1982年命名,建组剖面位于枞阳县戚家矶村南江边,伏于下蜀组(Qp*x*)之下。戚家矶组广泛分布于浅丘状垄岗地区,厚度一般小于5m,最厚可达15m以上。下部岩性为赭红色含虫状黏土砾石层,自下而上由粗变细,砾石的成分、分选性、磨圆度等因地而异,多以石英岩、石英砂岩、脉石英、燧石为主,次圆状,砾径小于20cm,局部地区,以灰岩、砂岩或火成岩为主,次棱角状,砾径可达40cm。上部为浅棕黄色、浅棕红色、棕红色、深棕红色亚黏土互层,厚层状,具灰白色、青灰色条纹(图3-1-6、图3-1-7),粗细疏密各异,多呈垂直方向,局部呈水平方向,含铁锰质结核,个别层位较富集。

图3-1-6 典型戚家矶组野外露头　　　　图3-1-7 典型戚家矶组岩心照片
　　　　　　　　　　　　　　　　　　　　　　(安庆市规划区18ZK04)

在安庆市规划区,该层主要分布在集贤路北路至开发区、石化厂、老城区及大龙山镇的西部,另在山口乡山前呈带状分布,多构成洪积扇地貌,下伏地层为基岩,在老城区至开发区,为上更新统下蜀组（Qpx）所覆盖,下伏地层为新近系安庆组砾石层。

岩性下部为赭红色、灰白色含黏土砾石层,砾石主要为硅质成分,分选性较好,呈圆—次圆状,排列显一定方向性,砾径3～8cm,主要由黏性土及砂质充填,厚度一般1.5～6.0m,主要分布贤路北路至开发区,该段在大龙山镇西部缺失;上部为赭红色、黄褐色黏土,发育有灰白色网状黏土条带,常称之为网纹红土,厚度一般为2～10.0m,在大龙山镇西部厚度较大,一般在10～16m之间。

在桐城地区戚家矶组主要分布在范岗镇沥岗村—金神镇香铺村—许咀村、桐城市龙腾街道白马村—金神镇草原村—玉咀村、孔城镇南口村—红庙村、孔城镇古井村—嬉子湖镇,多埋藏于中上更新统之下,呈南北向带状延伸。据野外调查,该地层主要出露于嬉子湖镇朱桥村—肖店村—松山村一带,其余可见局部小面积出露。其岩性可分为上、下两部分,上部岩性较为常见,下部常缺失,总厚度1.05～11.8m。下部岩性为泥砾层,灰黄色或棕红色,砾石成分以片麻岩为主,其次为石英岩、花岗岩、角闪岩等,砾径大小悬殊,一般砾径0.5～5cm,大者10～20cm,由上而下砾径渐增,分选性较差,磨圆度一般,含量30%～70%不等,自上而下含量渐增。主要由泥质充填,含量占20%～35%,少量砂质,局部夹有粗砂透镜体。厚一般1～3m。

上部岩性为棕红色网纹状（蠕虫状）黏土、粉质黏土,局部含细小砾石。土质均匀,致密。其网纹由灰白色高岭土构成,一般自上而下逐渐增多,网纹直径一般1cm,个别可达2cm,延伸长可达10cm。偶见铁锰质结核。该层厚一般2～5m,局部可达10m,如桐城市龙腾街道白马村、嬉子湖镇肖店村等。

3. 下蜀组（Qpx）

下蜀组（Qpx）最早由李四光、朱森于1932年命名为下蜀土,李毓尧等（1935）称其为下蜀系,现称下蜀组,建组剖面位于江苏省南京市江宁区下蜀镇。安庆市规划区范围内,下蜀组分布广泛,主要分布在山前岗地、沿江低丘、波状—浅丘状平原等地貌单元,厚度一般小于10m,个别达15m左右。其岩性以黄褐色粉质黏土—亚黏土为主,也存在褐棕色与褐黄色亚黏土互层,是黄土层及古土壤层相间的特征（图3-1-8、图3-1-9）。下蜀组地层柱状节理发育,针状孔洞较多,局部可见不显著的浅棕灰色蠕虫状条纹,底部通常出现断续或成层铁锰质结核,结核粒径一般为1～3mm,有时可见铁锰浸染或胶膜,有的层位含有硅质岩小砾石,均沿层底分布或呈线状排列。山前岗地部分地区,下蜀组底部可见含砾黏土层,砾石含量约10%,次棱角—次圆状,砾径2～3cm,成分与下伏地层岩性有关,为下蜀组沉积早期残坡积土层。据前人研究,下蜀组与我国北方黄土类似,成因类型复杂,但以风成为主。

图3-1-8　下蜀组野外露头

图3-1-9　典型下蜀组岩心照片
（安庆市规划区19ZK15）

在桐城地区,下蜀组发育较为广泛,多直接出露地表。主要分布在吕亭镇新店—石南、孔城镇南口—桐梓—高桥—古井村、嬉子湖镇朱桥—曹岗村、金神镇蔡店村—草原村—黄盆村、范岗镇石井村—

金神镇香铺村、新渡镇松柯村—双港镇明星村等,多呈南南东向带状延伸,局部南东东。局部上覆1~3m全新统芜湖组粉质黏土。

地层岩性主要为灰黄—棕黄色粉质黏土,含少量铁锰质,以结核状为主,大小1~8mm不等,含量一般3%~5%,自上而下含量渐增,局部富集。局部可见少量灰绿色高岭土,呈不规则团块状、浸染状分布。层厚一般2~5m,局部可达9m。

位于桐城市规划区东南部的浅层地震剖面1—1′,测线走向为63°,剖面线长2500m。叠加时间剖面上,以40~50ms作为标准波组T0,该波组连续性较好,说明该反射界面上下地层波阻抗差十分显著,推断该波组是第四系和基岩的分界面。结合工程地质钻孔GC07、GC08揭露的地层岩性空间分布特征,该剖面探明了其沿线第四纪地层(主要为更新统下蜀组)厚度一般在6~10m之间。

二、全新统

（一）河湖相

芜湖组（Qhw）

芜湖组地层创建于1982年,建组依据于和县东圩庄钻孔和芜湖市四合山南麓钻孔,与下伏大桥镇组（Qpd）呈整合接触。

安庆市规划区内芜湖组主要分布于长江沿岸,以河流沉积作用为主,皖河等支流流域和破罡湖、青草湖等湖泊周边浅部也有芜湖组沉积物,厚度较薄。长江沿岸地区厚度较大,平均厚度20~40m,岩性自下而上大体上可分为3段：芜湖组下段地层以砾石（卵石）层及含砾—卵石中粗砂为主,砾石、卵石成分主要为石英砂岩、石英岩,次为燧石等。砾石直径一般0.2~0.4cm至3~5cm不等,大者可达9cm,以圆—次圆状为主；砾石间充填中粗砂。芜湖组中段以中细砂夹薄层状粉土、含粉砂黏土等为主,向上岩性逐渐过渡为粉细砂、粉砂。芜湖组上部以灰黄色、青灰色黏土质粉砂、含粉砂黏土,粉砂与含粉砂黏土互层等为主。长江沿岸地区芜湖组地层自下而上呈现出典型的正粒序旋回,为河床相—河漫滩相沉积作用产物。

在桐城地区,芜湖组广泛分布在挂车河、龙眠河、柏年河、孔城河沿岸及其支流河谷地带,局部分布在山间坳谷中。地貌上组成Ⅰ级阶地或河漫滩,分布标高在工作区北部一般25~35m,向东南部河流下游延伸逐渐降低到11~15m。依据钻孔揭露地层情况,将该组地层岩性划分为上、中、下3层。

下部岩性为灰黄色、杂色砂砾石,多见于河谷以及河漫滩下部,厚2~7m,漫滩边缘以及支流冲沟地区该地层缺失。自上游至下游砾径由粗变细,上游砾径一般2~6cm,下游砾径多为0.2~2cm,个别约5cm。河谷上游地区砾石分选性一般,往下游延伸分选性逐渐变好。自上游至下游砾石成分由以片麻岩、花岗岩为主,石英次之逐渐变为以石英居多,片麻岩、花岗岩次之；砂质成分由长石砂为主,石英砂次之逐渐变为以石英砂为主,长石砂次之。

中部多发育青灰色、灰黄色粉细砂、粗砂,厚一般1~5m,最厚可达13.5m（GC02）。砂质均匀,主要成分为石英、长石,局部含少量黏粒。与下部砂砾石层为渐变过渡。

上部岩性为黄褐色、灰褐色粉质黏土,普遍发育,厚一般1.5~5m,局部可达8m。含少量铁锰质结核,多已风化。局部发育淤泥质粉质黏土夹层,厚一般1~3m。在现代河道边缘局部可见细砂层堆积,厚1.5~3m,灰黄色,砂质均匀。

（二）山麓相

零星分布于山间谷地,未建组。岩性上：主要为浅黄—褐黄—浅红色以及杂色含碎石、块石亚黏土、亚砂土,其次为碎石土;碎石及块石多数呈棱角—次棱角状,磨圆度差;其成分与下伏或相邻位置基岩基本一致,颜色上通常也和下伏基岩风化颜色一致;在碎石及块石的含量及粒径上差异较大;厚度由坡顶向坡脚递增,不整合覆于下伏风化面之上。

第二节　第四纪地层年代

工作区内第四纪沉积物中未发现含有地层时代指示意义的生物化石,针对地层形成时代开展了第四纪测年研究工作。主要采取了 ^{14}C、光释光(OSL)和电子自旋共振(ESR)等多重测年方法,对区内第四纪地层进行了综合定年研究。

一、^{14}C 样品年代测定

1. 样品采集

根据钻孔揭露地层的岩性特征,初步推断其地层时代,进一步选择有一定代表性并适用 ^{14}C 测年方法的地层进行样品采集并送检。在样品采集过程中严格避免现代碳的混入。用厚层密封袋包装完成后及时编号,并记录采样介质。本次主要 ^{14}C 测年样品介质类型为淤泥质粉质黏土、贝壳及少量碳屑。

2. 测试结果

部分测试结果如表 3-2-1 所示。

表 3-2-1　^{14}C 测年结果表

野外编号	深度(m)	年龄(a)
GHD02-C01	18.9	1360±50
GHD02-C02	35.4	4760±50
19ZK05-C2	17.5	3365±50
19ZK07-C5	10.7	2785±50
19ZK11-C1	6.55～6.75	1770±50
19ZK11-C2	10.6～10.7	2265±50
GZK01-^{14}C01	3.2～3.3	10 840±60
GZK09-^{14}C01	6.0～6.1	41 210±2280 *
GZK09-^{14}C02	7.8～7.9	>42 530±3170 *
GZK18-^{14}C01	4.0～4.1	250±20
GZK18-^{14}C02	5.4～5.5	295±20
GZK18-^{14}C03	9.05～9.15	10 385±50
GZK18-^{14}C04	11.3～11.4	16 560±110
GZK26-^{14}C01	9.8～9.9	14 890±100
GZK42-^{14}C01	2.4～2.5	3875±25
DSX01-^{14}C01	4.3～4.4	4190±30

续表 3-2-1

野外编号	深度(m)	年龄(a)
DSX02-^{14}C01	1.7~1.8	220±20
DSX02-^{14}C02	4.8~4.9	2145±20
DSX03-^{14}C01	4.5~4.6	32 150±760
DSX03-^{14}C02	6.3~6.4	29 770±550
DSX06-^{14}C01	4.2~4.3	1190±20
DSX10-^{14}C01	2.55~2.65	1755±25
DSX12-^{14}C01	5.65~5.8	1710±30
DSX14-^{14}C01	0.6~0.65	现代碳
DSX16-^{14}C01	4.6~4.7	20 840±190
SZK03-^{14}C01	10.5~10.6	22 260±230
SZK05-^{14}C01	7.0~7.1	9810±50
SZK05-^{14}C02	8.5~8.6	10 390±60
SZK05-^{14}C03	10.8~10.9	31 000±650
SZK06-^{14}C01	2.5~2.6	595±20
SZK06-^{14}C02	3.7~3.8	1240±20
SZK08-^{14}C01	1.9~2.0	2145±25
SZK14-^{14}C01	6.5~6.6	27 490±420
SZK15-1-^{14}C01	4.4~4.5	13 550±80
SZK16-^{14}C01	8.5~8.6	35 950±1200
SZK16-^{14}C02	10.5~10.6	26 330±360

注：* 指超过 4 万年 ^{14}C 年龄，仅供参考使用。

其中 GHD02-C01 样品采集于安庆市迎江区长风乡一带，唐代著名诗人李白多次在其作品中提及的长风沙（"相迎不道远，直至长风沙"出自《长干行 其一》，"万里南迁夜郎国，三年归及长风沙"出自《江上赠杜长史》）即位于该区域，本次于 18.9m 处所采集样品测年结果 1360±50a 与李白所生活的年代几乎一致。

二、光释光（OSL）

1. 样品采集

严格按照避光要求在野外钻探施工现场及时进行样品采集。岩心推出岩心管时在黑伞遮挡下，用厚层黑塑料袋严密包裹，并及时编号，记录采样位置及介质类型。

2. 测试结果

本次光释光（OSL）测年工作由北京光释光实验室科技有限公司完成。室内在暗室红光（中心波长约为 655±30nm）条件下完成样品测试前的处理工作。光释光的信号测定使用丹麦 Risø 实验室生产的 Risø TL/OSL-DA-20 热释光/光释光仪器完成。每个样品的测试包括预热、辐照和激发等步骤。编号

"DSX13-1-OSL03"样品提取90～125μm粗颗粒石英,其他样品均提取4～11μm细颗粒石英。部分样品取样位置及相应测年结果见表3-2-2。

表3-2-2 光释光(OSL)样品年龄结果表

样品编号	深度(m)	年龄(Ka)
DSX01-OSL01	5.8～5.9	7.13±0.38
DSX08-OSL01	7.45～7.60	123.10±5.86
DSX12-OSL01	4.7～4.9	92.00±4.39
DSX13-1-OSL01	1.0～1.1	0.45±0.03
DSX13-1-OSL02	5.3～5.4	98.74±5.35
DSX13-1-OSL03	9.9～10.0	146.47±5.34
DSX15-OSL01	4.3～4.4	51.71±3.33
DSX15-OSL02	6.7～6.8	94.82±8.82
GZK18-OSL01	13.3～13.4	119.75±7.42
GZK18-OSL02	13.8～13.9	165.16±9.34
18ZK01-S1	5	33.95±2.06
18TK01-ESR-1	5.8	174.27±5.22
18TK01-ESR-3	6	108.02±3.04
18ZK04-S2	40.9	25.78±1.47
18ZK04-S3	62.6	42.69±2.31
18ZK04-S4	69.8	86.78±7.24
18ZK05-S2	33.1	51.99±2.99
18ZK05-E1	48.9	25.99±1.77
18ZK06-S2	43.2	8.64±0.54
18ZK06-S3	44.8	30.00±2.05
18ZK06-E1	50	99.57±6.59
18ZK06-E3	62.1	117.26±6.74
18ZK07-S1	48.4	57.47±2.69
18ZK07-E1	53.9	65.83±2.51
18ZK08-S1	21.5	195.18±12.71
18ZK09-S1	8.6	36.38±1.10
18ZK09-E1	11.35	157.29±16.83
18ZK10-S1	24.4	151.71±9.88
18ZK10-E1	29.7	138.16±9.76
18ZK13-S3	42.8	28.47±1.61
18ZK27-S1	15.95	112.55±3.53

三、电子自旋共振(ESR)测年

1. 样品采集

电子自旋共振(ESR)测年方法所需介质有其特定要求,且其一般对形成时代大于5万年的地层测年结果较为准确。

2. 测试结果

晶体矿物受放射性辐照时,电子被激发,并被晶格中的缺陷俘获,成为不成对电子,每一个缺陷只能俘获一个电子。ESR谱仪测量晶体中的不成对电子(也称顺磁中心)数目,根据顺磁中心数目反推样品所经历辐照的时间长度,即地质年龄。本次ESR样品测年工作由北京光释光实验室科技有限公司完成,部分样品取样位置及相应测年结果见表3-2-3。

表 3-2-3　ESR 测年结果表

样品编号	深度(m)	年龄(ka)	样品岩性
DSX07-ESR01	8.8~8.9	406±40	中细砂
DSX08-ESR01	7.6~7.7	221±21	中细砂
DSX11-ESR01	7.2~7.3	480±62	中粗砂
DSX12-ESR01	10.1~10.2	97±15	中粗砂
DSX13-ESR01	14.0~14.1	106±13	中粗砂
DSX15-ESR01	8.0~8.1	386±58	粉细砂
GZK06-ESR01	7.1~7.2	1237±171	粉细砂
GZK12-ESR01	4.0~4.1	662±66	黏土
GZK19-ESR01	2.4~2.5	627±138	黏土
GZK25-ESR01	9.1~9.2	573±57	黏土
GZK28-ESR01	4.6~4.7	529±53	黏土
GZK40-ESR01	7.3~7.4	1131±176	黏土
GZK41-ESR01	3.0~3.1	600±60	黏土
GZK43-ESR01	3.8~3.9	620±62	黏土
SZK08-ESR01	3.4~3.5	369±39	黏土
SZK09-1-ESR01	6.3~6.4	899±89	粉砂
SZK09-1-ESR02	7.2~7.3	917±91	中细砂
SZK15-1-ESR01	7.2~7.3	277±45	中粗砂
SZK16-ESR01	6.0~6.1	291±33	粉砂
PM-ESR01		834±98	砂土
18TK01-ESR-2	5.8	80±38	红土
18ZK24-S1	5.7	831±102	含砾粗砂
18ZK04-S1	19	975±97	中粗砂

续表 3-2-3

样品编号	深度(m)	年龄(ka)	样品岩性
18ZK13-S2	31.55	559±83	粗砂
18ZK06-S1	28.6	1075±156	中粗砂
18ZK05-S1	21.9	1160±200	中粗砂
18ZK13-S1	18.05	1542±266	中粗砂
18ZK03-S1	7.85~8.25	589±58	中砂
18ZK16-S1	3.5	669±72	中粗砂
18ZK06-E2	59	671±67	中粗砂

四、第四纪年代地层序列

综合分析以上各种测年方法取得的测试成果,并参考前人研究结果,于振江等(1996,2008)结合本次环境地质调查过程中依据第四纪地层分布的地貌位置、特征、色调和岩性特征,对该地层岩性的全面对比,初步建立了本区的第四纪年代地层序列(表 3-2-4)。

表 3-2-4 第四纪年代地层序列

岩石地层单位			地质年龄	
名称	代号			
芜湖组	Qhw		274±63a(GZK18,4m,^{14}C) 375±45a(GZK18,5.5m,^{14}C) 1360±50a(GHD02,18.9m,^{14}C) 4760±50a(GHD02,35.4m,^{14}C) 8640±540a.(18ZK06,43.2m,OSL)	
下蜀组	大桥镇组 $Qp_{2-3}x$	$Qp_{2-3}d$	369±39ka(SZK08,3.4m,ESR)	36.372±0.95ka(DSX03,4.5m,^{14}C) 146.47±5.34ka(DSX12,10m,OSL)
戚家矶组	$Qp_{1-2}q$		1131±176ka(GZK40,7.3m,ESR) 573±57ka(GZK25,9.1m,ESR)	
马冲组	Qp_1m		834±98ka(剖面,ESR)	

第三节 第四纪地层空间结构特征

一、第四纪单元划分

安庆地区处于大别造山带东段与扬子陆块北缘交会处,安庆地区水系发育,长江沿安庆市东南部贯穿而过,境内河渠纵横交错,湖泊、池塘星罗棋布,加之第四纪以来中国东部地区气候变化强烈、安庆地区整体处于抬升状态,导致第四纪沉积物成因类型多样,地层接触关系复杂,存在着侵蚀、超覆等多种接触关系,而且第四纪沉积物总体上分布不均,缺少连续性较好的沉积记录,这对研究区第四纪地层及其蕴藏的第四纪气候、生物、环境的变迁带来了很大的难度。

在总结以往的工作成果的基础上,通过本次调查工作所获取的数据资料,进行安庆市第四纪地质单元划分,共划分为3个一级单元:冲积-湖积平原地质单元、洪积-坡积岗地地质单元、残积-剥蚀丘陵-山地地质单元(图3-3-1、表3-3-1)。

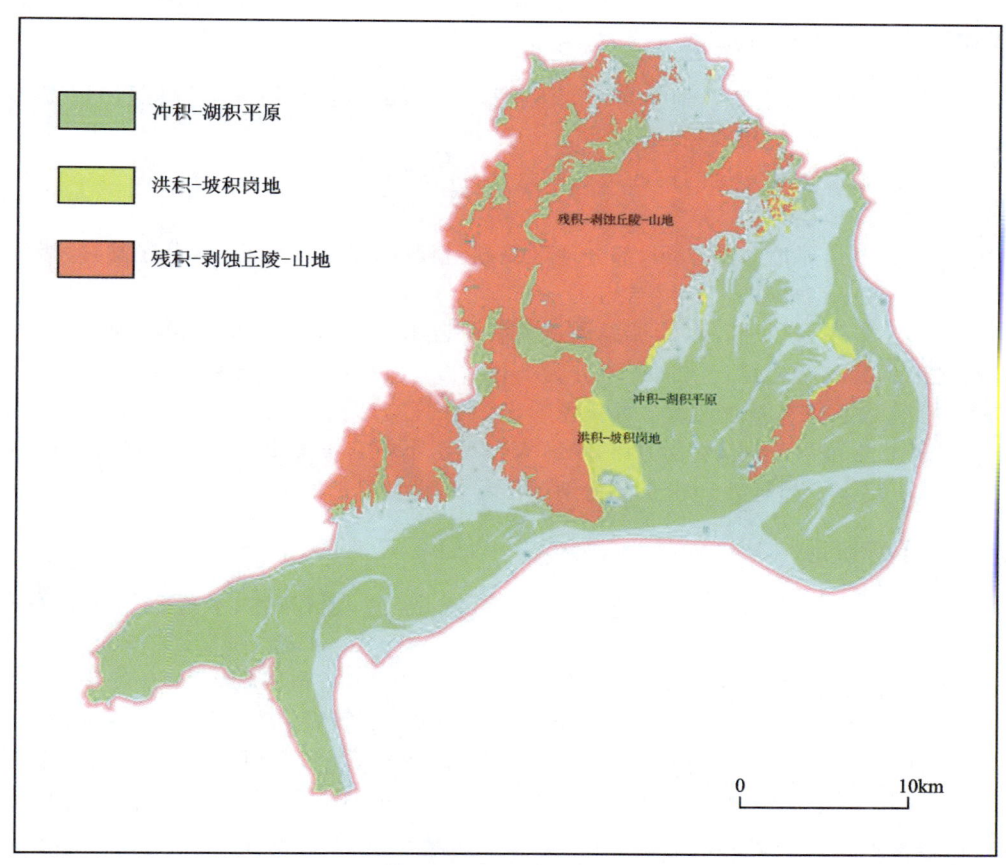

图 3-3-1　安庆规划区第四纪地质地貌单元划分

表 3-3-1　安庆规划区第四纪地质单元划分表

地貌	地质单元	地层	成因	沉积相
平原	长江冲积河漫滩(Ⅰ)	芜湖组	冲积	河流相
	支流-丘间河谷(Ⅱ)		冲积	河流相
	长江冲积Ⅰ级阶地(Ⅲ)	大桥镇组	冲积-湖积	河流相、湖相
岗地	风虎-洪坡积岗地(Ⅳ)	下蜀组	堆积-洪积-侵蚀剥蚀	山麓相
		戚家矶组		山麓相
丘陵-山地	冲洪积扇(Ⅴ)	安庆组	冲洪积	冲洪积相
	剥蚀基岩残丘-山地(Ⅵ)	望虎墩、宣南组、南陵湖组、磨山组等	残积、剥蚀、侵蚀	—

二、第四纪地层空间结构特征

(一)冲积-湖积平原地质单元

该地质单元地貌以平原为主,第四纪沉积物以长江及其沿岸支流、湖泊沉积物为主。

1. 长江冲积河漫滩地质单元

主要分布于长江沿岸平原地区,地层自下而上形成了"河床-边滩-河漫滩"沉积物粒度由粗到细的完整粒序旋回,呈现的一个沉积旋回的结构特征。

长江冲积河漫滩地质单元常见的第四纪地层组合有两种。

1)"芜湖组＋基岩"地层结构

安庆市迎江区芜湖组厚度30～45m,部分地区芜湖组较厚,厚度40～55m,粒序发育完整。

2)"芜湖组＋大桥镇组＋基岩"地层结构

安庆迎江区周家老屋、机场新村、秦潭湖周边芜湖组上中下段发育,芜湖组厚度40～55m,呈侵蚀覆盖于大桥镇组之上。芜湖组岩性自下而上可分为3段:下部为卵砾石层、中粗砂、粉细砂,中部软土(淤泥质粉质黏土、粉质黏土),上部为灰黄—青灰色黏土、粉细砂。芜湖组对大桥镇组下切侵蚀作用强烈,仅残留中下部含砾石中细砂旋回,厚度10～20m,大桥镇组下段自下而上为一套完整的由粗到细的粒序旋回,岩性由卵砾石层—中粗砾砂—粉土向粉细砂—粉质黏土渐变。

2. 长江冲积Ⅰ级阶地

主要分布在破罡湖及长江支流周边,地层主要为更新世河湖相沉积物,呈角度不整合覆盖于基岩地层之上。

长江冲积Ⅰ级阶地地质单元常见的第四纪地层组合为:"大桥镇组＋基岩"地层结构。

芜湖组仅在浅表层沉积,厚度一般不超过3m,主要分布于石塘湖、破罡湖、长枫港湖、秦潭湖等湖相沉积地区。浅部地层5～10m以浅为浅灰黄—棕黄色粉质黏土,硬塑,可见铁锰结核或铁锰质浸染,中部为灰黑色淤泥质粉质黏土,软塑,下部为粉细砂—中粗砂—卵砾石,该旋回为大桥镇组上段地层。大桥镇组下段,自上而下粒径逐渐变粗,岩性为灰褐色粉质黏土—粉土、粉细砂—中粗砂—砾石。第四纪地层平均厚度40～70m。

(二)洪积-坡积岗地地质单元

该单元地貌以岗地-浅丘状平原为主,第四纪沉积物以更新世山麓相、冲洪积、坡积相沉积物为主,主要为下蜀组、戚家矶组分布,地层亦遭受不同程度的剥蚀作用,山前地区呈残留状态覆盖于基岩地层之上。

该单元常见的第四纪地层组合有以下3种。

1)堆积平原-岗地和洪积-坡积岗地:"下蜀组/戚家矶组＋基岩"地层结构

广泛分布于山前岗地和浅丘状平原区,下蜀组或戚家矶组直接覆盖于安庆砾石层、红层碎屑岩或其他基岩地层之上(图3-3-2、图3-3-3),地表地层出露较好,下蜀组以棕黄色粉质黏土为主,硬塑、含大量铁锰质结核,下部为含泥砾石层,厚度较薄,为1～2m;戚家矶组上部为棕红色粉质黏土,发育灰白色网纹条带,下部为棕红色含泥砾石层,密实,地层底部常见有薄层的残积层发育,地层厚度3～40m。

2)风成-洪坡积岗地和冲洪积扇:"下蜀组＋戚家矶组＋基岩"地层结构

常见为下蜀组覆盖于戚家矶组之上,在下蜀组覆盖区局部剖面露头可见,主要分布在山前岗地和山前小型冲洪积扇地区,能见到典型露头。

图 3-3-2 "下蜀组＋基岩"地层结构

图 3-3-3 "戚家矶组＋基岩"地层结构

下蜀组残留厚度区域差别较大，2~5m不等，厚度较大的下蜀土沉积区可见到多层古土壤层，下蜀组底部呈起伏状平行不整合于戚家矶组之上，显示两套地层之间有着较长时间的沉积间断，戚家矶组遭受剥蚀。

3）过渡区："下蜀组＋早中更新世河流、洪积相沉积物＋基岩"地层结构

这套地层主要分布于岗地和平原过渡地区，通常钻孔揭露可见下蜀组棕黄色粉质黏土下部为泥质充填卵砾石层，厚度较小，一般1~2m。对于这套地层，争议较大，上部为山麓-洪积相成因，下部为冲洪积相成因，暂定为类下蜀组。

（三）残积-剥蚀丘陵-山地地质单元

在该单元第四系主要分布于区内的山间沟谷地带，第四纪地层厚度一般小于10m，主要为洪积-残坡积成因，为近现代堆积物，岩性复杂，有含砾粉质黏土，碎石，粉质黏土等。山间沟谷中地层自下而上为粉质黏土，淤泥质粉质黏土，粉土—粉细砂、碎石层。

第四节　第四纪沉积环境演化

一、第四纪古气候演化

第四纪古气候的研究工作主要通过对第四纪沉积物中孢粉的分析而揭示，本书选取桐城为重点研究区，采集并测试了300个孢粉样品，一般以50cm间隔进行样品采集，共涉及39个钻孔。

（一）更新世孢粉特征及气候演化

1. 孢粉概况

桐城地区更新世连续沉积以DSX13钻孔揭露地层具有一定程度的代表性。在该钻孔岩心中采集并送检了26个孢粉样品，仅有10个样品达到孢粉统计量（≥50粒），共统计陆生植物花粉419粒，平均每个样品16粒，孢粉总浓度为99粒/g，共发现并鉴定了56个科属的植物花粉。其中包括18个科属的木本植物花粉，30个科属的草本植物花粉，5个科属的蕨类孢子和3个科属的藻类。

2. 孢粉分带

根据镜下孢粉鉴定统计分析结果,按照植物气候类型代表性特征选取孢粉总浓度、孢粉总数、木本植物、草本植物、蕨类孢子、松属、桦属、胡桃属、落叶栎属、桑属、禾本科、藜科、蒿属、紫菀属、酸模属、十字花科、香蒲属、莎草科、鳞盖蕨属等19个数量指标作出孢粉百分比含量图式,运用孢粉专业作图软件Tilia作出孢粉百分比含量图式,根据聚类分析Coniss所得结果,将13.4m以上样品划分为3个孢粉组合带。

孢粉带Ⅰ(13.4~9.9m):共送检8个样品,仅2个样品达到孢粉统计量(≥50粒),孢粉总浓度为2粒/g,孢粉组合中草本植物花粉(69.33%~84.31%,平均76.82%)中以禾本科(31.65%)和蒿属(25.02%)为主,其次是藜科(9.53%)、十字花科(7.96%)、紫菀属(1.33%)等;木本植物花粉(15.69%~29.33%,平均22.51%)中有松属(19.53%)和胡桃属(2.31%)等;蕨类孢子(0.0%~1.33%,平均0.67%)中仅见鳞盖蕨属等。

孢粉带Ⅱ(9.9~5.4m):共送检9个样品,均未达到孢粉统计量,孢粉组合中主要有藜科、蒿属、禾本科、松属、桦属、落叶栎属、紫菀属和鳞盖蕨属等。孢粉贫乏,当时地面比较干旱荒凉。

孢粉带Ⅲ(5.4~0.9m):共送检9个样品,仅1个样品未达到孢粉统计量,孢粉组合中草本植物花粉(60.0%~81.13%,平均66.82%)中禾本科高达39.62%,其次是蒿属(9.22%)、十字花科(8.61%)、藜科(5.98%)、紫菀属、莎草科和香蒲属等;木本植物花粉(18.87%~38.1%,平均30.69%)中以松属(27.83%)居多,还有零星的胡桃属(1.13%)、落叶栎和桦属等;蕨类孢子(0.0%~4.79%,平均2.49%)中可见鳞盖蕨属等。

3. DSX13揭示植被类型及气候演化

松作为超代表性植物,其对植被的指示意义不高。栎、榆、椴、胡桃、鹅耳枥、朴属等科属属于暖温带落叶阔叶树种,反映气候温湿;杨梅、冬青、栲、青冈等是生长在亚热带的植物,反映气候环境暖湿。灌木、半灌木和草本植物多低矮,花粉散落时直接落在地面,以后由于地面摩擦阻力,虽有强风也不易远距离滚动,主要聚集在母体植物附近的表土中(李文漪,1998),所以它们的代表性一般较好。藜科、菊科、禾本科等属为旱生的草本植物,其中藜科不仅喜干旱,而且为喜盐植物,分布于荒漠、干草原及海滨的盐碱地(宋长青,1996);蒿属要求温凉半干燥的生态环境;在花粉谱里大量的禾本科指示草原环境;莎草科花粉往往指示湿地和沼泽环境(孙湘君等,1996),湿生或水生草本植物花粉还有香蒲等属,蕨类植物则大都喜暖湿环境。

根据孢粉组合特征,桐城地区更新世的植被类型与气候演化从下到上大致可分为3个阶段:

第一阶段,孔深13.40~9.90m,对应于孢粉Ⅰ带。孢粉组合中草本植物花粉平均含量明显占优,以禾本科和蒿属为主;木本植物花粉平均含量较少,松属和胡桃属等;蕨类孢子罕见。说明本阶段该地区植被类型是疏林草原,气候温偏干。

第二阶段,孔深9.9~5.4m,对应于孢粉Ⅱ带。所分析样品均未达到孢粉统计量,孢粉贫乏。说明该阶段植被稀少,当时地面比较干旱荒凉。

第三阶段,孔深5.4~0.9m,对应于孢粉Ⅲ带。该阶段孢粉含量较上一阶段明显增加。孢粉组合中草本植物花粉含量较高,以禾本科为主,少量蒿属、十字花科、藜科、莎草科和香蒲属等;木本植物花粉含量较少,以松属居多;蕨类孢子少见。说明本阶段植被类型是以禾本科为主的疏林草原,气候温偏干,局部发育湿地。

综上所述,DSX13钻孔孢粉分析反映了桐城地区更新世的植被和气候经历了3次周期性变化,植被类型由疏林草原→荒凉→疏林草原更替,与之相对应的气候也由温偏干→干旱→温偏干转变。

(二)全新世孢粉特征及气候演化

1. 孢粉概况

桐城地区全新世沉积物以DSX02钻孔揭露地层代表性较好。在该钻孔的7个孢粉样品中,共统计陆生植物花粉3888粒,平均每个样品972粒,孢粉总浓度为3154粒/g,共发现并鉴定了107个科属的植物花粉。其中包括37个科属的木本植物花粉,46个科属的草本植物花粉,21个科属的蕨类孢子和3个科属的藻类。

2. 孢粉分带

根据镜下孢粉鉴定统计分析结果,按照植物气候类型代表性特征选取孢粉总浓度、孢粉总数、木本植物、草本植物、蕨类孢子、松属、胡桃属、落叶栎属、禾本科、蒿属、蒲公英属、十字花科、莎草科、铁线蕨属、鳞盖蕨属、蹄盖蕨属、单缝孢、亮毛蕨等18个数量指标作出孢粉百分比含量图式,运用孢粉专业作图软件Tilia作出孢粉百分比含量图式,根据聚类分析Coniss所得结果,将6.3m以上样品划分为2个孢粉组合带,自下而上各孢粉组合带特征分述如下。

孢粉带Ⅰ(6.3~4.4m):孢粉总浓度为236粒/g,孢粉组合中草本植物花粉(30.12%~51.4%,平均43.14%)中以禾本科(27.05%)居多,其次是蒿属(4.94%)、蒲公英属(2.28%)、莎草科(2.24%)和十字花科(1.39%)等;蕨类孢子(36.64%)中单缝孢高达22.46%,还有鳞盖蕨属(5.92%)、铁线蕨属(4.03%)、蹄盖蕨属(1.18%)和亮毛蕨等;木本植物花粉(12.0%~28.76%,平均20.22%)中松属(11.87%)、胡桃属(2.99%)和落叶栎属(1.72%)等。

孢粉带Ⅱ(4.4~2.9m):孢粉总浓度为3891粒/g,孢粉组合中草本植物花粉(30.91%~57.8%,平均44.26%)中以禾本科(25.24%)为主,其次是蒿属(6.76%)、十字花科(2.64%)、莎草科(2.34%)和蒲公英属(1.4%)等;木本植物花粉(25.78%~49.42%,平均34.16%)中以松属(24.82%)居多,还有胡桃属(3.14%)和落叶栎属(1.79%)等;蕨类孢子(16.42%~28.63%,平均21.57%)中有鳞盖蕨属(8.03%)、铁线蕨属(4.17%)、单缝孢(4.02%)、蹄盖蕨属(1.65%)和亮毛蕨(1.42%)等。

3. DSX02揭示植被类型及气候演化

根据孢粉组合特征,桐城地区全新世的植被类型与气候演化从下到上大致可分为两个阶段。

第一阶段,孔深6.3~4.4m,对应于孢粉Ⅰ带。孢粉组合中草本植物花粉含量与蕨类孢子相当,木本植物花粉含量相对较少。^{14}C测年显示该段形成于2145a之前。说明该地区全新世中晚期的植被类型是以禾本科为主的疏林草原,气候温和偏干。

第二阶段,孔深4.4~2.9m,对应于孢粉Ⅱ带。本阶段孢粉浓度较上一阶段明显增加,随着蕨类孢子中的单缝孢迅速减少,松属所占比例增加。^{14}C测年显示该段形成于220~2000a。综合分析,桐城地区全新世末期的植被类型仍为疏林草原,但与之前相比气候温和偏湿。

综上所述,DSX02钻孔孢粉分析反映了桐城地区全新世的植被类型主要为疏林草原,气候由温和偏干逐渐转变为温和偏湿。

二、第四纪沉积相及古地理

(一)早更新世岩相古地理

自新近纪晚期以来,由于喜马拉雅构造运动,大别山区始终保持上升状态,郯庐断裂带剧烈活动。安庆市规划区在早更新世时期,总体上地壳上升,沿江坳陷区相对沉降,古河道沉积物堆积,但大都被后期流水带走,现缺失下更新统。桐城市大部分地区在早更新世时期为剥蚀区,面积约占70%,主要为大别山地与江淮丘陵。沉积物来源主要为基岩山区风化碎屑,成分复杂,物源丰富。本次勘查(DS02)于吕亭镇附近发现厚度近30m的冲洪积物,砾石大小悬殊,成分复杂。在山前冲洪积物之上,蜿蜒流淌着山间溪水汇聚的河流,其携带的细粒碎屑物少量堆积。受后期剥蚀破坏,现局部地区缺失该时期冲洪积堆积物。

(二)中更新世岩相古地理

中更新世地壳运动表现为大别山地继续上升,其他地区相对下降的格局。早期气候温暖湿润,晚期干燥寒冷。由于气候条件的差异,中更新世早期与晚期调查区的岩相古地理特征差异较大。依据不同时代的沉积物特征,以约40万年作为界线将中更新世划分为早期和晚期。

1. 中更新世早期

中更新世早期继承了早更新世的大部分古地理特征。与早更新世地理轮廓相比,剥蚀区主要有大别山地,山前丘陵范围大幅缩小。该时期气候较湿热,岩石风化强烈,形成大量细粒碎屑物。在外动力条件作用下,在山前堆积下来形成大面积戚家矶组网纹红土。源于山区的河流在该时期流量较大,主要以剥蚀为主,堆积物厚度较薄。

2. 中更新世晚期

中更新世晚期,气候变得干燥寒冷。与中更新世早期地理轮廓相比,剥蚀区有所缩小,沉积(堆积)区进一步扩展。该时期大面积分布风尘堆积物,厚5~10m不等,下蜀组开始形成。区内河流流量较小,河床变窄,形成少量河流相堆积物,粒度较之前明显变细,厚度较薄。

(三)晚更新世岩相古地理

晚更新世地壳运动表现为缓慢上升,气候干冷。山地、丘陵的边缘进一步接受风尘堆积,黄土覆盖范围较中更新世晚期略有增大。

晚更新世末次冰期,海平面下降剧烈,长江河床的纵降比加大,迫使与长江贯通水系溯源下切,使本区经历了一次强烈的侵蚀切割。孔城河、龙眠河、挂车河、柏年河等河流下切剥蚀之前形成的冲洪积物,仅在河谷下游形成少量河流相堆积物。晚更新世晚期地壳经历下降转为相对宁静期,长江及其支流发育完成,形成与现在相似的长江水系特征,沉积了典型的具二元结构的河流沉积物,大桥镇组主要堆积在这一时期。

(四)全新世岩相古地理

全新世时期,安庆地区气候温暖湿润,地壳总体处在缓慢上升中,该时期的地理轮廓与晚更新世基本一致。

全新世时期,地壳表现为振荡性升降,长江平原总体以缓慢沉降为主,长江及其支流堆积面积明显扩大,主要为河流相沉积,其中淤泥或泥炭较发育,中更新世地层组成的阶地因长期侵蚀、剥蚀,阶地面破坏严重,形成岗丘起伏、冲谷错杂的垄岗地貌形态。

大别山区继续经受剥蚀,是物源的主要供给地。山前堆积的风成黄土,经长期的水流侵蚀、剥蚀,形成岗坳相间的波状平原地貌,同时也成为物源的供给地。源于山区的河流携带的粗颗粒碎屑物于上游率先沉积下来,往下游延伸沉积物粒度逐渐变细。同时,沉积物自下而上粒度逐渐变细,构成沉积旋回,反映该地区全新世时期河流流量逐渐变小的趋势。

因为冰后期世界性暖期,海平面回升,长江水位上涨,以往河流剥蚀形成的洼地被淹没,嬉子湖、白兔湖等湖泊至此形成。

第四章 工程地质

根据全区地质单元划分,结合安庆市规划发展,主要分为安庆市辖区(地质单元属安庆沿江平原)及桐城地区(地质单元属桐潜盆地)两个部分展开,重点分析了岩土体类型、工程地质分区、工程地质层位特征。

第一节 安庆市辖区工程地质特征

一、岩土体类型及工程地质特征

(一)土体类型及工程地质特征

土体工程地质层划分主要考虑岩土体的沉积时代及沉积旋回作为工程地质层划分单元,然后根据沉积环境和土体的岩性、状态等划分亚层,区内土体共划分8个工程地质层,29个亚层(其中砂土包括粉细砂及中粗砂),其中全新统芜湖组(Qhw)河湖相划分为3个工程地质层,13个亚层;全新统芜湖组(Qhw)山前坡洪积、冲洪积相划分为1个工程地质层,3个亚层。上更新统河流相大桥镇组(Qpd)划分为2个工程地质层,7个亚层;上更新统坡麓相下蜀组(Qpx)划分为1个工程地质层,2个亚层。中更新统坡麓相戚家矶组(Qpq)划分为1个工程地质层,2个亚层。新近系安庆组(N_1a)划分为1个工程地质层,1个亚层(表4-1-1)。

表4-1-1 土体工程地质层及亚层划分表

组	层	亚层		名称
		沉积环境	亚层号	
新近人工堆积	①	人工堆积		填土
芜湖组(Qhw)上段	②	河湖相	②1	粉土粉砂
			②2	粉质黏土
			②3	淤泥质粉质黏土
			②4	粉土
			②5	砂土
			②6	砾砂,局部为砾石、卵石
芜湖组(Qhw)中段	③	河湖相	③1	淤泥质粉质黏土
			③2	粉土
			③3	砂土
			③4	砾砂,局部为砾石、卵石

续表 4-1-1

组	层	亚层		名称
		沉积环境	亚层号	
芜湖组（Qhw）下段	④	河湖相	④1	粉质黏土
			④2	砂土
			④3	砾砂砾石
芜湖组（Qhw）	②a	山前坡洪积、冲洪积相	②a1	粉质黏土
			②a2	砂土
			②a3	碎石、卵石
大桥镇组（Qpd）上段	⑤	河流相	⑤1	粉质黏土
			⑤2	粉土
			⑤3	砂土
			⑤4	砾砂、砾石
大桥镇组（Qpd）下段	⑥	河流相	⑥1	粉质黏土
			⑥2	砂土
			⑥3	砾石夹砂
下蜀组（Qpx）	⑤	坡麓相残坡积	⑤1a	粉质黏土
			⑤2a	碎石土
戚家矶组（Qpq）	⑦	坡麓相洪积	⑦1	粉质黏土
			⑦2	含砾黏土
安庆组（N_1a）	⑧	河流相	⑧	砾卵石

（1）全新统芜湖组（Qhw）冲湖积相上段工程地质层，共划分 6 个工程地质层，从上而下各工程地质层特征如下。

②1 粉土、粉砂：主要分布在长江漫滩邻近长江岸线附近表部，灰—深灰色，主要成分为长石、石英、云母，厚度 0.4~7.5m。饱和，松散状态，标准贯入试验击数 $N=3\sim6$ 击，为可以液化土层。承载力特征值 $f_{ak}=80$kPa。

②2 粉质黏土：主要分布在河湖漫滩的表部，灰黄—黄褐色，内含少量铁锰结核和粉砂，厚度 1.0~16.30m。湿，可—软塑状态，具中—高压缩性。标准贯入试验击数 $N=3\sim7$ 击，承载力特征值 $f_{ak}=120$kPa。

②3 淤泥质粉质黏土：灰—深灰色，含少量粉砂，厚度 1.50~19.80m，湿，流—软塑状态，局部为可塑状态的粉质黏土，有机质含量在 6%~12% 之间，天然含水量一般为 35.6%~63.8%，平均为 47.45%，天然孔隙比在 1.02~1.86 之间，压缩系数 $a_{0.1-0.2}$ 在 0.41~1.59MPa^{-1}，平均值为 0.95MPa^{-1}，压缩模量 $Es_{0.1-0.2}$ 在 1.78~5.17MPa 之间，平均值为 2.71MPa，具高等压缩性。其物理力学性质差，承载力特征值 $f_{ak}=70\sim90$kPa。垂直渗透系数为 $(3\sim6)\times10^{-7}$cm/s，水平渗透系数为 $(2\sim7)\times10^{-6}$cm/s。

②4 粉土：灰—深灰色，局部夹薄层粉砂，厚度 1.10~13.60m，湿，松散—稍密状态，为可液化土层，标贯击数 $N5\sim12$ 击，平均 6.8 击，天然含水率 21.20%~39.5%，平均为 30.47%，压缩系数 $a_{0.1-0.2}$ 在 0.16~0.57MPa^{-1}，平均 0.38MPa^{-1}，压缩模量 $Es_{0.1-0.2}$ 在 3.57~11.69MPa 之间，平均值为 5.87MPa，其物理力学性质差，承载力特征值 $f_{ak}=100$kPa，不宜作为低层建筑持力层。

②5 砂土：灰—深灰色，主要成分为石英、长石，少量为云母，上部主要为粉细砂，下部为中粗砂，厚度 0.5~20.7m 不等，层顶面标高 -9.89~9.42m，调查区内主要分布在河湖漫滩，局部地段缺失，标贯击数在上部粉细砂在 9~18 击，平均 14 击，下部中粗砂在 15~27 击，平均 21.5 击，该层物理力学性质

一般,承载力特征值 $f_{ak}=140\sim160$ kPa,可作为 3 层以下建筑物基础持力层以及地下管廊良好的下卧层。

②6 砾砂,局部为砾石、卵石:该层主要分布在河湖漫滩以及古河道,灰黄色、灰色、饱和、中密状态,砾石含量占 35%~55%,砾径 0.2~1.2cm 不等,呈次棱角—次圆状,其余为粉砂及中粗砂充填,重型动力触探击数 9~15 击,平均 12.3 击,承载力特征值 $f_{ak}=240$ kPa。可作为多层建筑桩基础持力层。

(2)全新统芜湖组(Qhw)冲湖积相中段工程地质层,共划分 4 个工程地质层,从上而下各工程地质层特征如下。

③1 淤泥质粉质黏土:深灰色,有腥味,局部含少量腐殖质,厚度 0.75~22.90m,层顶面标高-22.25~10.70m,饱和,流—软塑状态,局部为可塑状态的粉质黏土,有机质含量在 10%~15%之间,天然含水量一般在 37.0%~55.30%,平均为 43.58%,天然孔隙比在 1.05~1.64,压缩系数 $a_{0.1-0.2}$ 在 0.58~1.37 MPa^{-1},平均值为 0.85 MPa^{-1},压缩模量 $Es_{0.1-0.2}$ 在 1.87~3.66MPa 之间,平均值为 2.83MPa,具高等压缩性。其物理力学性质差,承载力特征值 $f_{ak}=90$ kPa。垂直渗透系数在 $(4\sim7)\times10^{-7}$ cm/s,水平渗透系数在 $(3\sim8)\times10^{-5}$ cm/s。

③2 粉土:灰色,局部夹薄层粉砂,厚度 1.00~19.40m,层顶面标高-18.11~3.14m,湿,松散—稍密状态,为可液化土层,标贯击数 5~17 击,平均 8.5 击,天然含水率 18.50%~50.30%,平均为 28.86%,压缩系数 $a_{0.1-0.2}$ 在 0.22~1.30 MPa^{-1} 之间,平均 0.44 MPa^{-1},其物理力学性质差,承载力特征值 $f_{ak}=130$ kPa,不宜作为建筑持力层。

③3 砂土:灰—灰黄色,主要成分为石英、长石,少量为云母,上部主要为粉细砂,下部为中粗砂,厚度在 1.10~24.60m 不等,层顶面标高-36.58~1.53m,调查区内主要分布在河湖漫滩,局部地段缺失,标贯击数在上部粉细砂在 10~22 击,平均 15.3 击,下部中粗砂在 15~29 击,平均 23.4 击,该层物理力学性质一般,承载力特征值 $f_{ak}=180\sim220$ kPa,可作为多层建筑物桩基础持力层以及地下管廊良好的下卧层。

③4 砾砂,局部为砾石、卵石:灰黄色,该层主要分布在河湖漫滩以及古河道位置,层厚 1.10~14.6m,层顶面标高-27.71~-5.53m,灰黄色、灰色,饱和,中密状态,砾石含量占 40%~60%,砾径 0.2~1.2cm不等,少量大小 2~6cm 卵石,呈次棱角—次圆状,其余为粉砂及中粗砂充填,重型动力触探修正击数 10~18 击,平均 14.8 击,承载力特征值 $f_{ak}=260$ kPa。可作为多层建筑桩基础持力层。

(3)全新统芜湖组(Qhw)冲湖积相下段工程地质层,共划分 3 个工程地质层,从上而下各工程地质层特征如下。

④1 粉质黏土:灰绿色、灰黑色、灰色,湿,可塑状态,内含少量铁锰结核,主要分布在海口、破罡湖南侧河湖漫滩,厚度 1.3~18.0m,层顶面标高-23.36~17.03m。具中等缩性,局部为高压缩性。标准贯入试验击数 $N=5\sim15$ 击,平均 9.4 击,承载力特征值 $f_{ak}=160$ kPa。

④2 砂土:灰色、灰黄色,主要成分石英、长石,少量云母,中密—密实状态,上部主要为粉细砂,局部夹少量粉土,下部为中粗砂,厚度在 1.40~18.70m 不等,层顶面标高-30.41~1.53m,调查区内主要分布在皖河、长江河湖漫滩,局部地段缺失,标贯击数在上部粉细砂在 15~20 击,平均 18.7 击,下部中粗砂在 23~34 击,平均 29.6 击,该层物理力学性质一般,承载力特征值 $f_{ak}=200\sim240$ kPa,可作为多层建筑物桩基础持力层。

④3 砾砂局部为砾石、卵石:灰黄色、灰黑色,主要分布在海口镇及破罡湖南侧长江河湖漫滩,层厚 14.24~61.00m,层顶面标高-35.55~-0.67m,中密—密实状态,砾石成分主要为石英岩、燧石等,中粗砂充填,砾径一般 0.5~2.0cm,少量 3~7cm,呈次圆状,重型动力触探击数 $N=16\sim22$ 击,平均 19.5 击,该层物理力学性质较好,承载力特征值 $f_{ak}=350$ kPa,可作为多层建筑基础持力层。

(4)全新统芜湖组(Qhw)山前坡洪积、冲洪积相工程地质层,共划分 3 个工程地质层。

②a1 粉质黏土:主要分布在大龙山周边山坡、山麓和山前地带以及低山丘陵中沟谷地带,灰褐色,可塑状,层厚 0.9~16.10m,层顶面标高 8.27~60.35m,差异性较大,天然含水量一般在 18.40%~

44.30%，平均为 26.73%，天然孔隙比为 0.81～1.34，平均为 0.62，压缩系数 $a_{0.1-0.2}$ 在 0.15～0.61MPa^{-1}，平均值为 0.34MPa^{-1}，压缩模量 $Es_{0.1-0.2}$ 在 3.33～12.91MPa 之间，平均值为 6.02MPa，具中等压缩性。标准贯入击数 $N=5～12$ 击，平均 8.3 击，承载力特征值 $f_{ak}=150kPa$，该层物理力学性质一般，可作为3层以下建筑物基础持力层。

②a2 砂土：灰黄色，主要分布在安庆市北部低山丘陵沟谷地带，稍密状态，以粉细砂为主，局部为中粗砂，含少量黏粒，层厚 0.90～8.30m，层顶面标高 13.01～18.57m，标准贯入击数 7～13 击，平均 9.4 击，承载力特征值 $f_{ak}=135kPa$。

②a3 碎石、卵石：主要分布在大龙山周边山坡、山麓和山前地带以及低山丘陵中沟谷地带，灰黄色，碎石含量约占 55%，粉质黏土充填，碎石成分主要为砂岩，少量为硅质岩，砾径一般 0.5～2.0cm 不等，呈次棱角状，层厚 0.90～9.20m，层顶面标高 -6.67～48.7m，重型动力触探击数 $N=6～10$ 击，平均 8.2 击，承载力特征值 $f_{ak}=180kPa$。

(5)上更新统大桥镇组（Qpd）上段河流相工程地质层。

⑤1 粉质黏土：主要分布在长江Ⅰ级阶地（破罡湖）浅表部，以及大龙山镇山间洼地下部，灰黄色，稍湿，可塑状，含少量高岭土团块，层厚 2.00～29.50m，层顶面标高 8.87～20.78m，天然含水量一般 17.90%～39.60%，平均为 24.35%，天然孔隙比 0.56～1.09，平均 0.71，压缩系数 $a_{0.1-0.2}$ 在 0.09～0.73MPa^{-1}，平均值为 0.24MPa^{-1}，压缩模量 $Es_{0.1-0.2}$ 在 2.59～17.81MPa 之间，平均值为 8.12MPa，具中等压缩性，局部为高压缩。承载力特征值 $f_{ak}=180kPa$。可作为 3 层以下建筑基础持力层。

⑤2 粉土：主要分布在长江Ⅰ级阶地以及大龙山镇山间洼地，灰黄色，稍湿，局部夹薄层粉砂，厚度 0.70～8.40m，层顶面标高 -5.22～7.61m，为可能液化土层，压缩系数 $a_{0.1-0.2}$ 在 0.21～0.43MPa^{-1}，平均值为 0.31MPa^{-1}，压缩模量 $Es_{0.1-0.2}$ 在 4.40～8.00MPa，平均值为 5.97MPa，具中等压缩性。标准贯入击数 $N=5～15$ 击，平均 10.3 击，承载力特征值 $f_{ak}=175kPa$。

⑤3 砂土：灰黄色，主要成分为石英、长石，少量为云母，饱和，中密状态，上部主要为粉细砂，下部为中粗砂，厚度 1.05～31.90m，层顶面标高 -8.99～9.10m，标准贯入击数 $N=16～29$ 击，平均 22.3 击，该层物理力学性质一般，承载力特征值 $f_{ak}=220kPa$。可作为多层建筑桩基础持力层。

⑤4：砾砂、砾石：主要分布在长江Ⅰ级阶地（破罡湖）古河道位置，灰黄色、灰色，饱和，中密—密实状态，砾石含量约占 50%，大小 0.5～2.0cm 不等，呈次圆状；层厚 0.8～19.50m，层顶面标高 -21.28～4.87m，重型动力触探击数 $N=16～22$ 击，平均 18.2 击，该层物理力学性质较好，承载力特征值 $f_{ak}=330kPa$。可作为多层建筑桩基础桩端持力层。

(6)上更新统大桥镇组（Qpd）下段河流相工程地质层。

⑥1 粉质黏土：主要分布在长江Ⅰ级阶地（破罡湖），灰黄色、褐黄色，含少量高岭土团块，湿—很湿，软—可塑状，层厚 1.1～15.10m，层顶面标高 -31.36～2.7m，具中等—高压缩性，该层物理力学性质较差，承载力特征值 $f_{ak}=100kPa$。

⑥2 砂土：主要分布在长江Ⅰ级阶地（破罡湖），该层上部以粉细砂为主，局部夹少量粉土，下部主要为中粗砂，青灰色、灰色，饱和，中密—密实状态，层厚 0.40～20.90m，层顶面标高 -47.18～-12.74m，标准贯入击数 $N=18～34$ 击，平均 28.6 击，该层物理力学性质较好，承载力特征值 $f_{ak}=240kPa$。

⑥3 砾石夹砂：该层主要分布在长江Ⅰ级阶地（破罡湖）底部基岩面较深处，基本为原有古河道为主，灰黄色、灰色，密实状态，砾石含量约占 55%，大小 0.2～2cm 不等，少量 2～5cm 卵石分布，呈次圆状；层厚 1.20～34.50m，层顶面标高 -68.32～-3.496m，重型动力触探击数 $N=17～23$ 击，平均 20.4 击，该层物理力学性质较好，承载力特征值 $f_{ak}=360kPa$。可作为多层建筑桩基础桩端持力层。

(7)上更新统下蜀组（Qpx）坡麓相残坡积工程地质层。

⑤a1 粉质黏土：该层主要分布在长江Ⅱ级阶地以及北部丘岗坡麓地带，褐黄色，稍湿，硬塑，局部为可塑状态，含少量铁锰质结核及高岭土团块，层厚 2.9～16.2m，层顶面标高 -3.88～24.6m，压缩系数

$a_{0.1-0.2}$ 在 $0.19\sim0.39\text{MPa}^{-1}$,平均值为 0.30MPa^{-1},压缩模量 $Es_{0.1-0.2}$ 在 $4.53\sim9.23\text{MPa}$,平均值为 6.43MPa,具中等压缩性,局部具有弱膨胀性,自由膨胀率为 $5.0\%\sim31.0\%$,平均值 20.4%,标准贯入试验击数 $N=9\sim18$ 击,平均 13.9 击,改成物理力学性质一般,承载力特征值 $f_{ak}=220\text{kPa}$。可作为多层建筑基础持力层。

⑤a2 碎石土:该层主要分布在山前坡洪积扇。褐黄色、灰黄色,稍湿,中密—密实,砾石含量约占 45%,呈次棱角状,大小 $0.5\sim1.2\text{cm}$,动力触探击数 $N=9\sim16$ 击,平均 13.2 击,承载力特征值 $f_{ak}=250\text{kPa}$。

(8)中更新统戚家矶组(Qpq)坡麓相残洪积工程地质层。

⑦1 粉质黏土:主要分布在头坡断裂南部冲洪积扇以及大龙山镇西部集贤北路以西丘岗地,砖红色,稍湿,硬塑状,可见白色条带状高岭土;层厚 $1.20\sim15.65\text{m}$,层顶面标高 $1.38\sim37.24\text{m}$,压缩系数 $a_{0.1-0.2}$ 为 $0.12\sim0.36\text{MPa}^{-1}$,平均值为 0.23MPa^{-1},压缩模量 $Es_{0.1-0.2}$ 在 $2.10\sim14.30\text{MPa}$ 之间,平均值为 8.27MPa,具低—中等压缩性,该层物理力学性质较好,承载力特征值 $f_{ak}=280\text{kPa}$。可作为多层建筑基础持力层。

⑦2 含砾黏土:主要分布在头坡断裂南部冲洪积扇⑦1 下部,局部缺失,砖红色,稍湿,硬塑状,可见少量白色条带状高岭土,砾石含量约占 30%,呈次棱角状,大小 $0.5\sim2.0\text{cm}$ 不等;层厚 $0.70\sim8.70\text{m}$,层顶面标高 $3.63\sim18.11\text{m}$,该层物理力学性质较好,具低压缩性,承载力特征值 $f_{ak}=300\text{kPa}$。可作为多层建筑基础持力层。

(9)新近系安庆组(N_1a)河流相冲积工程地质层。

⑧砾卵石:该层主要分布在头坡断裂南部冲洪积扇腈北路、茅清路周边,灰黄色,湿,密实状态,砾卵石含量约占 70%,中粗砂充填,卵石大小一般 $2\sim3\text{cm}$,少量 $4\sim8\text{cm}$,呈扁平状、圆状,成分主要为石英岩、燧石等;层厚 $1.95\sim33.2\text{m}$,层顶面标高 $-29.15\sim7.15\text{m}$,该层物理力学性质好,重型动力触探击数 $N=24\sim33$ 击,平均 28.2 击,承载力特征值 $f_{ak}=460\text{kPa}$,可作为多层建筑基础持力层。

(二)岩体类型及工程地质特征

本区岩体建造类型可划分为碎屑岩建造、碳酸盐岩建造、变质岩建造、岩浆岩建造 4 种。区内土体由新近系安庆组(N),第四系中更新统戚家矶组(Qpq),上更新统下蜀组(Qpx)、大桥镇组(Qpd),全新统芜湖组(Qhw)组成。工作区范围内土体分布面较广,占总面积 90% 以上,构成漫滩、阶地、坡洪积扇等地貌。

根据区内地层岩性、结构及物理力学性质等特征,按照《岩土工程勘察规范》(GB 50021—2001)划分工程地质层。

岩体工程地质层的划分参照岩体类型划分原则,共划分 11 个工程地质层,只是将其中坚硬—较坚硬薄、中厚层中等岩溶化大理岩综合体按照沉积时代把二叠系栖霞组(P_1q)、石炭系(C)划分为 1 个工程地质层,将奥陶系(O)划分为 1 个工程地质层。新近系安庆组砾卵石成岩程度差,本次将其划分为土体(表 4-1-2,图 4-1-1)。

Ⅰ.较软—软中厚层状红色砂岩、砾岩岩组(K_2x)

地层岩性为白垩系宣南组红色、紫红色砂岩、砾岩、粉砂岩、泥岩、泥质粉砂岩等,产状较平缓,倾角 $7°\sim15°$,倾向以北西为主,岩性较软—软,岩石单轴饱和抗压强度 $5\sim25\text{MPa}$,裂隙不发育。岩石抗风化能力较弱,风化层厚 $1\sim3\text{m}$,风化后岩石呈碎块状、砂砾状。地貌形态多为低丘。

Ⅱ.坚硬—较软中厚层状具泥化夹层砂岩岩组($J_2l、J_1m$)

岩性地层为侏罗系罗岭组、磨山组中厚层状石英砂岩、粉砂岩、泥质粉砂岩、砂质页岩等,岩性较坚硬—软弱,岩石单轴饱和抗压强度 $15\sim75\text{MPa}$,软化系数 0.50。表层易风化,风化层厚 $3\sim5\text{m}$。

Ⅲ.坚硬—较坚硬中厚层状砂岩岩组($T_3l、T_2t$)

地层岩性为三叠系拉犁尖组、铜头尖组中厚层状紫红色粉砂岩、细砂岩、钙质粉砂岩等,岩性坚硬—较坚硬,岩石单轴饱和抗压强度 $40\sim80\text{MPa}$,软化系数 0.60。表层易风化,风化层厚 $3\sim5\text{m}$。

表 4-1-2 岩体工程地质层划分表

地层时代		名称	岩性	工程地质岩组	代号	层号
白垩系	上统	宣南组	砂岩、泥质粉砂岩、砂砾岩	较软—软中厚层—薄层状红色砂岩、砾岩岩组	K_2x	I
侏罗系	中统	罗岭组	砂岩、泥质粉砂岩	较坚硬—软弱中厚层状具泥化夹层砂岩岩组	J_2l	II
	下统	磨山组	砂岩、粉砂岩		J_1m	
三叠系	上统	拉犁尖组	粉砂岩、砂质页岩、碳质页岩夹煤层	坚硬—较坚硬中厚层状砂岩岩组	T_3l	III
	中统	铜头尖组	粉砂质页岩夹细砂岩夹含铜透镜体		T_2t	
		月山组	粉砂岩、细砂岩、角砾岩、白云质灰岩、白云岩		T_2y	
	下统	南陵湖组	具缝合线构造的灰岩、白云质灰岩	较坚硬—坚硬薄—中厚层状弱—中等岩溶化灰岩岩组	T_1n	IV
		和龙山组	泥质条带灰岩、灰岩夹页岩、泥灰岩		T_1h	
二叠系	上统	大隆组	碳质页岩、页岩、微晶灰岩	较坚硬—软薄层状、片状页岩、板岩岩组	P_2d	V
		龙潭组	碳质板岩、泥质粉砂岩、燧石结核灰岩等,夹煤层		P_2l	
	下统	孤峰组	硅质板岩、泥质粉砂岩、碎石结核灰岩等,夹煤层		P_1g	
	下统	栖霞组	沥青质灰岩、燧石结核灰岩,上部硅质岩、页岩	坚硬—较坚硬薄—中厚层中等岩溶化大理岩岩组	P_1q	VI
石炭系	上统	船山组	灰岩		C_3c	
	中统	黄龙组	灰岩、白云岩		C_2h	
泥盆系	上统	五通组	石英砂岩	坚硬薄—中厚层状石英砂岩、石英岩岩组	D_3w	VII
志留系	中统	坟头组	粉砂质泥岩、砂岩	较坚硬—较软薄层状具泥化夹层砂岩岩组	S_2f	VIII
	下统	高家边组	泥质石英砂岩、泥质粉砂岩夹粉质泥岩		S_1g	
奥陶系	下统	仑山组	大理岩、白云石大理岩	坚硬—较坚硬薄—中厚层中等岩溶化大理岩岩组	O_1l	IX
侵入岩			闪长岩	坚硬块状花岗岩、闪长岩岩组	δ	X-1
			正长岩、花岗岩		ζ	X-2

第四章 工程地质

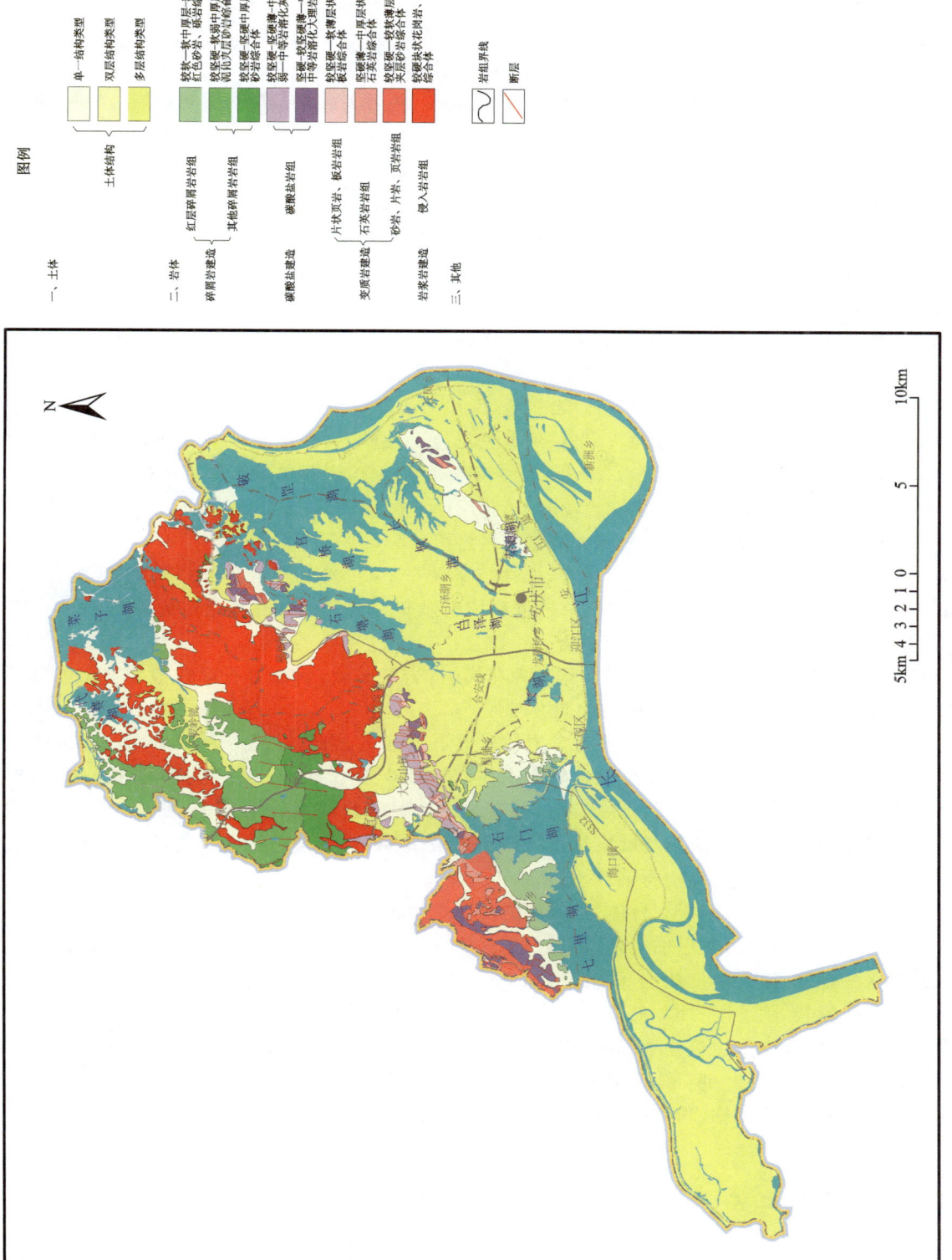

图 4-1-1 安庆市城市地质调查工程地质图

Ⅳ. 较坚硬—坚硬薄、中厚层状弱—中等岩溶化灰岩综合体(T_1y、T_1n、T_1h)

地层岩性为三叠系月山组、南陵湖组和龙山组薄—中厚层状灰岩、薄层状页岩、钙质页岩夹泥质条带灰岩,岩性较坚硬—坚硬,浅部岩溶弱—中等发育,地下岩溶形态主要为溶洞及溶蚀裂隙,大小不一,岩石单轴饱和抗压强度30~140MPa,软化系数为0.75~0.95。

Ⅴ. 较坚硬—软薄层状、片状页岩、板岩综合体(P_2d、P_2l、P_1g)

地层岩性为二叠系薄层状粉砂岩、碳质页岩、硅质页岩、板岩夹煤层及燧石层等。岩性较坚硬—软,岩石单轴饱和抗压强度10~40MPa,软化系数约0.5。表层易风化,风化层厚5~10m。

Ⅵ. 坚硬—较坚硬薄、中厚层中等岩溶化大理岩岩组(P_1q、C)

地层岩性为二叠系栖霞组、石炭系船山组、黄龙组薄—中厚层状灰岩、白云质灰岩,岩性较坚硬—坚硬,浅部岩溶中等—强发育,地下岩溶形态主要为溶洞及溶蚀裂隙,大小不一,岩石单轴饱和抗压强度40~120MPa,软化系数为0.75~0.95。

Ⅶ. 坚硬薄、中厚层状石英砂岩、石英岩岩组(D_3w)

地层岩性为泥盆系五通组薄、中厚层状石英砂岩、石英岩,岩性坚硬,岩石单轴饱和抗压强度150~200MPa,软化系数>0.75。抗风化能力强,风化层厚小于2m。

Ⅷ. 较坚硬—较软薄层状具泥化夹层砂岩岩组(S_2f、S_1g)

地层岩性为下志留统高家边组的灰绿色、灰黄色泥质石英砂岩、泥质粉砂岩夹粉砂质泥岩,中志留统坟头组灰白色、浅灰色的粉砂质泥岩、砂岩,岩性较坚硬—较软,岩石单轴饱和抗压强度25~80MPa,软化系数在0.55~0.9之间。抗风化能力较弱,风化层厚3~5m。

Ⅸ. 较坚硬—坚硬中厚层状弱—中等岩溶化灰岩岩组(O_1l)

地层岩性为奥陶系仑山组中厚层状灰岩,岩性较坚硬—坚硬,浅部岩溶弱—中等发育,地下岩溶形态主要为溶洞及溶蚀裂隙,大小不一,岩石单轴饱和抗压强度50~100MPa,软化系数为0.85~0.95。

Ⅹ(Ⅹ-1、Ⅹ-2). 坚硬块状花岗岩、闪长岩岩组(δ、ζ)

为侵入岩岩性组,主要岩性为闪长岩,其次为花岗岩,岩性坚硬,新鲜岩石单轴饱和抗压强度90~217MPa,软化系数大于0.75。岩石抗风化能力较强。

综上所述,安庆市辖区岩土体种类复杂。岩体以碎屑岩建造、岩浆岩建造为主,其次为碳酸盐岩建造、变质岩建造。其中碎屑岩建造以较软—软为主,与规划工程建设相关的主要为白垩系宣南组(K_2x)较软—软中厚层—薄层状红色砂岩、砾岩岩组,其次为中侏罗统罗岭组(J_2l)较坚硬—较软中厚层状具泥化夹层砂岩岩组;岩浆岩建造为坚硬块状花岗岩、闪长岩综合体,物理力学性质较好;碳酸盐岩建造以较坚硬—坚硬薄、中厚层状弱—中等岩溶化灰岩岩组为主,与规划工程建设相关;变质岩建造以较坚硬—较软薄层状具泥化夹层砂岩综合体为主,规划工程建设较少涉及。土体种类复杂,物理力学性质差异较大。其中全新世地层岩性更加复杂,物理力学性质差——一般,位于其分布区的建筑物除低层外,一般不宜采取天然地基,应采取桩基础,以较密实的砂土或者砾砂、砾石、卵石作为桩端持力层。上更新统大桥镇组岩性较复杂,除下段⑥1粉质黏土层外,其余各工程地质层物理力学性质一般—良好,其中⑤1层粉质黏土分布稳定,可作为建筑物天然地基基础持力层,如采取桩基础,选择密实的砂土或者砾砂、砾石、卵石作为桩端持力层;上更新统下蜀组(Qpx)、中更新统戚家矶组(Qpq)及新近系安庆组(N)地层岩性较简单,物理力学性质良好,均可作为建筑物天然地基基础持力层。

二、特殊类岩土体

(一)软土

本区河漫滩的全新统芜湖组中分布有软土。它的天然含水率高、孔隙比较大、压缩系数高、抗剪强度低、固结系数小、固结时间长、透水性差,并具有蠕变性、不均匀性、触变性等特殊的工程地质性质,工程地质条件较差,地基承载力低。

本次工程地质钻孔揭露的软土地层,主要有两层,分别为芜湖组(Qhw)(al+l)上段②3层、芜湖组(Qhw)(al+l)中段③1层。

(二)液化粉土、砂土

工作区内20m以浅砂土体一般为全新世粉土、粉细砂,其特点是沉积时代新、速度快,颗粒细且均匀,压密程度低,连接性差,饱水,且潜水水位埋深浅,在地震和动荷载强烈作用下,砂性土的内部结构遭受破坏,容易产生砂土液化。在基坑和地下工程开挖中,易引发涌水、流砂及基坑壁坍塌等问题,影响到附近已有建筑物的安全,在工程建设活动中应采取相应的防治措施。根据中国安徽省各地抗震设防烈度区划,安庆市抗震设防烈度为Ⅶ度(设计基本地震加速度值为0.10g),地震可能引起近地表饱水砂土、粉土、饱水粉细砂的液化和产生不均匀沉降问题。当然是否发生砂土液化与饱水砂层、饱水轻亚黏土的时代、所处的地貌部位、埋藏深度、土质学特征与土力学性质密切相关。

依据《建筑抗震设计规范》(GB 50011—2010)(2016年版),对本次勘察过程中钻孔的标贯试验结果数据进行统计,对工作区埋深20m范围内砂性土层的液化情况进行判别。判别结果显示,长江河漫滩以及皖河河漫滩区域内仅局部地区属于不液化,大部分地区属于轻微液化,钻孔液化指数在0.26~5.39之间,在海口镇安林村以及长风乡新建村周边,钻孔液化指数达6.9~14.8,液化等级为中等。在场类用途明确后,根据建设需要进一步进行查明和判别。

(三)可溶岩(灰岩、大理岩)

区内可溶岩(灰岩、大理岩地层)主要为三叠系月山组、南陵湖组、殷坑组,二叠系栖霞组,石炭系船山组、黄龙组,奥陶系仑山组,以三叠系南陵湖组分布最广。区内南陵湖组、栖霞组、黄龙组、船山组厚层灰岩岩溶的发育明显地优于其他灰岩地层。特别是南陵湖组、栖霞组沉积厚度大,分布广泛,岩溶最为发育,含水丰富,区域单孔涌水量可达到1000m³/d以上。根据以往野外调查资料,所有岩溶塌陷溶洞均发育于这些地层。区内裸露碳酸盐岩地区:岩石表面石芽、溶沟等发育,可见2~7m的溶斗发育,深部常见大小不等、规模不一的溶洞发育,洞径0.5~4m,大者可达7~10m,偶见黏土充填。覆盖型碳酸盐地区:岩溶在100m深度内较发育,向深部逐渐减弱,−80~0m标高内是强岩溶发育带,向下逐渐减弱。在构造部位,岩溶发育深度可达200m。

岩体内出现溶洞等岩溶现象,对建设工程构成不利影响,另外覆盖型岩溶区,在地下水动力条件改变时易发生岩溶塌陷。其分布位置主要为头坡断裂北西侧以及东部长风断裂北西侧。

三、工程地质分区

工程地质区的划分原则是,考虑对工程地质条件起主导作用的因素,结合安庆市具体情况,首先按照区域断裂、新构造运动特征进行工程地质分区,以头坡断裂为界,划分为头坡断裂西北部工程地质区(Ⅰ)、头坡断裂东南部工程地质区(Ⅱ)两个工程地质区,然后按照地貌成因类型进行亚区的划分,共划分10个亚区,同种亚区根据按照亚区的分布位置冠以地名进行细分,共划分27个工程地质小区(表4-1-3,图4-1-2)。

表 4-1-3 工程地质分区一览表

工程地质区代号名称	亚区	小区	工程地质条件复杂程度	建设场地适宜性	地下空间资源开发难度	地质灾害易发性
头坡断裂西北部工程地质区 I	河湖漫滩工程地质亚区 I₁	罗岭镇北部河湖漫滩工程地质小区（I₁₋₁）	复杂	差	大	非易发
		罗岭镇中南部河湖漫滩工程地质小区（I₁₋₂）	较复杂	差	大	非易发
		杨桥镇东部河湖漫滩工程地质小区（I₁₋₃）	复杂	差	大	非易发
		大龙山镇西部河湖漫滩工程地质小区（I₁₋₄）	较复杂	差	大	中易发
	坡（冲）洪积扇工程地质亚区 I₂	罗岭镇中部-五横乡南部坡(冲)洪积扇工程地质小区（I₂₋₁）	较复杂	基本适宜	较大	中易发
		杨桥镇中部坡(冲)洪积扇工程地质小区（I₂₋₂）	较复杂	基本适宜	较大	中易发
		大龙山镇-杨桥镇坡洪积扇工程地质小区（I₂₋₃）	较复杂	基本适宜	较大	低易发
		山口乡中部洪积扇工程地质小区（I₂₋₄）	较复杂	较差	较小—大	低—中易发
	山间洼地工程地质亚区 I₃	大龙山镇中部山间洼地工程地质小区（I₃₋₁）	较复杂	基本适宜—差	较大—大	低易发
	低丘陵工程地质亚区 I₄	罗岭镇-五横乡低-中丘陵工程地质小区（I₄₋₁）	较复杂	基本适宜	较大	低易发
		杨桥镇南部低丘陵工程地质小区（I₄₋₂）	较复杂	基本适宜	较大	低—中易发
		大龙山镇中西部低丘陵工程地质小区（I₄₋₃）	复杂	较差	大	中—高易发
		山口乡中部低丘陵工程地质小区（I₄₋₄）	较复杂	差	大	低易发
	高丘陵—低山工程地质亚区 I₅	罗岭镇东部高丘陵工程地质小区（I₅₋₁）	较复杂	差	大	低易发
		杨桥镇西部高丘陵工程地质小区（I₅₋₂）	较复杂	差	大	中易发
		巨石山-大龙山-犁头尖低山、高丘陵工程地质小区（I₅₋₃）	复杂	差	大	低易发
		杨桥镇南部中—高丘陵工程地质小区（I₅₋₄）	较复杂	差	大	中易发
		大龙山镇南部、十里乡北部高丘陵工程地质小区（I₅₋₅）	复杂	差	大	低易发
		山口乡西北部高丘陵-低山工程地质小区（I₅₋₆）	复杂	差	大	高易发

续表 4-1-3

工程地质区代号名称	亚区	小区	工程地质条件复杂程度	建设场地适宜性	地下空间资源开发难度	地质灾害易发性
头坡断裂东南部工程地质区Ⅱ	河湖漫滩工程地质亚区Ⅱ₁	宜秀区东部、迎江区南部长江河湖漫滩工程地质小区（Ⅱ₁₋₁）	复杂	差	大	不易发
		海口长江、皖河河湖漫滩工程地质小区（Ⅱ₁₋₂）	复杂	差	大	不易发
	Ⅰ级阶地工程地质亚区Ⅱ₂	长江Ⅰ级阶地工程地质小区（Ⅱ₂₋₁）	较简单	适宜	较小	不易发
	Ⅱ二级阶地工程地质亚区Ⅱ₃	长江Ⅱ级阶地工程地质小区（Ⅱ₃₋₁）	简单	适宜	小	不易发
	坡（冲）洪积扇工程地质亚区Ⅱ₄	大观区中北部洪积扇工程地质小区（Ⅱ₄₋₁）	较复杂	适宜	小—大	低—高易发
	低丘陵工程地质亚区Ⅱ₅	老峰镇-长枫乡低丘陵工程地质小区（Ⅱ₅₋₁）	较复杂	基本适宜	较大—大	低—高易发
		十里乡西部低丘陵工程地质小区（Ⅱ₅₋₂）	较复杂	基本适宜	小—大	低—高易发
		山口乡南部低丘陵工程地质小区（Ⅱ₅₋₃）	较简单	基本适宜	较小	低易发

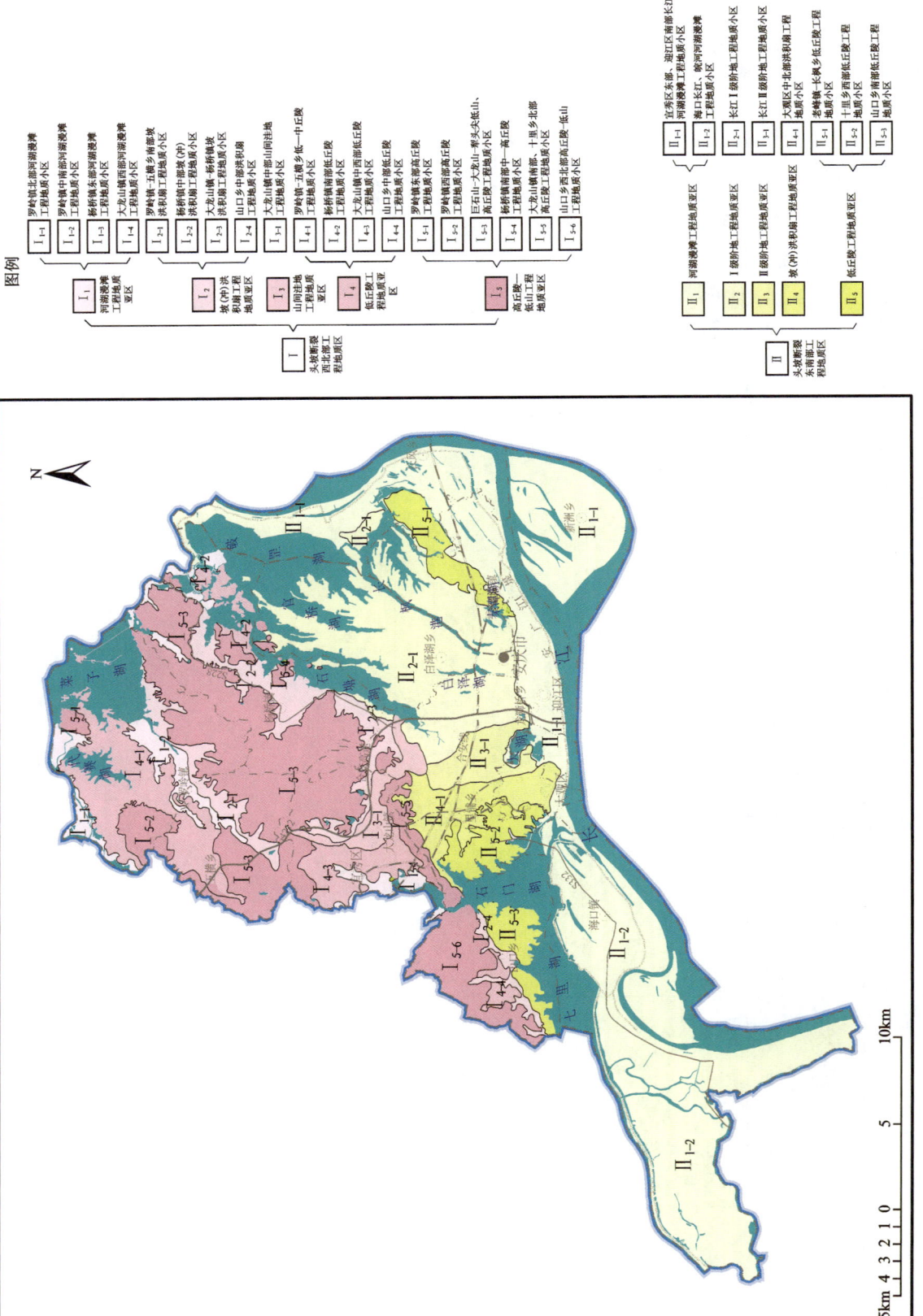

图 4-1-2 安庆市城市地质调查工程地质分区图

第二节 桐城地区工程地质特征

一、岩土体类型及工程地质特征

(一)土体类型及工程地质特征

区内土体分布广泛,第四纪覆盖物以早更新世—全新世的冲积、冲湖积成因的粉质黏土、粉土夹粉砂、粉砂为主,其次为黏土、粉砂与淤泥质粉质黏土分布。根据前述划分原则,将工作区内第四系覆盖层划分为4个主层(不含填土),9个亚层(表4-2-1、表4-2-2)。

表4-2-1 工程地质层组特征表(河流相)

岩性地层		工程地质层	亚层	土的名称	工程力学性质描述
组	代号				
芜湖组	Qhw	1	1-1	粉砂夹粉土	整体呈棕黄—灰黄色,稍湿—湿,较松散,微层理发育,颗粒均匀,级配不良
			1-2	粉质黏土	灰—灰黄色,可塑状,压缩性中等,承载力特征值193.63kPa;局部淤泥质含量较高,含水率高,孔隙比较大,呈软塑状,淤泥层承载力特征值仅为44.82kPa,工程地质性质较差
			1-3	砂砾石	青灰—灰黄色,稍密,湿—饱和。颗粒较不均匀,级配良好
大桥镇组	$Qp_{2-3}d$	2a	2a-1	粉质黏土	灰黑—灰黄色,硬塑状,切面光滑,含铁锰质浸染,干强度高,韧性中等,夹灰白色、蓝灰色黏土条纹。承载力标准值为208.47kPa,工程地质性质较好,可做桩端持力层
			2a-2	中细砂	以灰褐—灰色中细粒砂为主,饱和,中密—密实。颗粒较均匀,级配不良

表4-2-2 工程地质层组特征表(坡麓相)

岩性地层		工程地质层	亚层	土的名称	工程力学性质描述
组	代号				
下蜀组	$Qp_{2-3}x$	2b	2b-1	粉质黏土	灰黄—褐黄色,硬塑,弱胀缩性,载力标准值为213.23kPa,属中等压缩性土,工程地质性质较好,可做桩端持力层
戚家矶组	$Qp_{1-2}q_2$	3b	3b-1	黏土	棕红色,稍湿,硬塑,具灰白色蠕虫状网纹结构,承载力标准值为254.86kPa,属中等压缩性土,工程地质性质较好,可做桩端持力层
	$Qp_{1-2}q_1$		3b-2	黏土砾石	棕红色,中密—密实,砾石含量约50%,填隙物为黏性土
马冲组	Qp_1m	4b	4b-1	砂砾石	棕红—棕黄色,泥砂质充填。砾石磨圆度中等,以次棱—次圆状为主,分选性较差,是良好的桩基持力层

1. 第 1 工程地质层组（芜湖组）

1-1 粉砂夹粉土 分布在龙眠河、挂车河、柏年河、三湾河两侧漫滩。为芜湖组上段地层。冲积成因，该层整体呈棕黄—灰黄色，稍湿—湿，较松散，微层理发育，厚度一般为 0.50～6.70m。粒径在 0.25～0.5mm 之间含量最高，含量约 41.3%，其次为粒径在 0.5～2mm 之间，含量约 32.57%。该组平均有效粒径 d_{10} 约 0.12mm，平均限制粒径 d_{60} 约 0.43mm，不均匀系数约为 3.77，曲率系数约为 0.89，该工程层颗粒均匀，级配不良。

1-2 粉质黏土 分布在龙眠河、挂车河、柏年河沿岸及其支流地带，自河流上游至下游呈带状分布。地形平坦，地貌上为冲积平原，微地貌为Ⅰ级阶地。厚度一般为 0.60～6.65m，灰—灰黄色，可塑状，压缩性中等，孔隙比较大，承载力特征值 193.63kPa；孔城河流入嬉子湖区域淤泥质含量较高，含水率高，呈软塑状，淤泥层承载力特征值仅为 44.82kPa，工程地质性质较差。

1-3 砂砾石 主要分布于龙眠河、挂车河、柏年河漫滩及Ⅰ级阶地下部，地表未见出露。青灰—灰黄色，稍密，湿—饱和。顶板埋深为 0.5～8.6m，底板埋深 1.9～11.9m，厚度 0.3～8.5m。粒径在 0.5～2mm 之间含量最高，含量约 26.34%。该组平均有效粒径 d_{10} 约 1.19mm，平均限制粒径 d_{60} 约 10.59mm，不均匀系数约为 13.80，曲率系数约为 1.23，该工程层颗粒较不均匀，级配良好。

2. 第 2a 工程地质层组（大桥镇组）

2a-1 粉质黏土 分布于河流冲积平原与山前岗地交界地带，主要分布于大沙河、挂车河、孔成河一带，呈带状分布，多埋藏于 1-2 工程地质层之下，为大桥镇组，牛轭湖相沉积。层顶埋深 1.90～8.70m，层底埋深一般 4.70～12.40m，层厚 0.45～6.40m。该层整体呈灰黑—灰黄色，硬塑—可塑状，切面光滑，含铁锰质浸染，干强度高，韧性中等，夹灰白色、蓝灰色黏土条纹。SZK05 孔试样为淤泥质粉质黏土，含水率较高，液性指数较大，为可塑状态，其余基本均为硬塑状态。据该层 13 个土样测试统计分析，该层天然含水量 20.60%～37.50%，孔隙比 0.62～1.06，压缩系数 0.11～0.36MPa^{-1}，压缩模量 5.73～15.27MPa，承载力标准值为 208.47kPa，属中等压缩性土，工程地质性质较好，可做桩端持力层。

2a-2 中细砂层 该层分布较少，主要分布于孔城河沿岸以及龙眠河、挂车河入湖口附近冲积平原中，仅见于钻孔揭露，埋藏于 2a-1 及 1-3 工程地质层之下，为大桥镇组，冲积成因。该层岩性整体以灰褐—灰色中细粒砂为主，饱和，中密—密实。据该层采样进行的颗粒分析统计粒径在 40～60mm 之间含量最高，含量约 20.94%，其次是粒径 0.5～2mm 颗粒，含量约 18.23%。该组平均有效粒径 d_{10} 约 1.25mm，平均限制粒径 d_{60} 约 22.20mm，不均匀系数约为 18.94，曲率系数约为 7.72，该工程层颗粒较均匀，级配不良。

3. 第 2b 工程地质层组（下蜀组）

2b-1 粉质黏土层 分布于区内岗地、岗间冲积平原中，该层在岗地内直接出露于地表，岗间冲积平原中埋藏于芜湖组之下，主要分布于桐城市东侧—金神镇、范岗镇—香铺、陶冲镇、新渡镇南侧等，基本上呈近南北向带状分布，属于下蜀组粉质黏土层。层顶埋深 0～4.0m，层底埋深一般 1.14～9.80m，层厚 1.13～9.70m。该层整体呈灰黄—褐黄色，含大量铁锰结核，硬塑，干强度高，韧性中等，局部夹灰白色黏土条纹。据该层 17 个土样测试统计分析，该层天然含水量 21.80%～33.00%，孔隙比 0.65～0.93，压缩系数 0.11～0.42MPa^{-1}，压缩模量 4.60～14.97MPa，承载力标准值为 213.23kPa，属中等压缩性土，工程地质性质较好，可做桩端持力层。

4. 第 3b 工程地质层组（戚家矶组）

3b-1 黏土层 分布于区内垄岗地中，出露于地表或埋藏于 3b-1 层之下，主要分布于范岗镇—金神镇、孔城—嬉子湖镇一带，呈带状分布，属于戚家矶组黏土层。层顶埋深0～7.3m，层底埋深一般2.5～15.05m，层厚0.3～11.8m。该层整体呈灰黄—棕红色，稍湿，硬塑—坚硬，含铁锰质浸染及结核，含少量高岭土，切面较光滑，干强度及韧性高。据该层35个土样测试统计分析，该层天然含水量20.90%～37.80%，孔隙比0.63～1.07，压缩系数0.10～0.46MPa^{-1}，压缩模量4.49～16.78MPa，承载力标准值为254.86kPa，属中等压缩性土，工程地质性质较好，可做桩端持力层。

3b-2 黏土砾石　主要分布于桐城至孔城之间的岗地区域，埋藏于3b-1层之下，为戚家矶组。层顶埋深2.5～7.1m，层底埋深一般3.8～9.75m，层厚0.4～4.25m。该层岩性整体以棕红色为主，黏土砾石，砾石含量可达80%左右，泥砂质充填，密实，砾石成分主要为石英岩、砂岩、砾岩等，磨圆度中等，以次棱—次圆状为主，分选性较差，砾径多数2～8cm，大小混杂。新G206两侧修路切坡偶见出露。

5. 第4b工程地质层组（马冲组）

4b-1 砂砾石层　分布于波状平原及与波状平原邻近的Ⅱ级阶地，沿河流发育方向分布呈条带状，埋藏于下蜀组或戚家矶组地层之下，为马冲组。地表仅范岗镇黄家享堂处修路切坡出露，属于马冲组砂砾石层。钻孔中该层层顶埋深4.78～10.45m，层底埋深5.45～32.50m，层厚0.67～24.00m。该层颜色主要为棕红—棕黄色，泥砂质充填。砾石磨圆度中等，以次棱—次圆状为主，分选性较差，是良好的桩基持力层。据该层采样进行的颗粒分析统计，粒径在0.5～2mm之间含量最高，含量约27.40%，其次是粒径2～10mm颗粒，含量约23.45%。该组平均有效粒径d_{10}约0.35mm，平均限制粒径d_{60}约7.02mm，不均匀系数约为19.91，曲率系数约为0.27，该工程层颗粒不均匀，级配良好。

（二）岩体类型及工程地质特征

区内基岩出露主要集中于大关—桐城-青草一线西北侧中低山地区，以及范岗—青草一带、孔城北东侧桐梓山、嬉子湖西侧大横山低山丘陵地区。岩体类型较复杂，地层从寒武纪白云质灰岩至新近纪泥质粉砂岩均有分布。根据前述划分原则，将工作区内岩体共划分为28个主层，33个亚层，具体工程地质特征见表4-2-3。

二、特殊类岩土体

（一）膨胀土

在山前岗地区，普遍堆积有厚度不等的下蜀组及戚家矶组。

膨胀土呈北西向延伸的带状发育，其岩性为硬塑—可塑性粉质黏土、黏土，具粒状镶嵌接触—胶结结构，以刚性、半刚性基本单元体为主，是一种结构连接物以晶质物为多的短程连接为主的结构连接。其水稳性较高，强度较大，在承荷和含水量变化时变形较小。

土中物质组成中黏土矿物成分较单一，以伊利石为主，该土层普遍具有低易溶组分、低阳离子交换容量和低架空性孔隙的特点，是一种变形程度较低、较紧密的工程地基土。

据工作区钻孔采样以及收集资料分析，工作区下蜀组及戚家矶组部分存在膨胀性，下蜀组自由胀缩率在40%～70%之间，含水率一般在21.1%～30.5%之间，为中胀缩潜势土，戚家矶组自由膨胀率在60%～75%之间，含水率23.2%～23.4%。

该类土垂直裂隙发育，有利于地表水入渗，在其与下伏基岩之间的结构面附近或内部不同岩性结构面之间易形成滞流，软化土体，并加大地下水的侵蚀作用，形成滑坡。若在施工中不注意这一工程地质特性，则可能造成工程建筑因膨胀收缩而产生裂缝、挤压或地基下滑。在斜坡地带，下蜀土的胀缩性还常导致斜坡失稳。

表 4-2-3 工程地质岩组特征

年代地层			岩性地层		工程地质层	亚层	岩性	厚度(m)	状态	工程力学性质描述	分布范围
代	纪	世	组	代号							
新生代	新近纪	中新世	洞玄观组	N_1d	5	5-1	砂砾石	8.6	半固结	节理裂隙不发育，浅部岩体风化破碎较强，岩体为厚层状，工程力学性质一般	孔城镇大红墩西侧
		渐新世	吴雪岭组	E_2w	6	6-1	砂砾石	>10	半固结	软弱—较硬，工程力学性质一般	主要出露于古井村附近
	古近纪	古新世	痘姆组	E_1d	7	7-1	砂砾岩、泥质粉砂岩	818	半固结	局部含漂砾。该层岩石节理裂隙发育，完整性较差，干抗压强度7.84~46.3MPa。岩石胶结较差，遇水软化，饱和抗压强度降低至2.27~16.7MPa	桐城市区东部，青草镇赤宝山—杨梅山—杨老屋一带
			望虎墩组	E_1w	8	8-1	细砂岩、泥质粉砂岩	>2264	较坚硬	岩石完整性较差，干抗压强度7.12MPa。岩石胶结较差，遇水软化，饱和抗压强度降低至1.30MPa	新渡镇北西侧，徐家山—姚塝—老梅一带
中生代	白垩纪	晚白垩世	赤山组	K_2c	9	9-1	泥质粉砂岩夹砾岩	886	坚硬—较坚硬	岩石节理裂隙发育，岩石强度较好	孔城镇桐梓山—杨梅山、范岗镇杨庄一带
			七房村组	K_2q	10	10-1	细砂岩	>147	坚硬—较坚硬	节理裂隙发育，强风化岩石十分破碎，中风化岩石工程力学性质较好	零星分布于嬉子湖镇曹官庄附近
			汪公庙组	K_1w	11	11-1	含砾长石石英砂岩	>661	坚硬—较坚硬	层风化破碎强烈，风化强烈，中风化强中风化岩石工程力学性质好	范岗镇宋家湾东侧、文昌道、杨石庄、孔城镇南口村北东侧以及土桐山一带
		早白垩世	江镇组/砖桥组	K_1j/K_1z	12	12-1	晶屑凝灰岩	>421	坚硬—较坚硬	岩石裂隙发育，风化带厚度1~2m，强风化岩石工程力学性质一般，坚硬岩工程力学性质良好	挂镇村西南张庄—宋家湾一带
						12-2	安山岩	291	坚硬—较坚硬	岩石节理发育程度一般，局部岩体破碎，坚硬	嬉子湖镇松山村
			彭家口组	K_1p	13	13-1	凝灰质粉砂岩	>100	坚硬—较坚硬	岩石裂隙发育，抗风化能力较强，风化带厚度1~3m。岩石工程力学性质较好	范岗镇李楼北西侧

续表 4-2-3

年代地层			岩性地层		工程地质层	亚层	岩性	厚度(m)	状态	工程力学性质描述	分布范围
代	纪	世	组	代号							
中生代	侏罗纪	中侏罗世	罗岭组	J_2l	14	14-1	粉砂岩,粉砂质页岩,长石砂岩	>29	坚硬—较坚硬	局部岩石破碎,风化带厚度1~1.5m。岩石工程力学性质较好	主要分布于双港镇三台山,零星分布于嬉子湖镇松山村
		早侏罗世	钟山组	J_1z	15	15-1	砾岩、含砾砂岩	>1305	坚硬—较坚硬	强风化岩石十分破碎,总体岩石工程力学性质较好	嬉子湖镇松山、双港镇大横山
	三叠系	中三叠世	黄马青组	T_2h	16	16-1	粉砂岩	27~172	软弱—较坚硬	岩石节理发育,工程力学性质较好	大横山东南侧藏村附近,枫树窝一周家一带
		早三叠世	殷坑组	T_1y	17	17-1	钙质页岩、灰岩	80	较坚硬	岩石节理发育,工程力学性质较好	小横山东侧
	二叠纪	晚二叠世	大隆组	P_3d	18	18-1	硅质岩	34~281	坚硬—较坚硬	岩石节理较发育,破碎,工程力学性质一般	小横山东侧
			龙潭组	$P_{2-3}l$	19	19-1	页岩	12~107	软弱	岩石节理发育,破碎,工程力学性质较差	小横山东侧
			孤峰组	P_2g	20	20-1	硅质岩	187~322	坚硬	岩石节理发育,破碎,工程力学性质较好	小横山东侧
		中二叠世	栖霞组	P_2q	21	21-1	微晶灰岩	17~44	坚硬—较坚硬	岩石节理较发育,破碎,工程力学性质一般	小横山东侧
		早二叠世	船山组	C_2P_1c	22	22-1	球状灰岩	18~76	坚硬—较坚硬	岩石节理发育,破碎,工程力学性质一般	小横山
晚古生代	石炭纪	晚石炭世	黄龙组	C_2h	23	23-1	微晶灰岩	40~126	坚硬—较坚硬	节理发育,破碎,岩石较破碎,工程力学性质一般	小横山
	泥盆纪	晚泥盆世	擂鼓台组	D_3l	24	24-1	泥质粉砂岩		坚硬—较坚硬	节理裂隙发育,岩石破碎,工程力学性质一般	主要沿大横山、小横山山脊分布
			观山组	D_3g	25	25-1	石英砂岩		坚硬	节理裂隙发育,岩石破碎,工程力学性质一般	主要沿大横山、小横山山脊分布

续表 4-2-3

年代地层			岩性地层		工程地质层	亚层	岩性	厚度(m)	状态	工程力学性质描述	分布范围
代	纪	世	组	代号							
早古生代	志留纪	早志留世	坟头组	S_1f	26	26-1	泥质粉砂岩	143~1020	较坚硬	岩石节理裂隙发育,破碎,较坚硬,工程力学性质一般	大横山北西及南东两侧山坡
	寒武纪	早寒武世	炮台山组	$\epsilon_1 p$	27	27-1	白云岩	118	坚硬—较坚硬	岩石节理裂隙较发育,饱和抗压强度为4.21MPa,工程力学性质一般	桐梓山西侧,土桐山西北侧
新元古代			小溪河岩组	Pt_3x	28	28-1	变粒岩、斜长角闪岩、石英片岩		坚硬—较坚硬	块状、中风化程度以下岩石坚硬片岩为薄层状,强风化岩石强度较低,手掰可碎	吕亭镇西北双龙水库—雅雀岗一带
			五桥片麻岩套/桐城片麻岩套	$Pt_3Z,Pt_3T,Pt_3G,Pt_3N,Pt_3L,Pt_3Tw$	29	29-1	二长片麻岩		坚硬—较坚硬	弱片麻状—片麻状构造、锤击易碎,中风化程度以下岩石强度较坚硬—坚硬	桐城市西北侧大别山区
						29-2	斜长角闪岩		坚硬—较坚硬	块状、中风化程度以下岩石坚硬	境主庙水库以南白花村以北
			境主庙岩体	Pt_3J		30-1	变粒岩、斜长角闪岩		坚硬	块状、中风化程度以下岩石坚硬	桐城市一挂镇村一带中低山区
新太古代—古元古代			变质表壳岩	Mc	30	30-2	黑云斜长片麻岩		坚硬—较坚硬	块状、中风化程度以下岩石较坚硬	陶冲村西侧梯岩河—黄家龙—周庄一带
			黄家龙组合	Hsr		30-3	黑云斜长片麻岩		坚硬—较坚硬	块状、中风化程度以下岩石较坚硬	牛栏铺北西枞山村附近
			枞山组合	Jsr							
			中生代侵入岩	K1J/K1X/K1H/K1D/K1Z/K1Y/K1Xm	31	31-1	二长花岗岩、角闪二长岩、正长斑岩等		坚硬	干抗压强度21.5~40.6MPa。岩石呈块状构造,强风化带厚度2~5m,岩体较完整	吕亭镇西侧、老关岭—姚老屋、龙王庙—周老屋、胡公山—鸦雀岗、枞山林场、八角亭—王家岭
前寒武纪变质侵入岩				Tgn/Hgn/Dgn	32	32-1	花岗片麻岩		坚硬	干抗压强度81.3~221MPa。岩石呈厚层状构造,强风化带厚度3~5m,岩体较完整	主要分布于挂镇村大树岭—陶冲村黄家龙—沙河村一带,枞山林场北西侧毛家店—姚家新屋一带

(二)软土

平坦平原浅部局部分布着淤泥质软土。软土是指滨海相、三角洲相、溺谷相、河流相、湖泊相、沼泽相等主要由细粒土组成的孔隙比大($e \geqslant 1$)、天然含水量高($w \geqslant wl$)、压缩性高、强度低和具有灵敏性、结构性的土层,包括淤泥、淤泥质黏土和淤泥质粉土等。

工作区内软土主要为全新统芜湖组中段灰—灰黑色淤泥质粉质黏土,分布于工作区大沙河两岸、孔城河入湖(菜子湖)口东岸,以及嬉子湖西岸马家宕、高赛圩附近河漫滩一带。作为工程建筑地基的淤泥、淤泥质黏性土呈软塑—流塑状态,易于发生蠕变,产生工程地质问题(坍塌、缩径)。

工作区内沉积的淤泥质黏性土厚度不一,其物理力学性质经过统计,天然含水量36.20%~43.80%,湿密度1.78~1.83g/cm³,孔隙比1.05~1.21,液限34.20%~39.20%。工程地质条件较差,一般工程设施应予避开。至于必须进行的工程项目,则应开挖,设置人工基础为妥。

(三)易液化砂土

依据《建筑抗震设计规范》(GB 50011—2010)(2016年版),对照中国和安徽省各地抗震设防烈度区划图,抗震设防烈度为Ⅶ度(设计基本地震加速度值为0.10g)地区,地震可能引起近地表饱水砂土、轻亚黏土、饱水粉细砂的液化和产生不均匀沉降问题。

工作区内20m以浅易液化砂土体为全新世粉细砂,其特点是沉积时代新、速度快,颗粒细且均匀,压密程度低,连接性差,饱水,且潜水位埋深浅,在地震和动荷载强烈作用下,砂性土的内部结构遭受破坏,容易产生砂土液化。在基坑和地下工程开挖中,易引发涌水、流砂及基坑壁坍塌等问题,影响到附近已有建筑物的安全,在工程建设活动中应采取相应的防治措施。

工作区抗震设防烈度Ⅶ度区范围为桐城市—范岗镇—金神镇—孔城镇以北,根据本次调查,区内全新世砂性土分布于大沙河附近以及嬉子湖西岸马家宕一带,抗震设防烈度为Ⅵ度区,而Ⅶ度区内并未有大规模全新世砂性土分布。

三、工程地质分区

依据前述划分原则,结合桐城地区具体情况,将工作区共划分为2个工程地质区,6个亚区,9个区段(表4-2-4,图4-2-1)。

表4-2-4 工程地质分区简表

工程地质区	区	亚区	区段	工程地质亚区	
平原工程地质区	Ⅰ	Ⅰ₁	Ⅰ₁₋₁	河流冲积工程地质亚区	单层结构砂砾石工程地质区段
			Ⅰ₁₋₂		单层结构黏性土工程地质区段
			Ⅰ₁₋₃		双层结构黏性土、砂砾石工程地质区段
			Ⅰ₁₋₄		多层结构砂砾石、黏性土工程地质区段
			Ⅰ₁₋₅		多层结构黏性土、砂砾石工程地质区段
		Ⅰ₂	Ⅰ₂₋₁	山前岗地工程地质亚区	单层结构黏性土工程地质区段
			Ⅰ₂₋₂		双层结构黏性土、砂砾石工程地质区段

续表 4-2-4

工程地质区	区	亚区	区段	工程地质亚区	
山地丘陵工程地质区	Ⅱ	Ⅱ₁		变质岩建造工程地质亚区	
		Ⅱ₂		岩浆岩建造工程地质亚区	
		Ⅱ₃	Ⅱ₃₋₁	碎屑岩建造工程地质亚区	软质碎屑岩工程地质区段
			Ⅱ₃₋₂		硬质碎屑岩工程地质区段
		Ⅱ₄		碳酸盐岩工程地质亚区	

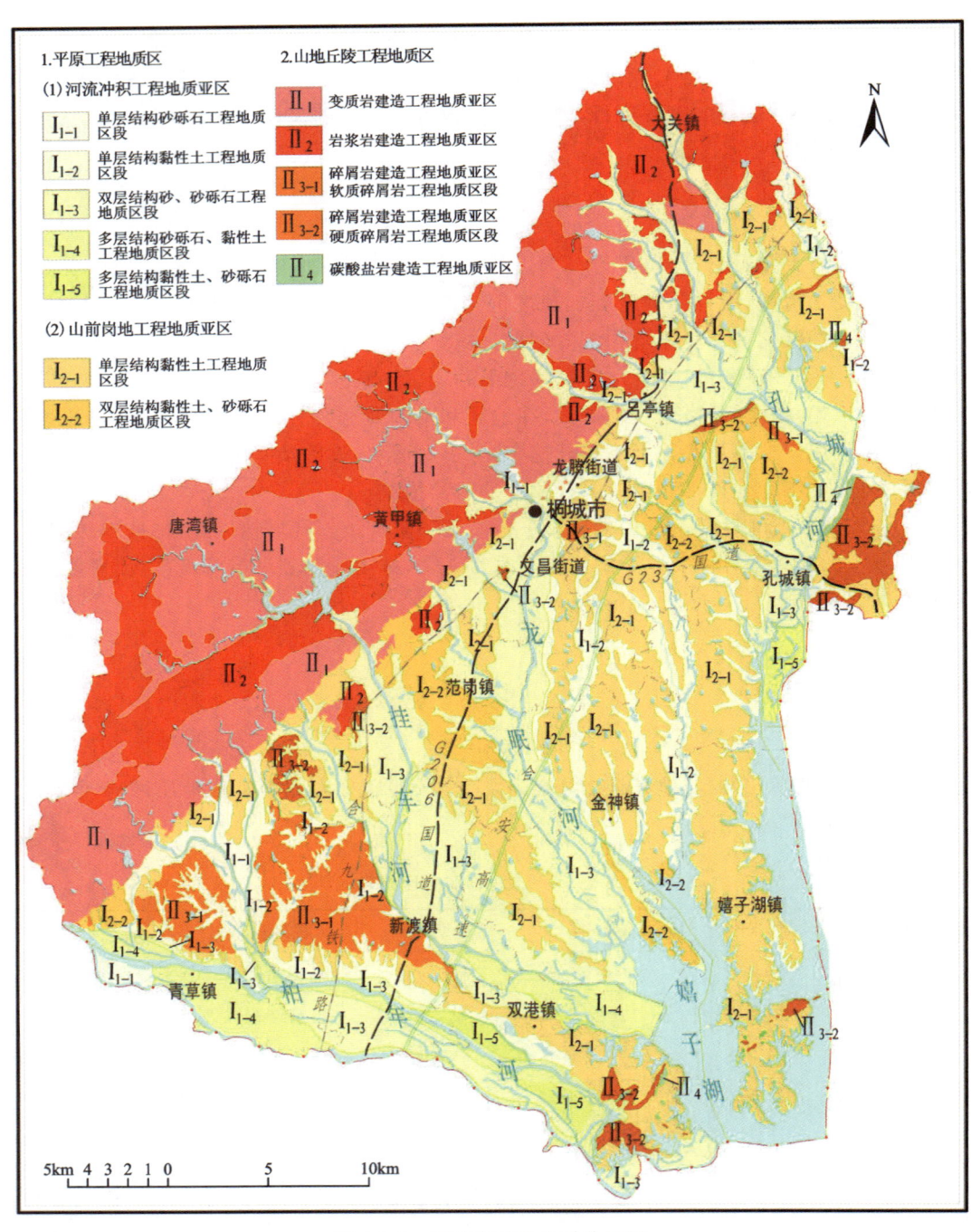

图 4-2-1 桐城市工程地质分区图

(一)平原工程地质区(Ⅰ)

分布于工作区东部、东南部,主要分布于挂车河、龙眠河、孔城河等河流两侧及其支流地带,局部分布于丘陵山区冲沟处,面积约960km²,占桐城市总面积的60%。区内地表水系发育,河网密布。地表以黏性土为主,粉土、粉砂次之,地层属全新统芜湖组,及更新统下蜀组、戚家矶组。

区内土体组合多样,粉土、砂砾石、粉质黏土层及组成了单层、双层、多层结构。

1. 河流冲积工程地质亚区(Ⅰ₁)

广泛分布于挂车河、龙眠河、孔城河等河流两侧及其支流地带。地势平坦,阶面较窄。海拔一般15~30m,局部稍高,河流下游海拔一般10m左右,相对高差一般小于3m。浅表堆积物主要为芜湖组(Qh^w)粉质黏土、砂、砂砾石层等。区内水系发育,河渠纵横、池塘罗列,耕地以水田为主。

根据不同土体的发育顺序,该亚区内可分为5个工程地质区段。

1) 单层结构砂砾石工程地质区段(Ⅰ₁₋₁)

主要分布于三湾河、龙眠河源头处。出露地层为全新世工程地质层(1-1)。该区域砾石层中砾石的磨圆度较差,推测为其物质来源较近。

2) 单层结构黏性土工程地质区段(Ⅰ₁₋₂)

主要分布于青草镇北侧低丘周边,以及孔城河以西的Ⅰ级阶地,出露工程地质层为全新世工程地质层(1-2),下伏晚更新世粉质黏土工程地质层(2b-1)或直接接触基岩。

3) 双层结构砂、砂砾石工程地质区段(Ⅰ₁₋₃)

在工作区内广泛分布,微地貌为Ⅰ级阶地。出露工程地质层为全新世工程地质层(1-2),下伏全新世工程地质层(1-3)或中晚更新世工程地质层(2a-1、2a-2)。

4) 多层结构砂砾石、黏性土工程地质区段(Ⅰ₁₋₄)

主要分布于龙眠河、挂车河、柏年河等河谷,地表为全新世洪冲积物。该类堆积物顺河谷往下游延伸逐渐变宽增厚,厚度一般小于15m。出露全新世工程地质层(1-1),下伏工程地质层(1-2)、工程地质层(1-3)、(2a-1)、(2a-2)。该区域工程地质性质较差,地层地基承载力低,高层建筑宜采用桩基础。

5) 多层结构黏性土、砂砾石工程地质区段(Ⅰ₁₋₅)

分布于柏年河与大沙河之间、挂车河北东侧新渡镇段以及嬉子湖北侧孔成河入湖口处。出露工程地质层为全新世工程地质层1-2,下伏全新世工程地质层(1-3)、中晚更新世工程地质层(2a-1)、(2a-2)。

2. 山前岗地工程地质亚区(Ⅰ₂)

1) 单层结构黏性土工程地质区段(Ⅰ₂₋₁)

工作区内波状平原之上分布较广,海拔20~48m。出露工程地质层为晚更新世粉质黏土工程地质层(2b-1)或中更新世黏土工程地质层(3b-1),系风成堆积物,棕黄—棕红色,稍湿,硬塑,主要由黏粒,少量粉粒、铁锰质等组成,其中铁锰质多呈结核状,大小1~5mm,含量约5%,局部稍高,分布不均;少部分高岭土含量较高,具弱膨胀潜势。下部为基岩。

2) 双层结构黏性土、砂砾石工程地质区段(Ⅰ₂₋₂)

主要分布于孔城河北西侧波状平原之上,范岗镇附近也有零星分布。出露晚更新世粉质黏土层(2b-1)或中更新世黏土层(3b-1),下伏中晚更新世砂砾石层(2a-2)或早更新世砂砾石层(4b-1)。

(二)山地丘陵工程地质区(Ⅱ)

主要分布于郯庐断裂北西,以及新渡镇—青草镇以北,面积约540km²,约占总面积的36%。区内地形起伏,方向性明显。

1. 变质岩建造工程地质亚区（Ⅱ₁）

分布于大关镇—挂镇—陶冲镇一带的北西侧中低山区。地层主要包括变质表壳岩、黄家龙组合、枧山组合、小溪河岩组、龙眠角闪斜长片麻岩体、倪店角闪二长片麻岩体、唐湾二长片麻岩、境主庙斜长角闪岩体、陶冲二长花岗质片麻岩、胡冲花岗质片麻岩等。该岩组岩石大都坚硬—较坚硬,干抗压强度81.3～221MPa。岩石呈块状构造,完整性较好,地基承载力高,可作为建筑物的天然地基或桩基持力层。

2. 岩浆岩建造工程地质亚区（Ⅱ₂）

地层主要为中生代侵入岩以及江镇组/砖桥组、彭家口组,主要分布于桐城市与舒城县交界大徽尖—良田凸一带,挂镇村北东石井铺及南西张庄村附近也有零星露头。分布范围较大,面积约81km^2,块状构造,该岩组新鲜岩石坚硬,干抗压强度一般80.7～214.3MPa,地基承载力高,岩体完整,可作为建筑物天然地基或桩基持力层。浅部岩石较易风化,强风化层厚度一般2～5m。

3. 碎屑岩建造工程地质亚区（Ⅱ₃）

1）软质碎屑岩建造工程地质区段（Ⅱ$_{3-1}$）

主要分布于青草镇以北,陶冲镇西北部—新渡镇,挂车河东侧以及孔城河南侧零星出露。地层主要包括痘姆组、望虎墩组、吴雪岭组。痘姆组、望虎墩组分布最为广泛,部分隐伏于工作区东南侧第四系松散堆积物的下部,主要为泥质粉砂岩,含砾砂岩等,岩石干抗压强度7.12～46.3MPa。岩石胶结较差,遇水软化,强度明显降低,普遍降低为原始状态的20%～45%。局部岩石泥质含量较高,在坡面开挖过程中需注意防治该类岩石遇水软化产生的边坡失稳破坏问题。

2）硬质碎屑岩建造工程地质区段（Ⅱ$_{3-2}$）

主要分布于孔城镇东侧桐梓山、新渡镇南东大横山、三台山以及挂镇—陶冲乡一带。地层主要包括赤山组、七房村组、汪公庙组、罗岭组、钟山组、擂鼓台组、观山组以及坟头组。主要为石英砂岩、砂砾岩等。一般胶结紧密,岩石较坚硬,属硬质岩石,岩石干抗压强度50～169MPa,该岩组地基承载力较高,压缩性低,可作为高层建筑的天然地基或桩基持力层。

4. 碳酸盐岩建造工程地质亚区（Ⅱ₄）

主要分布于新渡镇南东小横山以及孔城西侧桐梓山以西,兴店乡东侧土桐山也有零星出露。地层包括三叠系—石炭系以及寒武系炮台山组,岩性以灰岩、白云质灰岩为主,坚硬—较坚硬,干抗压强度69～108MPa。该岩组完整的岩石力学性质较好,可作为基础的良好持力层,小横山附近断层较发育,导致该处岩石裂隙发育,不适宜进行工程建设。

第五章 水文地质

本章从地下水赋存条件、含水介质、地下水补径排关系等角度，重点介绍安庆市辖区和桐城地区水文地质条件。

第一节 安庆市辖区水文地质特征

一、总体情况

安庆市辖区跨江淮波状平原和沿江丘陵平原2个水文地质区，地表水系发育，水文地质条件复杂，共分为松散岩类孔隙水、碎屑岩（红层）孔隙裂隙水、碳酸盐类裂隙溶洞水、基岩裂隙水4个大类、7个亚类。依据岩石类型和含水孔隙进一步划分出7个含水岩组，划分见表5-1-1。

表5-1-1 地下水类型及含水岩组划分表

地下水类型		含水岩组	
类	亚类	岩性	地层
松散岩类孔隙水	孔隙潜水（含微承压水）	粉质黏土、粉细砂、中粗砂、砾卵石	Qhw、Qpx
		粉质黏土、黏土、泥砾	Qpq
	孔隙承压水	中细砂、砂砾石	Qpd、N
碳酸盐岩类裂隙溶洞水	碳酸盐岩裂隙溶洞水	灰岩、条带状灰岩、白云质灰岩、大理岩	T_1n、P_1q、C_3c、C_2h、O_1l
	碳酸盐岩夹碎屑岩裂隙水	灰岩、泥质灰岩、泥岩	T_1y、T_1h
碎屑岩（红层）裂隙孔隙水	红层裂隙孔隙水	泥岩、泥质粉细砂岩、砂砾岩	K_2x
基岩裂隙水	碎屑岩裂隙水	石英砂岩、石英粉细砂岩、页岩等	P_2d、P_1l、P_1g、D_3w、S_3m、S_2f、S_1g
	岩浆岩裂隙水	花岗闪长岩、二长石英闪长岩、花岗闪长斑岩	γ

含水岩组的富水性级别，主要依据岩性结构、空间分布特征、补给条件，并结合实际抽水试验数据、泉流量等综合因素来划分，详见表5-1-2。

表5-1-2 富水性划分表

富水级别	评价指标	孔隙水	裂隙溶洞水	裂隙水
水量丰富的	单井涌水量（m³/d）	>1000	>1000	
	大泉流量（L/s）		10～100	
水量中等的	单井涌水量（m³/d）	100～1000	100～1000	
	大泉流量（L/s）		1～10	
水量贫乏的	单井涌水量（m³/d）	10～100	<100	
	大泉流量（L/s）		<1	0.1～2
水量极贫乏的	单井涌水量（m³/d）	<10		
	大泉流量（L/s）			<0.1

注：单井涌水量按井径200mm，降深潜水按含水层厚度一半，承压水按含水层顶板厚度进行换算。

二、地下水赋存特征

（一）松散岩类孔隙水

1. 孔隙潜水

1）水量中等的（Qh_w）

分布于长江、皖河河漫滩及江心洲地区，由全新世冲积物组成，厚度在11.6～75.2m，平均厚度40.09m，最大厚度80.7m（海口镇）。底板除安庆市东部局部外，其余均为白垩系红层。砂层、砾石、卵石层为主要含水段，按其空间分布特征，可以划分为上中下3段，上段以粉砂为主，埋深在2.64～22.3m之间，厚度在0.50～18.6m之间；中段以粉细砂、中粗砂为主，局部下部为砾卵石，埋深在11.00～39.20m之间，厚度在2.25～31.9m之间；下段以中粗砂、砾卵石为主，埋深在14.24～61.00m之间，厚度在0.4～38.10m之间。主要含水段之间往往分布有粉土、砂质黏性土，无明显的隔水层，但下部的砂砾石层含水段具微承压性质。

根据位于该区段4个供水井的抽水试验成果（表5-1-3）。单井涌水量214～385m³/d，地下水水位埋深1～3m，渗透系数0.067～2.140m/d，矿化度小于0.5g/L，为HCO_3-Ca·Mg型水，pH值7.5～7.7。

表5-1-3 松散岩类孔隙潜水抽水试验钻孔一览表

位置	孔号	岩性	静止水位埋深（m）	含水层厚度（m）	渗透系数（m/d）	水位降深（m）	涌水量（m³/d）
安庆市海口镇老农机站门口	SZK01	Qh粉砂、卵石、砾石	3.46	59.74	0.1	10.43	279.85
安庆市海口镇创业园	SZK08	Qh粉砂、细砂、含砾细砂	3.31	36.89	0.067	19.2	213.67
第三制药厂供水1#井	SJSW18	Qh砾夹砂+K2x	7.95	11.23	2.139 8	23.68	366.25
第三制药厂供水2#井	SJSW19	Qh细砂及砾石砾卵石	6.39	17.55	1.911 7	22.16	385.26

2)水量贫乏的(Qhw、N)

分布于西北部一带,三要位于长河、月山河河漫滩及山间洼地、山前洪积扇,由全新世冲积及冲洪积物组成(Qhw),厚度1.4~12.8m,其中:月山河河漫滩、月山至余湾山前洪积扇及河漫滩、杨桥及以东山前洪积扇及河漫滩、五横至罗岭山前洪积扇及河漫滩、罗岭北部河漫滩、洪铺山间冲洪积物等位置含水层厚度分别为2.0~5.5m、1.2~5.9m、2.0~12.8m、1.9~9.8m、1.4~6.6m、1.5~2.9m。主要含水层位于中下部,岩性为黄色、灰黄色含泥砂土、砾石层。据1:20万水文地质资料,其单井涌水量11.49~43.2m³/d,水量贫乏,地下水位埋深1~3m,矿化度小于0.25~0.76g/L,水质类型主要为HCO_3-Ca·Mg型水,或HCO_3-Ca·Na型水,pH值6.8~7.3。

另在大观区十里乡茅岭—安庆石化厂分布于低丘区的新近统安庆组砾石层,由于其出露位置高,地形切割较强烈,水量贫乏。根据区域水文地质资料,单井涌水量10~100m³/d。为HCO_3-Ca·Mg型水,矿化度小于0.5g/L,pH=8.38。

3)水量极贫乏的(Q_pq、Q_px、Qhw)

广泛分布于安庆市于发区、西门十里乡以及湖心南路一带,由中更新统戚家矶组网纹状黏土及泥砾层,上更新统下蜀组粉质黏土及全新统粉质黏土、淤泥质粉质黏土组成。径流条件差,含水性微弱。据区域水文地质资料,单井涌水量小于10m³/d,水位埋深1.5~10m,矿化度0.2~0.85g/L,为HCO_3-Ca型水,pH值6.4~7.2。

2. 孔隙承压水

1)水量中等至丰富的(Q_pd)

分布于安庆市白泽乡、长风乡长江Ⅰ级阶地,由上更新统大桥组冲积物组成,厚度在13.77~80.7m,平均厚度43.5m,最大厚度达80.7m(位于长枫港)。底板以头坡断裂为边界,东南部为白垩系红层,西北部岩性较复杂,包括三叠纪、二叠纪灰岩、砂岩及燕山期侵入岩。砂层、砾石、卵石层为主要含水段,按其空间分布特征,可以划分为上、下两段,上段以粉细砂为主,局部下部分布有砂砾、砾石层,埋深3.45~5.71m,厚度12.05~37.0m;下段以粉细砂、砾卵石为主,埋深在20.3~42.5m之间,厚度18.0~30.0m;上下主要含水段之间在长枫港(长江古河道)无隔水层分布,孔隙水具承压性质。

根据该区段3个孔抽水试验成果(表5-1-4),单井涌水量为175.39~2 268.86m³/d,富水性分布不均匀,数量差异大,部分地段为中等,部分地段为丰富。该类孔隙承压水地下水位埋深1~3m,渗透系数0.244~13.87m/d,矿化度小于0.5g/L,为HCO_3-Ca·Mg型水,pH值7.5~7.7。

表5-1-4 松散岩类孔隙承压水抽水试验钻孔一览表

位置	孔号	岩性	静止水位埋深(m)	含水层厚度(m)	渗透系数(m/d)	水位降深(m)	涌水量(m³/d)
安庆市迎江区	SZK02	Qh细砂砾石强风化粉砂岩	6.2	9.06	4.16	13.87	385.26
安庆市迎江区	SZK03	Q_p3细砂中砂粉砂粗砂	4.14	67.95	13.87	2.72	2 268.86
安庆市白泽湖乡	SZK04	Q_p3粉砂细砂中砂砾石	4.65	43.72	1.45	9.88	452.74
安庆市白泽湖乡先锋村	SZK05	Q_p3细砂中砂砾石	3.3	38.07	4.18	10.76	1 288.22
安庆市白泽乡白泽中学安南200m	SZK06	Q_p3粉砂、细砂、粗砂、砾石	4.81	35.99	0.244	8.1	347.85
原五金电器厂	SJSW26	砂、砾、卵石层 Q_p2+K	20.47	12.5	9.379 2	7.13	207
原钢窗厂	SJSW27	粗砂、卵石 $Q_p1Q_p2Q_p3$+K	1.64	3.46	5.598	11.67	175.39
棉花研究所	SJSW35	Qh砂砾中粗砂	5	9.3	1.79	31	421.89

2）水量中等的（N_1a）

分布于振风塔—火车站一带，由新近统安庆组砾石层（N_1a）组成，表部被上更新统下蜀组洪冲积物（Qpx）覆盖，顶板埋深 8.74～24.33m，厚度 3.46～25.27m，平均厚度 10.62m，最大厚度达 25.27m（原四八一二厂供水井）。上覆地层中更新统戚家矶组网纹状黏土及泥砾层，上更新统下蜀组粉质黏土，底板均为白垩系红层，含水层具承压性质。

根据位于该区段供水井及本次 1 孔的抽水试验成果（表 5-1-5）。抽水单井涌水量 82.5～603.33m³/d，最大单井涌水量为 603.33m³/d，水量中等，地下水水位埋深 1～3m，渗透系数 0.582～29.9m/d，矿化度小于 0.5g/L，为 HCO_3-Ca·Mg 型水，pH 值 7.5～7.7。

表 5-1-5 松散岩类孔隙承压水抽水试验钻孔一览表

位置	孔号	岩性	静止水位埋深(m)	含水层厚度(m)	渗透系数(m/d)	水位降深(m)	涌水量(m³/d)
四八一二厂	SJSW04	砾石层	11.11	14.3	2.04	2.92	82.5
四八一二厂	SJSW05	砾石层	7	16.25	3.826	7.07	366
原第二工具厂	SJSW23	砂砾卵石	20.26	5.76	29.9	5.03	603.33
第三制药厂	SJSW18	砂及砾石	7.95	11.23	2.139 8	23.68	366.25
第三制药厂	SJSW19	砂及砾石	6.39	17.55	1.911 7	22.16	385.26
原燎原化工厂	SJSW24	粗砂、卵砾石	10.5	25.27	0.582	18.68	152.4
原钢窗厂	SJSW27	粗砂、卵石	1.64	3.46	5.598	11.67	175.39

（二）碳酸盐岩类裂隙溶洞水

1. 碳酸盐岩裂隙溶洞水

1）裸露型

主要分布在杨桥镇、大龙山镇南部及山口乡的丘陵区。含水地层为下三叠统东南陵湖组（T_1n）、二叠系栖霞组（P_1q）、石炭系船山组（C_3c）、黄龙组（C_2h）、奥陶系仑山组（O_1l）等地层，以三叠系南陵湖组分布最广，岩性主要为灰岩、白云质灰岩，岩溶较发育。

地表岩溶形态表现为溶蚀裂隙、溶蚀沟槽、漏斗、溶洞和低矮的石牙。溶蚀沟槽均被黏土充填；溶洞大多为充填型，规模小，小者直径 1～10cm，大者直径 0.2～0.8m，在地势较高处，有的溶洞未充填，典型的是大龙山镇月山河河边龙珠山溶洞，该溶洞高于河漫滩 15m 以上，洞口位于山坡中上部，洞高 1.5～3m，洞宽 1～3m，溶洞长度大于 50m。洞内较干燥，岩壁上有少量裂隙水渗入。

泉流量一般小于 10L/s，水量贫乏，但沿断层带泉水分布较多，泉流量在 10～171.87L/s 之间，为水量丰富的裂隙溶洞水。地下水溶解性总固体在 0.1～0.3g/L 之间，pH 值在 6.5～7.5 之间，地下水水化学类型以 HCO_3-Ca 型水为主，次为 HCO_3-Ca·Mg 型水。

2）覆盖型

广泛分布于大龙山镇、杨桥镇及老峰镇一带，微地貌类型为低丘、河湖漫滩、洪积扇及长江Ⅰ级阶地，其中：大龙山镇覆盖层为全新统芜湖组、中更新统戚家矶组，岩性以黏性土为主；月山河—石门湖覆盖层为黏性土、砂土，厚 12.1～16.45m；杨桥镇覆盖层为全新统芜湖组、上更新统大桥组，岩性为黏性土及砂土，厚 11～25.5m；老峰镇覆盖层为全新统芜湖组、上更新统大桥组，岩性为黏性土、砂土、砾卵石，厚 9.55～43.7m。

覆盖层之下的碳酸盐岩岩溶发育,地下岩溶形态以溶洞、溶孔及溶蚀裂隙为主,溶洞大小不等,洞高 0.2~37m,一般在 0.5~2.0m,溶洞大都为充填及半充填。根据钻孔揭露,在浅部 20m 之上,局部在 30m 以上岩溶均较发育,其形态以溶洞为主,钻孔遇洞率达 81.5%,钻孔线岩溶率一般为 3%~30%,岩溶发育程度为中等—强。

根据市辖区内代表性供水井的抽水试验,单井涌水量在 147~1036m³/d,水量中等,局部水量丰富,单井涌水量达 1000m³/d 以上。地下水渗透系数 0.033~0.75m/d,地下水水位埋深 2~16m,矿化度 0.065~0.32g/L,水化学类型多为 HCO_3-Ca 型水。

2. 碳酸盐岩夹碎屑岩裂隙水

主要分布在集贤关丘陵区。主要含水地层为下三叠统殷坑组(T_1y)、和龙山组(T_1h),岩性为中—厚层状灰岩、泥质灰岩夹泥页岩或与之互层。

因岩石中碳酸盐不纯,岩溶一般不甚发育,仅局部岩溶形态表现为晶孔、溶孔和溶洞,地表偶见泉水出露,泉水稀少。根据 1:20 万水文地质调查报告,钻孔涌水量一般小于 100m³/d,泉流量小于 1L/s,水量贫乏,但在构造与地貌有利的部位水量中等,钻孔日涌水量可达数百立方米。地下水渗透系数在 0.0039~0.520m/d,矿化度 0.2~0.42g/L,地下水水化学类型以 HCO_3-Ca 型为主。

3. 岩溶发育和岩溶水富集规律

1)岩性对岩溶发育的影响

厚层灰岩、结晶灰岩比薄层灰岩、白云质灰岩、泥质灰岩岩溶发育。区内的南陵湖组、栖霞组、黄龙组、船山组厚层灰岩岩溶的发育明显优于其他灰岩地层。特别是南陵湖组、栖霞组沉积厚度大,分布广泛,岩溶最为发育,含水丰富,区域单孔涌水量可达到 1000m³/d 以上。根据以往野外调查资料,所有岩溶塌陷溶洞均发育于这些地层。

2)构造控水

工作区内,沿北西向和北东向两组断裂带岩溶发育,含水丰富。

3)碳酸盐岩与岩体接触带富水

区内燕山期岩浆活动强烈,在岩浆侵入、交代以及冷凝收缩过程中,使得接触带内裂隙发育,岩溶随之明显发育,岩溶水丰富。

4)岩溶垂直发育规律

裸露碳酸盐岩地区:岩石表面石芽、溶沟等发育,可见 2~7m 的溶斗发育,深部常见大小不等、规模不一的溶洞发育,洞径 0.5~4m,大者可达 7~10m,偶见黏土充填。覆盖型碳酸盐地区:岩溶在 100m 深度内较发育,向深部逐渐减弱,—80~0m 标高内是强岩溶发育带,向下逐渐减弱。在构造部位,岩溶发育深度可达 200m。

(三)红层裂隙孔隙水

主要出露在安庆市西部的十里乡、山口乡,由白垩系宣南组(K_2x)构成,岩性以泥质粉砂岩、粉砂质泥岩为主,间夹砂岩、砂砾岩,岩体柔性相对较大,地貌上多为低矮的丘陵和岗地,流水切割作用弱,裂隙发育强度差,且多为泥质所填充。浅层风化裂隙水单井用水量 1~10m³/d,枯水季径流模数 1L/s·km²,渗透系数 0.003~0.27m/d,水量贫乏。但根据 1:20 万区域水文地质成果,在局部构造交会发育的深部,砂岩层位之间夹有 2~9m 厚的疏松砂岩,供水井揭露到该层时漏水严重,出现涌水,单井涌水量 7.2~126m³/d,水量中等,渗透系数 2.42m/d。

(四)基岩裂隙水

1. 碎屑岩裂隙水

1)水量贫乏的

由上泥盆统五通组(D_3w),上志留统茅山组(S_3m),中志留统茅山组(S_2f),下志留统高家边组(S_1g)石英砂岩、石英粉细砂岩、岩屑石英砂岩组成,岩质硬脆,多构成低山的山脊,构造裂隙较发育,裂隙开启性较好,充填物少,地表植被较发育,有利于大气降水的入渗补给。泉流量一般$0.1\sim 1L/s$,季节变化大,枯水季径流模数$0.6\sim 2L/s\cdot km^2$,泉水的矿化度$0.1\sim 0.22g/L$,为HCO_3-Ca型水。

2)水量极贫乏的

由上二叠统大隆组(P_2d)、龙潭组(P_2l),下二叠统孤峰组(P_1g)组成,岩性以泥质粉砂岩、粉砂质泥岩为主,间夹砂岩、砂砾岩,岩体柔性相对较大,地貌上多为低矮的丘陵和岗地,流水切割作用弱,裂隙发育强度差,且多为泥质所填充,地表泉点少,泉流量一般小于$0.1L/s$,枯水季径流模数小于$1L/s\cdot km^2$,矿化度$0.34\sim 0.42g/L$,为HCO_3-Ca型水。

2. 岩浆岩裂隙水

主要分布在北部大龙山、小龙山至花山一带以及五横至罗岭一带,由燕山期侵入岩组成,呈岩株、岩脉产出。岩性主要花岗闪长岩、钾长花岗岩、石英正长岩等。

地下水主要赋存于岩体浅部的风化裂隙中,风化带一般厚$5\sim 20m$。有利于大气降水的补给,地下水呈片状分布,含水较均一,在沟谷中呈下降泉的形式排泄,泉流量一般小于$0.1L/s$,枯水季径流模数小于$5L/s\cdot km^2$,水量极贫乏,地下水矿化度$0.1\sim 0.3g/L$,为HCO_3-Ca型水。

三、地下水补径排条件及动态变化规律

本区气候湿润,降雨充沛。降水是本区地下水主要补给来源,长江沿岸以及较大支流河谷的漫滩地带,地表水网也是平原地区地下水补给来源之一。由于地貌、岩性不同,地下水的径流、排泄条件亦不相同。

1. 北部丘陵山区地下水补径排条件及动态变化规律

(1)基岩裂隙水:大气降水是主要补给来源,地下水主要赋存于风化裂隙及构造裂隙中,由于地形位置高,地形切割强烈,地下水径流途径较短,地下水就地排泄于沟谷,泉流量小且动态变化大。

(2)裂隙岩溶水:裸露区地表溶蚀裂隙、溶沟、溶槽发育,大气降水沿上述通道垂直下渗,下渗至当地侵蚀基准面附近,沿破碎带及岩溶发育带转入水平运动,在谷地或者构造交会处,以泉水的形式排泄,泉水流量动态变化大。覆盖型岩溶区,山前地带岩溶水以基岩裂隙水侧向补给为主,局部接受地表水的补给。河漫滩及山间洼地地带岩溶水主要接受上覆松散岩类孔隙水的补给,动态变化小。

(3)孔隙潜水:山前地带洪积扇及山间洼地孔隙潜水主要接受大气降水入渗补给和基岩裂隙水的侧向补给,地下水以径流的形式向沟谷及河流排泄,洪积扇孔隙潜水动态变化较大;河湖漫滩孔隙潜水主要接受地表水的补给,以径流的形式向下游河流排泄,动态较稳定。

2. 南部丘陵平原区地下水的补径排泄条件及动态变化规律

(1)基岩裂隙水:大气降水是主要补给来源,地下水主要赋存于风化裂隙及构造裂隙中,由于地形位

置高,地形切割强烈,地下水径流途径较短,地下水就地排泄于沟谷,泉流量小且动态变化大。

(2)裂隙岩溶水:均为覆盖型裂隙岩溶水,盖层厚度大,主要接受上覆松散岩类孔隙水的补给,径流缓慢,动态稳定。

(3)孔隙水潜水:孔隙水潜水主要位于长江、皖河河漫滩,地表水系发育,浅表普遍分布有透水性较强的粉土、砂质黏土,下部分布有砂土、砾石,接受补给能力强,可直接接受大气降水和地表水的垂直补给,还能接受上游地下水的径流补给,同时,长江、皖河河道深,如长江水深可达30m,与沿岸孔隙水联系密切,在汛期可接受河水的侧向补给。地下水的排泄,在丰水期以地下径流向下游排泄,在枯水期向河侧向排泄,同时由于孔隙潜水水位埋深浅,蒸发也是地下水的排泄方式之一。

根据该区安庆市碧桂园供水井2019年长期观测的水位动态变化资料,3~4月地下水水位与长江水位开始上升,4月以后,地下水位紧随长江水位同步升高,5~6月降水量较大时,长江水位上升,7~8月降雨最多,到8月水位达到最高,9~10月降水量逐渐小,进入枯水期,地下水水位随长江水位下降而下降,直到次年长江水位与地下水水位回升。总之,南部丘陵平原区的孔隙潜水地下水的变化与大气降水、长江水位变化关系密切。

(4)孔隙承压水:孔隙承压水含水层包括位于长江Ⅰ级阶地上更新统大桥组砂、砾石及Ⅱ级阶地下部新近系安庆组砾石层,孔隙承压水含水层上部普遍分布有厚度5~15m的黏性土,透水能力较弱,接受大气降水及地表水的补给能力较差。孔隙承压水主要接受基岩裂隙水及松散岩类孔隙潜水的侧向补给,且以松散岩类孔隙潜水的侧向补给为主,在南侧龙狮桥至余桥一带,上更新统大桥组砂、砾石,及全新统芜湖组砂、砾石层之间无隔水层分布,在枯水季节,Ⅰ级阶地的承压水向长江河漫滩孔隙水补给,而在汛期高水位期间,长江河漫滩孔隙水向Ⅰ级阶地有少量补给。总体上,Ⅰ级阶地孔隙承压水向北东方向径流,补给下游全新统芜湖组孔隙潜水含水层。

Ⅱ级阶地下部新近系安庆组砾石层主要接受西侧低丘区的松散岩类孔隙潜水及红层风化裂隙孔隙水的侧向补给,地下水径流缓慢,20世纪70年代至2010年期间地下水排泄以人工抽采为主,后期以径流向下游阶地排泄为主。

根据位于该区的长期观测孔资料,3~4月春雨连绵,月降水量较多,地下水水位开始回升,7月降水量小,蒸发量大,长江水位回落,地下水水位缓慢下降,8月降水量增大,孔隙承压水动态与大气降水具有滞后的相关性。根据安庆市啤酒厂供水井2015—2017年长期观测水位动态曲线,3~7月长江水位持续上升,该区地下水水位没有明显变化,而8~9月长江水位持续回落,地下水仍处于缓慢上升状态。

浅层地下水δD值分布范围为$-46.420‰\sim-28.502‰$,平均值为$-38.534‰$;$\delta^{18}O$值分布范围为$-7.337‰\sim-3.792‰$,平均值为$-6.331‰$。深层地下水δD值分布范围为$-45.787‰\sim-34.271‰$,平均值为$-38.530‰$;$\delta^8 O$值分布范围为$-7.247‰\sim-5.537‰$,平均值为$-6.20‰$。浅层和深层地下水样品点均分布在当地大气降水线附近,说明区内地下水主要接受大气降水的补给。浅层和深层地下水的氢氧稳定同位素值分布范围相近,说明浅层和深层地下水之间存在较为密切的水力联系。该区地下水与地表水转换关系为皖河水补给地下水。长江段地下水与地表水转换关系较复杂,在海口段主要为地下水补给江水,但在安庆市振风塔—老峰镇主要受大气降水和长江水位的影响,在丰水期及长江高水位时,主要为地表水补给地下水,在枯水期及长江低水位时,主要为地下水补给地表水。

(5)红层裂隙孔隙水:浅部风化裂隙孔隙水主要接受大气降水的补给,地下水径流途径短,在地形低洼处以渗流的方式直接排泄。深部的承压水主要接受丘陵山区基岩裂隙水的侧向补给,径流缓慢,动态稳定。

第二节 桐城地区水文地质特征

桐城工作区跨沿江丘陵平原、大别山中低山2个水文地质大区,大致以郯庐断裂为界。地表水系发育,水文地质条件复杂,松散岩类孔隙地下水及各类型基岩地下水均有分布。

一、总体情况

根据地貌特征及成因类型,将工作区又划分为3个水文地质区,即低山丘陵、山前岗地和河湖漫滩平原水文地质区。3个水文地质区又根据地下水类型的不同进一步细分为8个亚区。

低山丘陵水文地质区由碳酸盐岩、碎屑岩、"红层碎屑岩"、火山岩、侵入岩、变质岩组成,根据含水层岩性与地下水类型不同,将低山丘陵水文地质区分为碳酸盐岩岩溶裂隙水、红层风化裂隙水、碎屑岩类裂隙水、火山岩类裂隙水、侵入岩类裂隙水与变质岩类裂隙水6个亚区。

山前岗地和河湖漫滩平原水文地质区均为第四纪松散岩类孔隙水分布区(表5-2-1,图5-2-1)。

表 5-2-1 桐城市地下水水文地质分区一览表

水文地质区				分布面积(km^2)
分区	代号	亚区	代号	
低山丘陵	A	红层风化裂隙水	A_1	76.95
		碎屑岩类裂隙水	A_2	6.63
		碳酸盐岩岩溶裂隙水	A_3	1.88
		火山岩类裂隙水	A_4	6.17
		侵入岩类裂隙水	A_5	173.01
		变质岩类裂隙水	A_6	288.09
山前岗地	B	松散岩类孔隙水	B_1	335.72
河湖漫滩平原	C	松散岩类孔隙水	C_1	653.31
合计				1 541.75

二、地下水赋存特征

根据地下水的赋存条件,含水层岩性、水理性质及水力特征,可将本区地下水划分为松散岩类孔隙水、红层风化裂隙水、碎屑岩类裂隙水、碳酸盐岩类岩溶裂隙水、火山岩类裂隙水、侵入岩类裂隙水、变质岩类裂隙水七大类型。

(一)松散岩类孔隙水

孔城河、龙眠河、挂车河、大沙河(柏年河)及其支流两岸分布大面积河漫滩,含水层主要为芜湖组

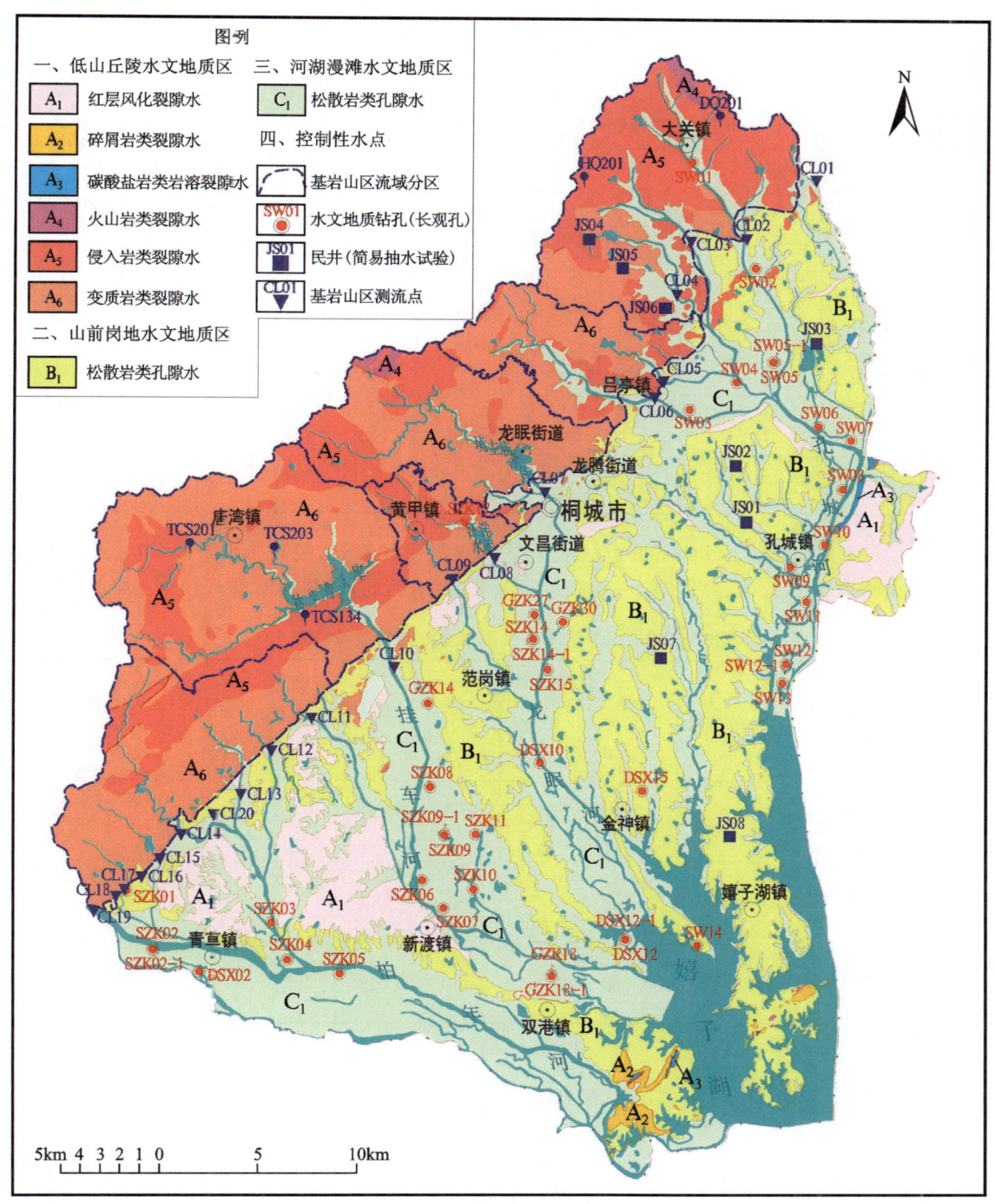

图 5-2-1 桐城市水文地质分区图

(Qhw)和大桥镇组($Q_{F2-3}d$)的细砂、粗砂、含砾粗砂及砂砾石,含水层埋深一般2~8m,厚度3~5m,水位埋深一般1~3m,弱承压—承压性质。富水性弱—中等,据水文孔试抽试验,单井涌水量以10~100m³/d(降深5m计)为主(表5-2-2)。其中孔城河中游桐溪村—尹河村、下游孙墩—老圩地段,挂车河下游杨屋—吴桥地段单井涌水量100~300m³/d;各主要河流上游及支流含水层较薄地段单井涌水量小于10m³/d。漫滩平原区民井多开采该层地下水。

表 5-2-2 漫滩平原区承压孔隙水水文地质特征表

孔号	孔位	含水层组				抽水试验		
		水位埋深(m)	顶底板埋深(m)	厚度(m)	岩性	降深 s (m)	$Q_{孔}$ (m³/d)	$Q_{涌水量}$(m³/d)(降深5m,$d=0.2$m)
SW08	孔城河漫滩平原（孔城镇幅）	2.30	5.2/10.1	4.9	粗砂、砂砾石	0.82 2.10 3.19	80.27 179.82 245.72	307.63
DSX02	柏年河漫滩平原（青草塥幅）	1.39	1.8/9.6	7.8	细砂、中砂砂砾石	2.08 6.12	43.78 68.45	63.9
GZK18-1	挂车河漫滩平原（青草塥幅）	2.48	2.4/7.6	5.2	粉细砂、粗砂	1.55 4.86	79.45 116.49	119.85
SZK15	龙眠河漫滩平原（青草塥幅）	2.90	4.2/9.2	5.0	砂砾石	5.50	10.02	9.11

山前岗地区潜水含水层岩性为下蜀组（Qp_3x）底部夹泥质砂砾石、戚家矶组下段（Qp_2q^1）的泥砾、马冲组（Qp_1m）夹泥质砂砾石，孔隙性差，一般透水弱含水，富水性弱，单井涌水量<10m³/d（表5-2-3）。

表 5-2-3 山前岗地区孔隙潜水水文地质特征表

孔号	水文地质区	含水层组				抽水试验		
		水位埋深(m)	顶底板埋深(m)	厚度(m)	岩性	降深 s (m)	$Q_{抽水量}$ (m³/d)	$Q_{涌水量}$(m³/d)(降深5m,$d=0.2$m)
DSX15	岗地（青草塥幅）	5.2	3.0/8.5	5.5	Qp_3x夹泥质砂砾石	1.55	2.92	9.42
JS08	岗地（义津桥幅）	5.68	7.0/10.34	3.34	Qp_2q泥砾	3.6	1.73	2.40
JS02	岗地（孔城镇幅）	2.76	6.0/9.62	3.62	Qp_3x黏质细砂	3.84	0.6	0.79

（二）红层风化裂隙水

于青草镇北部、新渡镇西北部、孔城镇东北部丘陵区大面积分布，其余沿山前岗地侧缘零星散布，多隐伏于岗地区第四纪松散层以下。含水层岩性为白垩系彭家口组（K_1p）、汪公庙组（K_1w）、七房村组（K_2q）、赤山组（K_2c），古近系痘姆组（E_1d）、望虎墩组（E_1w）、吴雪岭组（E_2w），新近系洞玄关组（N_1d）凝灰质砾岩、凝灰质粉砂岩、凝灰岩、砂砾岩、泥质粉砂岩、粉砂质泥岩，层状构造。裂隙发育均较少，具有一定的孔隙，孔径细小，连通性较差。据调查，地下水的天然露头极为少见，岗地区民井多开采该层地下水，民井单井涌水量一般小于10m³/d（表5-2-4）。

表 5-2-4　山前岗地区隐伏红层风化裂隙水水文地质特征表

孔号	水文地质区	含水层组				抽水试验		
		水位埋深(m)	顶底板埋深(m)	厚度(m)	岩性	降深 s (m)	$Q_{抽水量}$ (m³/d)	$Q_{涌水量}$ (m³/d) (降深 5m, $d=0.2$m)
JS03	岗地(孔城镇幅)	2.88	$\frac{14.0}{15.87}$	1.87	砂砾岩	4.16	1.12	1.35
JS07	岗地(义津桥幅)	3.18	$\frac{11.0}{15.7}$	4.70	泥质粉砂岩	5.18	0.86	0.83

(三)碎屑岩类裂隙水

分布于双港镇东南部三台山—大横山—小横山—松山一带的丘陵区,呈北东-南西方向展布。含水层岩性为侏罗系罗岭组(J_2l)、钟山组(J_1z),三叠系黄马青组,泥盆系五通组(D_3w),志留系坟头组(S_2f)的石英砂岩、长石石英砂岩、泥质粉砂岩,具层状结构。岩石裂隙发育,多以闭合性裂隙为主,局部可见少量张性裂隙,连通性一般,水量一般,单井涌水量 10~100m³/d(表 5-2-5)。

表 5-2-5　丘陵区碎屑岩类裂隙水水文地质特征表

孔号	水文地质区	含水层组				抽水试验		
		水位埋深(m)	顶底板埋深(m)	厚度(m)	岩性	降深 s (m)	$Q_{抽水量}$ (m³/d)	$Q_{涌水量}$ (m³/d) (降深 5m, $d=0.2$m)
ZYSW02	低山丘陵(枞阳县幅)	4.48	$\frac{11.25}{26}$	14.75	砂岩	9.64	12.96	11.66

(四)碳酸盐岩类岩溶裂隙水

分布于孔城镇东北部草青山—桐梓山、双港镇东南部大横山—小横山一带的丘陵区,呈北东-南西方向展布。含水层岩性为三叠系殷坑组、石炭系(船山组、黄龙组、和州组)的中薄层泥质灰岩、微晶灰岩含燧石结核灰岩,二叠系(龙潭组、孤峰组、栖霞组)的硅质岩夹少量钙质泥岩,以及寒武系幕府山组($\in_1m$)的泥质白云岩。岩溶裂隙弱发育,泉流量 0.01~1L/s,单井涌水量一般 10~100m³/d。

(五)火山岩类裂隙水

分布于大关镇北部、境主庙水库上游胡公山一带的低山丘陵区,挂镇西南部周家湾—宋家湾一带丘陵区,以及工作区东南部松散一带丘陵区,含水层岩性为毛坦厂组(K_1m)、江镇组(K_1j)或砖桥组(K_1z)的粗安岩、粗安斑岩、安山岩、英安岩夹少量安山质凝灰岩。裂隙较发育,以闭合性为主,部分属微张性裂隙,沿裂隙有方解石脉填充,局部可见方解石晶洞。发育裂隙潜水,局部微承压。富水性较弱,泉流量 0.01~1L/s,据前人抽水试验资料,单井涌水量<10m³/d。

(六)侵入岩类裂隙水

于工作区西北部低山丘陵区大面积分布,含水层岩性为大关单元(K_1Dg)、华盖山单元(K_1H)、三台庵单元(K_1S)、斗笠尖单元(K_1Dl)、仙米尖单元(K_1Xm)、大圆单元(K_1Dy)、中义单元(J_3-K_1Z)的钾长花岗岩、石英正长斑岩、角闪石英正长岩、角闪石英二长岩、二长花岗岩、辉长闪长岩。岩石结构致密,块状构造。裂隙发育较少,多发育于岩体浅部,深部基本不发育。据调查,泉流量0.01~10L/s,民井单井涌水量一般10~100m³/d(表5-2-6)。

表 5-2-6　低山丘陵区侵入岩类裂隙水水文地质特征表

孔号	水文地质区	含水层组				抽水试验		
		水位埋深(m)	顶底板埋深(m)	厚度(m)	岩性	降深 s (m)	$Q_{抽水量}$ (m³/d)	$Q_{涌水量}$ (m³/d) (降深5m,d=0.2m)
JS06	低山丘陵(孔城镇幅)	4.08	0.0/8.3	8.3	角闪二长岩	1.19	3.72	15.61

(七)变质岩类裂隙水

于工作区西北部低山丘陵区大面积分布,含水层岩性为郑冲片麻岩体(Pt_3Z)、陶家湾片麻岩体(Pt_3T)、古塘岗片麻岩体(Pt_3G)、境主庙片麻岩体(Pt_3J)、塘湾片麻岩体(Pt_3Tw)、倪店片麻岩体(Pt_3N)、龙眠片麻岩体(Pt_3L)的钾长片麻岩、角闪(黑云)钾长片麻岩、二长片麻岩、角闪斜长片麻岩、斜长角闪岩、角闪(黑云)二长片麻岩。岩石坚硬易碎,层状片麻理较为发育,局部风化裂隙发育,风化裂隙与层状裂隙贯通,使局部岩石呈碎裂结构,成为较好的地下水赋存、运移空间。据调查,泉流量0.01~1.5L/s,民井单井涌水量一般10~100m³/d(表5-2-7)。

表 5-2-7　低山丘陵区变质岩类裂隙水水文地质特征表

孔号	水文地质区	含水层组				抽水试验		
		水位埋深(m)	顶底板埋深(m)	厚度(m)	岩性	降深 s (m)	$Q_{抽水量}$ (m³/d)	$Q_{涌水量}$ (m³/d) (降深5m,d=0.2m)
JS05	低山丘陵(河棚镇幅)	3.47	0.0/6.17	6.17	二长片麻岩	1.23	3.46	14.05

三、地下水补径排条件及动态变化规律

1. 地下水动态

1)松散岩类孔隙水

工作区松散岩类孔隙水,水位总体西北高、东南低,由北西向南东方向流动,潜水-弱承压性质。分别选取2018年度工作区内主要河流(柏年河、挂车河、龙眠河)漫滩平原的水文监测孔,进行松散岩类孔隙水动态的分析。

松散岩类孔隙地下水水位动态与降水相吻合,主要随大气降水变化,丰水期(5~7月)最高,自8月开始水位连续下降,至枯水期(10~12月)最低,翌年1月至4月水位缓步上升,水位年变幅1~1.5m。由于工作区第四纪地层厚度小(一般10m以浅),地下水埋藏浅,地下水水位相较于降雨没有明显的滞后性,一般降雨次日水位即明显升高,且受降雨影响水位上下波动频繁。

2）红层风化裂隙水

工作区红层风化裂隙水水位随季节变化明显，一般自2月开始稳步上升，丰水期7月水位达到最高，自8月开始水位连续下降，枯水期12月水位最低，水位年变幅1.0m左右。

红层风化裂隙水属于降雨间接补给，直接接受山前侧向补给和上覆松散岩类孔隙水下渗补给，在降雨之间起到了缓冲作用，故其水位上下波动频率低，动态曲线近似正弦曲线，表现为稳步上升和下降，区别于松散岩类孔隙水水位动态，其没有严格的最高水位和最低水位的稳定期。其随降雨变化明显，但因降雨下渗至补给基岩水需要一个时间过程，其水位变化具有明显滞后性，比降雨延迟10~15天。

3）变质岩、侵入岩类裂隙水

SZK17水文孔为变质岩裂隙水与侵入岩裂隙水的混合孔，埋深4.1~31.8m为花岗片麻岩、角闪岩，埋深31.8~67.4m为二长花岗岩。

工作区变质岩—侵入岩类裂隙水水位随季节变化不明显，每年2月至7月降雨较多时期水位略高，8月至翌年1月水位略低。因其地理位置位于低山丘陵区，钻孔揭露基岩较深，有稳定的基岩地下水径流汇水，即使枯水期亦能保持稳定水位。

因上覆第四纪松散层较薄，水位埋藏浅，其水位随降雨变化明显，没有明显滞后性，一般降雨次日水位即明显升高，且受降雨影响水位上下波动频繁。

2. 地下水补径排特征

1）松散岩类孔隙水

松散岩类孔隙水主要接受大气降水的面状垂直入渗补给，密集的地表水文网及灌溉水渠是潜水地下水的重要补给来源，另外还接受山前地下水的侧向补给。地下水径流条件较好，总体上自西北向东西方向运移，水力坡度小。排泄汇入河流、嬉子湖及消耗于蒸发与植物蒸腾。

（1）大气降水入渗补给。区内气候湿润，雨量充沛、地势平坦、地下水埋藏浅，有利于大气降水对孔隙潜水的补给。据区内大量地下水水位长期观测资料，大气降水和松散岩类孔隙地下水关系密切。据1∶20万岳西幅区域水文地质普查报告资料，2018年工作区地表黏土、粉质黏土、粉土的大气降水入渗系数为0.170；据1∶20万铜陵幅区域水文地质普查报告资料，2019年工作区地表黏土、粉质黏土、粉土的大气降水入渗系数为0.157。

（2）地表水体（含灌溉水渠）的渗漏补给。河湖漫滩平原区地表水网密布，沟渠纵横交错，分布大面积农田，主要种植水稻，灌水时间长，面积大。据水利部门资料，地表水的年渗漏系数平均值为0.025，说明地表水的回渗也是潜水的重要补给来源之一。

（3）河流侧渗补给。工作区河流发育，发源于西北侧山区，自东向西依次有孔城河、龙眠河、挂车河、大沙河（柏年河），河流出山区以后，与松散岩类孔隙地下水水力联系密切，对地下水具有一定的补给。

（4）山前侧向径流补给。工作区西北部分布大面积低山丘陵，基岩裸露，在与第四纪松散堆积物的接触地带，基岩地下水沿着接触地带，常以侧向径流的形式补给松散岩类孔隙水。

（5）径流条件。松散岩类孔隙水在径流过程中，除受地形高低制约之外，还要受土层结构及河、湖、渠等地表水体的影响。但由于区内水网密集、沟渠纵横、土层结构多变，因此径流条件较复杂。

总体来讲，工作区松散岩类孔隙水水位总体西北高、东南低，由北西向南东方向流动。受地形变化快影响，径流区水力坡度较大、渗透性较好、径流较快，汇入河流、湖泊。

（6）排泄条件。区内松散岩类孔隙水的排泄主要是泄入地表水体和消耗于蒸发、植物蒸腾，其次是民井开采。

松散岩类孔隙水区域径流向是由工作区西北侧地势高的丘陵岗地区经漫滩平原区，最终排泄于嬉子湖。并且在同一时间，同一地点的潜水位一般均高于地表水水位。说明地表水体是区内潜水的主要排泄场所。

随着人民生活水平的提高，自来水已基本得到普及，但广大农村地区仍保留和使用大量的民井。农村民井现主要用于日常洗涤,偶尔自来水停水时应急饮用。据走访调查,农村的井水使用量在 $0.2\sim0.5\text{m}^3/\text{d}/$户。

2）基岩裂隙水

基岩裂隙水包括红层风化裂隙水、碎屑岩类裂隙水、碳酸盐岩类岩溶裂隙水、侵入岩类裂隙水、火山岩类裂隙水和变质岩类裂隙水。

主要接受裸露区的大气降水的垂向补给及上覆松散层的入渗补给,大气降水多沿基岩表面的孔隙、裂隙或岩溶裂隙下渗。其径流方向,除受构造线方向控制外,一般与地形相一致,由地形高处向低处流动。一般在坡麓以泉流排泄形成地表径流,部分形成地下径流。

潜峰皖水——资源禀赋篇

　　城市的形成与发展，与本地资源的丰富程度密切相关，尤其是城市地质资源。地质资源属于自然资源的一部分，包括地下水资源、土地资源、矿产资源、地质景观资源等。

　　地质资源对城市的影响贯穿在城市发展的各个阶段。城市在不同的发展阶段，对地质资源的需求是不同的，水资源、土地（空间）资源、矿产资源（建材类）是重要保障，其他地质资源的合理开发利用，是促进城市发展和形成特色城市的基础。本篇在收集以往资料的基础上，从水资源、地质遗迹资源、矿产资源、特色土壤资源等角度分析安庆地区城市发展的物质资源，领略潜峰皖水资源禀赋，避免因为盲目扩张而导致的资源浪费。

第六章 皖水清波润万家——水资源

水对于城市而言,其重要性不言而喻。人类早期的城市往往都是依水而建,在漫长的历史时期,可以说水资源的丰富还是匮乏,在很大程度上影响了一个城市的兴衰。例如楼兰、尼雅、精绝等耳熟能详的西域古城的消亡,水资源的枯竭就是最重要的原因。工业革命以来,水资源重要性更加凸显,其功能从日常的洗刷饮用,逐渐拓展到提供动力、蓄能发电以及各种工业用途等。安庆地区江河湖泊众多,地表水、地下水资源丰富,同时还蕴含着相对可观的水能资源,在满足安庆市日常生产生活所需的同时,也足以支撑安庆市进一步拓展城市发展格局。本章对安庆全市地表水资源进行了详细的梳理,同时结合城市规划发展情况重点对安庆市辖区地下水资源进行了评价。

第一节 地表水资源

安庆市属亚热带湿润季风气候,具有四季分明,气候温和,光照充足,雨量适中,无霜期长等特点。

一、降水量

2016年全市平均降水量2 127.8mm,折合水量289.2亿 m^3,降水量年内时空分配不均匀,各行政分区降水量见表6-1-1。

表6-1-1 2016年行政分区降水量

行政分区	面积（km²）	2016年降水量		多年平均值		与多年平均值比较（%）
		（mm）	（亿 m³）	（mm）	（亿 m³）	
市区	821.0	2 158.2	17.7	1 389.1	11.4	55.4
桐城	1 571.0	2 018.0	31.7	1 333.0	20.9	51.4
怀宁	1 332.0	2 112.7	28.1	1 360.1	18.1	55.3
潜山	1 686.0	2 125.7	35.8	1 525.2	25.7	39.4
岳西	2 398.0	2 169.4	52.0	1 542.9	37.0	40.6
太湖	2 031.0	2 204.6	44.8	1 469.5	29.8	50.0
望江	1 357.0	2 064.0	28.0	1 329.6	18.0	55.2
宿松	2 394.0	2 128.7	51.0	1 373.5	32.9	55.0
全市	13 590.0	2 127.8	289.2	1 426.0	193.8	49.2

全市年降水量空间分布不均匀,其中高值区域位于皖河流域和华阳河流域上游山区;低值区域位于菜子湖流域上游山区和龙感湖湖区。年降水量变化范围在1600~2600mm,降水量最大的站点是太湖县的姜家寨雨量站,为2 525.8mm,降水量最小的站点为潜山县官庄雨量站,为1 677.3mm。全市降水量空间分布详见2016年安庆市年降水量等值线图。

降水量与多年平均值相比,行政分区平均年降水量距平值变化范围在30%~60%之间。

降水量年内分配状况:1~4月降水量占全年降水量的6.9%,5~9月降水量占全年降水量的82.3%。10~12月降水量占全年降水量的10.8%。

二、地表水资源量

全市地表水资源量184.91亿 m^3,折合年径流深1 360.6mm。各行政分区地表水资源量见表6-1-2。

表 6-1-2　2016 年行政分区地表径流量

行政分区	面积（km^2）	2016 年地表径流量		多年平均值		与多年平均值比较（%）
		（mm）	（亿 m^3）	（mm）	（亿 m^3）	
市区	821.0	1 326.4	10.89	526.1	4.60	136.7
桐城	1 571.0	1 266.1	19.89	580.8	9.10	118.6
怀宁	1 332.0	1 347.6	17.95	572.0	7.60	136.2
潜山	1 686.0	1 347.0	22.71	664.7	11.20	102.8
岳西	2 398.0	1 430.4	34.30	874.1	21.00	63.3
太湖	2 031.0	1 375.7	27.94	650.7	13.20	111.7
望江	1 357.0	1 381.7	18.75	548.9	7.50	150.0
宿松	2 394.0	1 356.7	32.48	617.0	14.80	119.5
全市	13 590.0	1 360.6	184.91	644.0	87.50	111.3

三、蓄水动态

2016年末全市大中型水库蓄水总量为9.95亿 m^3,比上年减少1.14亿 m^3。其中大型水库年末蓄水量8.38亿 m^3,比上年减少0.90亿 m^3;中型水库年末蓄水量1.57亿 m^3,比上年减少0.23亿 m^3。水库蓄水动态见表6-1-3。

2016年沿江主要湖泊年末蓄水总量6.75亿 m^3,比上年减少1.49亿 m^3。湖泊蓄水动态见表6-1-4。

第二节　地下水资源

安庆市辖区地下水资源丰富,区内有孔隙潜水、孔隙承压水、碳酸盐岩裂隙溶洞水、碳酸盐岩夹碎屑岩裂隙水、红层裂隙孔隙水、碎屑岩裂隙水、岩浆岩裂隙水7个含水岩组。这些地下水资源在不同的地貌位置、不同地层分布区其特征不同、富水性不同。

表 6-1-3　2016 年大、中型水库蓄水动态（单位：亿 m³）

水库类型	行政分区	水库名称	年初蓄水总量	年末蓄水总量	年蓄水变量
大型	太湖	花凉亭	9.26	8.38	－0.88
中型		方洲	0.09	0.11	0.02
中型	桐城	牯牛背	0.34	0.39	0.05
		境主庙	0.13	0.12	－0.01
	怀宁	麻塘湖	0.22	0.22	0.00
		观音洞	0.06	0.05	－0.01
	潜山	红旗	0.07	0.07	0.00
		长春	0.07	0.07	0.00
		雷公井	0.04	0.07	0.03
	岳西	毛尖山	0.19	0.15	－0.04
		大龙潭	0.11	0.05	－0.06
	宿松	钓鱼台	0.46	0.27	－0.19
合计	中型		1.78	1.57	－0.21
	大型一座，中型 11 座		11.04	9.95	－1.09

表 6-1-4　2016 年沿江主要湖泊蓄水动态（单位：亿 m³）

湖泊名称	控制站	年初蓄水总量	年末蓄水总量	年蓄水变量
华阳河湖群	下仓埠	6.53	5.73	－0.80
菜子湖	车富岭	0.42	0.61	0.19
武昌湖	武昌渡	0.45	0.41	－0.40
破罡湖	水渡山	0.48	0	－0.48
合计		7.88	6.75	－1.49

一、地下水资源分区

根据含水岩组特征和地下水类型，划分 5 个地下水资源分布区，即：长江冲积平原孔隙水分布区（Ⅰ）；山间河谷孔隙水分布区（Ⅱ）；低山丘陵裂隙水分布区（Ⅲ）；碳酸盐岩系裂隙岩溶水分布区（Ⅳ）；红层裂隙孔隙水分布区（Ⅴ）。

在这 5 个分区的基础上，根据地貌单元划分 23 个地下水资源亚区。Ⅰ区的长江冲积平原孔隙潜水亚区（Ⅰ1）进一步划分 5 个计算段，Ⅰ区长江冲积平原孔隙承压水亚区（Ⅰ2）进一步划分 2 个计算段，其他亚区均不分段。地下水资源共计划分为 5 个区、18 个亚区和 7 个计算段（表 6-2-1，图 6-2-1）。

表 6-2-1　安庆市地下水资源分区说明表

地下水资源分布区		亚区		计算段	
编号	名称	编号	名称	编号	名称
I	长江冲积平原孔隙水分布区	I₁	孔隙潜水亚区	I$_{1-1}$	宜秀东部、南部长江河湖漫滩孔隙潜水区段
				I$_{1-2}$	江心洲孔隙潜水区段
				I$_{1-3}$	海口长江、皖河河湖漫滩孔隙潜水区段
				I$_{1-4}$	大观区中北部洪积扇孔隙潜水区段
				I$_{1-5}$	十里乡中部低丘陵孔隙潜水区段
		I₂	孔隙承压水亚区	I$_{2-1}$	长江I级阶地孔隙承压水区段
				I$_{2-2}$	长江II级阶地孔隙承压水区段
II	山间河谷孔隙水分布区	II₁			罗岭镇北部河湖漫滩孔隙潜水亚区
		II₂			罗岭镇中南部河湖漫滩孔隙潜水亚区
		II₃			杨桥镇东部河湖漫滩孔隙潜水亚区
		II₄			大龙山西部河湖漫滩孔隙潜水亚区
		II₅			罗岭-五横南部坡洪积扇孔隙潜水亚区
		II₆			罗岭镇中部坡洪积扇孔隙潜水亚区
		II₇			大龙山镇中东部洪积扇孔隙潜水亚区
		II₈			山口乡中部洪积扇孔隙潜水亚区
		II₉			大龙山镇中部山间洼地孔隙潜水亚区
III	低山丘陵裂隙水分布区	III₁			西北部低山丘陵裂隙水亚区
		III₂			老峰-长枫低丘裂隙水亚区
IV	碳酸盐岩系裂隙岩溶水分布区	IV₁			杨桥镇东南部丘陵裂隙岩溶水亚区
		IV₂			大龙山镇-十里乡裂隙岩溶水亚区
		IV₃			山口乡西北部低山丘陵裂隙岩溶水亚区
V	红层裂隙孔隙水分布区	V₁			十里乡西部红层裂隙孔隙水亚区
		V₂			山口乡南部丘陵红层裂隙孔隙水亚区

二、地下水资源计算

（一）地下水天然资源（天然补给量）

在本次工作初步查明水文地质条件的基础上，考虑开采条件，对有条件将地下水补给量全部开采出的孔隙水分布区，以地下水动力学法（均衡法）进行计算；导水性能差的基岩裂隙水分布区，以地下径流模数法进行计算。

1. 松散岩类孔隙水

补给量主要包括降水入渗量、河流侧渗量、地表水渗漏量、地下潜流补给量。计算公式见表 6-2-2。

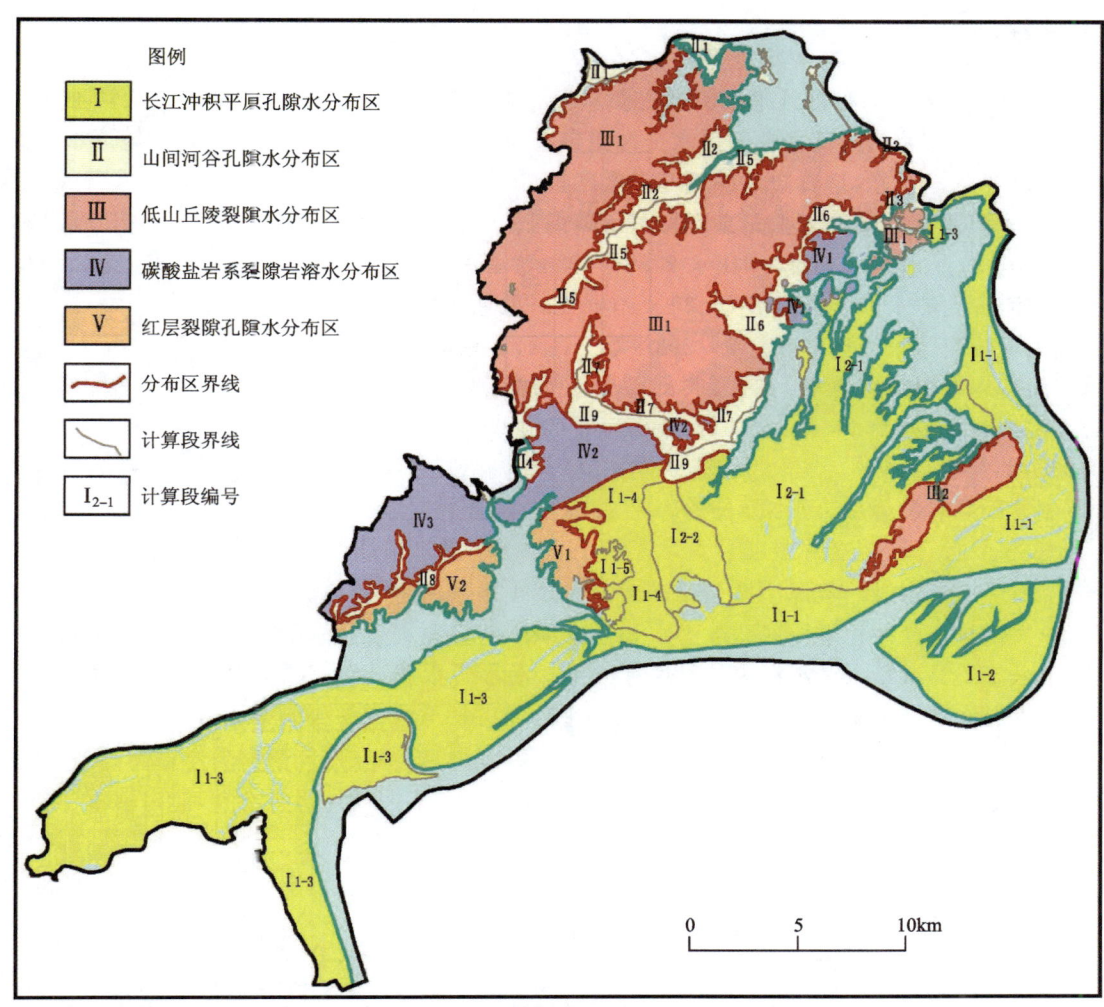

图 6-2-1 安庆市辖区地下水资源分区图

表 6-2-2 地下水天然资源计算公式一览表

类别	计算方法	计算项目	计算公式
河谷平原区	地下水动力学法	降水入渗量	$Q_渗 = 0.1 \cdot \alpha \cdot X \cdot F$
		河流侧渗量	$Q_侧 = 10^{-4} \cdot K \cdot H \cdot B \cdot I \cdot t$
		地表水渗漏量	$Q_漏 = 100 \cdot F \cdot HS \cdot \beta$
		地下潜流量	$Q_潜 = 0.036\,5 \cdot K \cdot H \cdot B \cdot I$
低山丘陵区	地下径流模数法	地水天然径流量	$Q_天 = 3.153\,6 \cdot M \cdot F$
地下水天然资源量			$Q_天 = Q_渗 + Q_漏 + Q_侧 + Q_潜$

注:$Q_渗$.降水入渗量($10^4 m^3/a$);$Q_侧$.河流侧渗量($10^4 m^3/a$);$Q_漏$.地表水渗漏量($10^4 m^3/a$);$Q_潜$.地下潜流补给量($10^4 m^3/a$);$Q_天$.地下水天然补给资源量($10^4 m^3/a$);α.降水入渗系数;X.降水量(mm);F.计算区面积(km^2);HS.地表水体深度(m);β.地表水年渗漏系数;K.渗透系数(m/d);H.含水层平均厚度(m);B.计算断面长度(m);I.水力坡度;t.河流年侧向补给时间(取 150 天);M.枯季地下水径流模数($l/s \cdot km^2$);上述计算参数部分引自区内以往调查资料。

2. 层状岩类、块状岩类基岩裂隙水

采用径流模数法进行计算。计算公式为:
$$Q_天 = 3.153\,6 \cdot M \cdot F$$

3. 计算结果

根据计算结果,安庆市辖区地下水天然资源总量为 $17\ 464\times10^4\ m^3/a$,主要是位于长江冲积平原的孔隙水,占总资源的 86.8%,其中孔隙潜水资源最丰富,其次为孔隙承压水。具体各区地下水天然资源数量及占比如下:

(1) 长江冲积平原孔隙水天然资源量为 $15\ 157\times10^4\ m^3/a$,占总资源量的 86.8%。其中,孔隙潜水 $12\ 869\times10^4\ m^3/a$,占 73.7%,孔隙承压水 $2289\times10^4\ m^3/a$,占 13.1%。

(2) 山间河谷孔隙水天然资源量为 $834\times10^4\ m^3/a$,占总资源量的 4.8%。

(3) 低山丘陵裂隙水天然资源量为 $1293\times10^4\ m^3/a$,占总资源量的 7.4%。

(4) 碳酸盐岩系裂隙岩溶水 $123\times10^4\ m^3/a$,占总资源量的 0.7%。

(5) 红层裂隙孔隙水 $56\times10^4\ m^3/a$,占总资源量的 0.3%。

(二) 地下水开采资源(开采补给量)

安庆市辖区地下水天然资源主要是长江冲积平原的孔隙水,数量庞大、分布面积广,最具有开采意义,因此,本次仅对长江冲积平原区孔隙潜水和孔隙承压水资源进行开采资源的计算,主要是夺取河流侧渗及降水入渗的补给量以及承压水的弹性释放量。潜水含水层计算开采条件下的补给量(即开采资源),承压含水层计算开采条件下的弹性释放量。平均布井法采用统一管理集中式开采,井径 254mm,井深 40~60m,井距 600m,单井开采量 $800m^3/d$。

1. 计算公式

计算公式如表 6-2-3 所示。

表 6-2-3 开采资源计算公式一览表

计算方法	计算项目	计算公式
地下水动力学法	降水入渗量	$Q_{渗}=0.1\cdot\alpha\cdot X\cdot F$
	河流侧渗量	$Q_{侧}=10^{-4}\cdot K\cdot H\cdot B\cdot I\cdot t$
	地表水渗漏量	$Q_{漏}=100\cdot F\cdot HS\cdot\beta$
	地下潜流量	$Q_{潜}=0.036\ 5\cdot K\cdot H\cdot B\cdot I$
地下水动力学法	弹性释放量	$Q_{弹}=100\mu*\cdot F\cdot h\cdot\beta\cdot\overline{H}/H0$
平均布井法	允许开采量	$Q_{平}=n\cdot Q_{单},n=F/4R^2$

注:$\mu*$.弹性释放系数(无因子);h.理想降深(m),潜水含水层以不超过含水层厚度的一半,承压含水层以不超过含水层顶板为原则,同时长江河漫滩以井排(井距 300m)至江岸 400m 距离计算;$H0$.引用弹性释放系数试验含水层厚度(m);$\overline{H}$.理想降深下的含水层平均厚度,承压含水层平均厚度同天然资源计算方法;I.潜水渗流补给 0.002 17,河流侧向补给 0.09;$Q_{平}$.平均布井法计算出开采量(m^3/d);$Q_{单}$.单井出水量(取 $800m^3/d$);n.布井井数(个);F.计算区面积(m^2);R.影响半径(根据区域开采井开采资料经验值确定,统一取 300m);其他代号同天然资源计算公式符号。

2. 计算结果

通过计算,安庆市辖区沿江平原区除江心洲以外,采用地下水动力学法(均衡法)计算出地下水可开采资源量为 $16\ 425\times10^4\ m^3/a$,其中:孔隙潜水开采资源量为 $14\ 569.9\times10^4\ m^3/a$,孔隙承压水开采资源量为 $1\ 856.2\times10^4\ m^3/a$。按理想开采方案采用平均布井法计算的地下水允许开采资源量为 $4\ 146.4\times10^4\ m^3/a$。长江河漫滩及阶地的地下水开采资源计算结果见表 6-2-4、表 6-2-5。

表 6-2-4　地下水开采资源计算结果一览表（均衡法）

地下水动力学法（均衡法）			计算结果	分段合计	亚区合计	开采资源量
亚区	计算段	计算项目	$10^4 m^3/a$	$10^4 m^3/a$	$10^4 m^3/a$	$10^4 m^3/a$
Ⅰ1	Ⅰ1-1	降水入渗量	3 909.7	6 187.6	14 568.9	16 425.1
		河流侧渗量	2 241.6			
		地表水渗漏量	5.9			
		地下径流补给量	30.4			
	Ⅰ1-3	降水入渗量	6 843.9	8 381.3		
		河流侧渗量	1 412.5			
		地表水渗漏量	43.6			
		地下径流补给量	81.4			
Ⅰ2	Ⅰ2-1	降水入渗量	4.7	1 713.2	1 856.2	
		地表水渗漏量	143.7			
		地下径流补给量	30.4			
		弹性释放量	1 534.4			
	Ⅰ2-2	降水入渗量	68.0	143.0		
		地表水渗漏量	5.8			
		地下径流补给量	1.1			
		弹性释放量	68.0			

表 6-2-5　地下水开采资源计算结果一览表（平均布井法）

平均布井法		计算面积	平均布井数	单井开采量	允许开采量	允许开采量
亚区	计算段	km^2	眼	m^3/d	$10^4 m^3/a$	$10^4 m^3/a$
Ⅰ1	Ⅰ1-1	50.264	35	800	1 022.0	4 146.4
	Ⅰ1-3	100.557	70	800	2 044.0	
Ⅰ2	Ⅰ2-1	41.912	29	800	846.8	
	Ⅰ2-2	11.021	8	800	233.6	

三、地下水应急水源地

根据水文地质特征及水资源评价结果，于安庆市规划区白泽湖乡（破罡湖区域）圈定地下水应急水源地一处。

对照《地下水质量标准》（GB/T 14848—2017），白泽湖乡地下水应急水源地地下水水质仅锰含量（0.136mg/L）超出Ⅲ类水标准（锰≤0.1mg/L），经过简单的处理就能达到Ⅲ类水标准，适用于集中式生活饮用水及工农业用水水源。

为了查清水源地含隔水层结构，共收集钻孔 165 个，结合本项目施工的钻孔，利用地下水模拟软件GMS，结合对水源地水文地质条件的认识，建立了水源地三维含水系统模型。应急水源地孔隙含水层组只有一层,除东北部含水层出露外,其他区域均被平均厚度 10.44m 的粉质黏土、粉土、淤泥质粉质黏土覆盖,含水层平均厚度 26.02m,最大厚度 54.72m,主要岩性为粉砂、细砂、中砂、粗砂、砾石。含水层底部为基岩风化层,透水性差。

本次模拟的水源范围为 1 个独立的水文地质单元,基于应急水源地水文地质条件,将水源地由浅至深概化为 1 个承压水含水层组。现状条件下,水源地在天窗区能够接受大气降水入渗补给,在南侧及东北侧(图 6-2-2 中蓝色边界)能够接受侧向径流补给,西北及东南边界(图 6-2-2 黄色边界)为含水层的边界,为零流量边界。由于水源地所住居民都开通了自来水,故水源地主要排泄方式为民井洗涤用水,开采量较小。因此,结合水源地实际水文地质条件,水源地含水系统的结构及水动力条件可概化为非均质各向异性的承压二维非稳定流。公式如下:

$$\begin{cases} S_s \dfrac{\partial H}{\partial t} = \dfrac{\partial}{\partial x}\left(K_{xx}\dfrac{\partial H}{\partial x}\right) + \dfrac{\partial}{\partial y}\left(K_{yy}\dfrac{\partial H}{\partial y}\right) + \dfrac{\partial}{\partial z}\left(K_{zz}\dfrac{\partial H}{\partial z}\right) + \varepsilon & (x,y,z) \in D, t \geqslant 0 \\ H(x,y,z,t)\big|_{t=0} = H_0(x,y,z,t) & (x,y,z) \in D, t=0 \\ H(x,y,z,t)\big|_{(x,y,z \in \Gamma_1)} = H_1(x,y,z,t) & (x,y,z) \in \Gamma_1 \\ K_n \dfrac{(\partial H)}{\partial n}\bigg|_{(x,y,z \in \Gamma_2)} = q(x,y,z,t) & (x,y,z) \in \Gamma_2 \\ \mu_d \dfrac{\partial H}{\partial t} = K_{xx}\left(\dfrac{\partial H}{\partial x}\right)^2 + K_{yy}\left(\dfrac{\partial H}{\partial y}\right)^2 - K_{zz}\left(\dfrac{\partial H}{\partial z}\right)^2 + \omega & (x,y,z) \in \Gamma_0 \\ H(x,y,z,t)\big|_{(x,y,z \in \Gamma_0)} = z & (x,y,z) \in \Gamma_0 \end{cases}$$

式中:ε 为单位体积流量;S_s 为含水层的单位储水系数;μ_d 为无压层的重力给水度;ω 为大气降水等入渗补给强度的代数和;q 为第二类边界已知单位面积流量函数;Γ_0 为渗流区域的潜水面边界;Γ_1 为渗流区域的第一类边界;Γ_2 为渗流区域的第二类边界;D 为渗流区域。

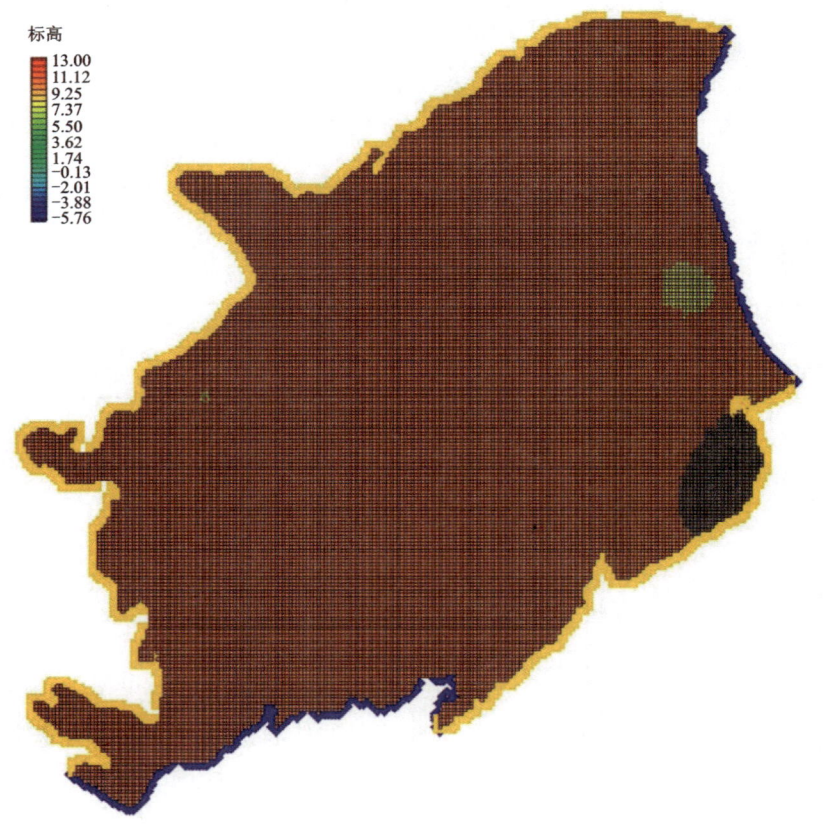

图 6-2-2 水源地边界条件示意图

2018年和2019年在水源地一共施工了11口水文井,为了更好地模拟水源地的水量,参照实际的水文井,部署了33口虚拟开采井,主要都集中在古河道范围内(图6-2-3)。在此基础上,利用地下水数值模拟软件GMS建立地下水流数值模拟模型(东部基岩残丘不参与模拟),并对模型进行了识别和验证,模型模拟期为一个应急供水周期60天,应急后水位整体下降了7～24m,日涌水量$13.85×10^4 m^3/d$,达到了大型水源地规模($5×10^4 m^3/d<$开采量$<15×10^4 m^3/d$)。目前,安庆市旱情严重,该涌水量是安庆市处于三级抗旱应急响应的情况下计算所得,正常情况下,涌水量要大于$13.85×10^4 m^3/d$。

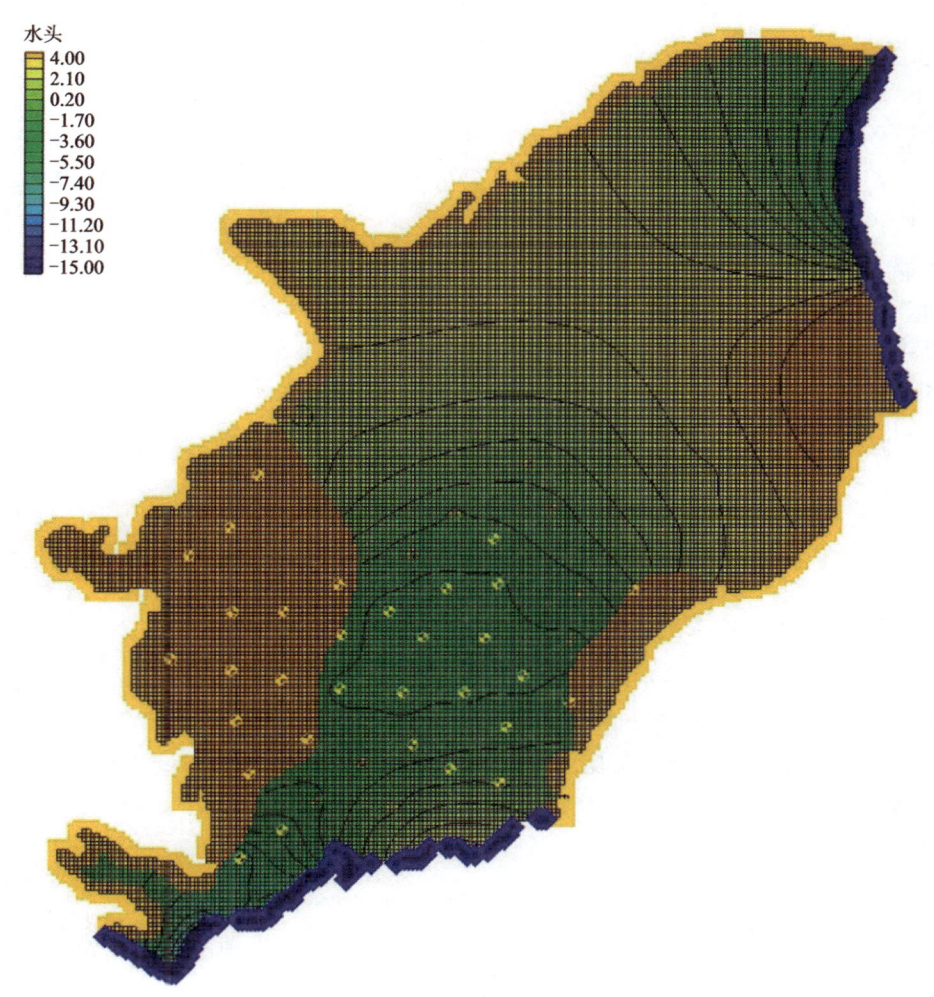

图6-2-3 水源地应急后等水位线图

根据安徽省统计局发布《2018年安徽省人口变动情况抽样调查主要数据公报》中数据显示:安庆市迎江区常住人口27.3万人、大观区29.3万人、宜秀区27.8万人,3个区共计84.4万人。安徽省水利厅发布《2018安徽水资源公报》数据显示:合肥市城镇居民人均生活用水量131L/d,安庆市城镇居民人均生活用水量以此数据为参考。

因此,日涌水量$13.85×10^4 m^3/d$能够满足80万人每日生活用水,长达60天应急期的生活用水需求。应急水源地的水质、水量都能为饮水危机时的安庆市民生活用水需求提供保障,可应对洪水、干旱以及地表水突发性污染事件,助力"中心城市功能完善"。

第七章　奇峰缥缈出奇云——地质遗迹资源

安庆地区地貌类型多样，地质遗迹资源丰富。既有山势起伏、重峦叠嶂的雄奇，又有稻香鱼肥、小桥流水的婉约。文人墨客常流连忘返于此，留下大量的传世诗篇，"奇峰出奇云，秀木含秀气"（《江上望皖公山》唐·李白）、"断崖如削瓜，岚光破崖绿"（《题舒州司空山瀑布》唐·李白）、"天柱一峰擎日月，洞门千仞锁云雷"（《题天柱峰》唐·白居易）、"水无心而宛转，山有色而环围"（《题皖山石牛古洞》宋·王安石）、"沙平风软望不到，孤山久与船低昂"（《李思训画长江绝岛图》宋·苏轼）、"长江万里此封喉，吴楚分疆第一州"（《送何别驾次公之皖》明·钱澄之）。

本章结合本次及前人在安庆地区开展的调查工作对安庆地质遗迹资源进行简单的梳理。

第一节　地质遗迹资源概况

一、地质遗迹资源类型

依据地质中国地质调查局《地质遗迹调查技术规范》（DZ/T 0303—2017）中地质遗迹分类方案，依据学科和成因、管理和保护、科学价值和观赏性等因素划分为3个大类、13个类和46个亚类。

根据本次调查结果及收集的资料，安庆地区地质遗迹资源涉及全部3个大类、13个类中的10个类以及19个亚类（表7-1-1）。

表7-1-1　安庆市地质遗迹资源分类一览表

大类	类	亚类	典型地质遗迹
基础地质大类地质遗迹	地层剖面	层型（典型剖面）	岳西县大别山群英山沟组地层剖面、宿松群地层剖面、大观区新近系安庆组地层剖面
	岩石剖面	火山岩剖面	怀宁县江镇白垩纪火山岩剖面
		变质岩剖面	（桐城、太湖、潜山、岳西）榴辉岩变质岩剖面
	构造剖面	不整合面	（太湖、宿松）大别山杂岩与宿松群界面
		褶皱与变形	潜山大别山超高压变质带剖面、怀宁县洪镇岩体穹隆构造
		断裂	郯庐断裂、头坡断裂
	重要化石产地	古动物化石产地	潜山市鼠龟先祖化石产地、怀宁高河重要化石产地、宿松县三叶虫化石产地
	重要岩矿石产地	典型矿床类露头	宿松县磷矿产地、怀宁县月山铜矿产地、桐城市黄甲石灰窑菜花玉产地

续表 7-1-1

大类	类	亚类	典型地质遗迹
地貌景观大类地质遗迹	岩土体地貌	侵入岩地貌	潜山市天柱山花岗岩地貌、岳西县司空山花岗岩地貌、安庆市大龙山花岗岩地貌
		变质岩地貌	宿松县趾凤严恭山变质岩地貌、宿松县趾凤白崖寨变质岩地貌
		碳酸盐岩地貌（岩溶地貌）	怀宁县麻姑洞碳酸盐岩地貌、宿松县小孤山碳酸盐岩地貌、安庆市大龙山镇龙珠山溶洞碳酸盐岩地貌
	水体地貌	河流	皖河、潜河、大沙河
		湖泊、潭	龙感湖、嬉子湖、破罡湖、境主庙水库、汪洋水库
		湿地、沼泽	大官湖湿地、菜子湖湿地、潜水湿地公园
		瀑布	桐城市披雪瀑布、桐城市百丈崖瀑布、潜山市天柱山瀑布群
		泉	岳西县温泉镇温泉、怀宁县泉涧冲冷泉
	火山地貌	火山机构	岳西县桃园寨火山机构
	构造地貌	峡谷（断层崖）	岳西县云峰大峡谷、宿松县九井沟大峡谷、桐城市黄甲镇土岭村断层崖
地质灾害大类地质遗迹	地质灾害遗迹	崩塌	巨石山、大龙山、桐城市龙眠街道占湾村画魂洞

二、地质遗迹资源分布特征

安庆地区地质遗迹资源分布较为广泛，总体在空间上表现为西北部大别山区较为集中，东南沿江平原分布较少的特征。此外，地质遗迹的分布也呈现出受地质构造、地层岩性和地形地貌等因素控制的特征。

（一）地质构造因素

北东向的郯庐断裂和头坡断裂为区内 2 条区域性大断裂，安庆地区地质遗迹的分布与这 2 条断裂的走向呈现高度的相关性。其中郯庐断裂自北东-南西向贯穿整个安庆市域，其西北侧为大别造山带，东南侧为桐潜盆地。区域上以郯庐断裂带为界，地质遗迹多分布在郯庐断裂带沿线及其西北侧大别造山带，类型较为多样，东南侧的桐潜盆地仅有零星分布。

头坡断裂带自北东-南西向从安庆市辖区中部通过，其西北侧为巢湖-怀宁褶皱带，东南侧为沿江平原。同样以头坡断裂为界，西北侧为巢湖-怀宁褶皱带地质遗迹资源较为集中，且类型多样，东南侧沿江平原分布较少，类型上以水体为主。

（二）地层岩性因素

大别造山带和巢湖-怀宁褶皱带为区内两大基岩出露区，因此安庆地区地质遗迹主要集中分布在这两处基岩出露区。此外，两处基岩出露区岩浆岩均较为发育，侵入岩（花岗岩）地貌集中发育，如天柱山和大龙山。

（三）地形地貌因素

地形地貌上，安庆境内地质遗迹多分布在低山丘陵地区。如西北部大别造山带，地处北亚热带温暖湿润季风气候区，具有典型的山地气候特征，气候温和，雨量充沛，地形切割强烈，地势起伏大，多深谷陡坡，地形复杂，造就了包含水体、种类丰富的地质遗迹。而桐潜盆地和沿江平原等地势较低处，地质遗迹数量较少，且种类以水体为主。

第二节　代表性地质遗迹

一、天柱山地质公园——地质遗迹群

天柱山又名潜山、皖山、皖公山，因其独特的自然景观，被列为安徽三大名山（黄山、九华山、天柱山）。西汉时，汉武帝亲临天柱山，封为"南岳"（隋朝南岳改为衡山）。天柱山地质公园于2011年获批国家AAAAA级旅游景区，随后被联合国教科文组织正式批准为世界地质公园。

天柱山地质公园内地质遗迹资源丰富，包含岩土体地貌、水体地貌、构造地貌等多种类型。

侵入岩（花岗岩）地貌是天柱山地质公园最具特色，风景最为秀丽雄壮的地质景观。以主峰天柱峰、五指峰为代表的奇峰巍峨雄壮；以皖公像、象鼻石为代表的怪石巧夺天工；以神秘谷为代表的幽洞，历来被视为洞天福地。

园区内地势起伏陡峻，降雨充沛，造就了瀑布、潭、泉等丰富的水体景观。较为出名者有"飘云瀑""激水瀑""雪崖瀑""飞来泉""飞龙泉""飞来涧""青龙涧"等。

此外，园区内还产有举世闻名的超高压变质带、丰富的古近世哺乳类动物化石等各类遗迹，具有极高的科研价值。

鉴于关于天柱山地质公园的研究和文献较为丰富，本书只进行简单概括，不作赘述。

二、大龙山—小龙山—花山地质遗迹群

大龙山—小龙山—花山一带位于安庆市辖区北部，为低山丘陵地貌，地层岩性主体上以酸性侵入岩（各类花岗岩）为主，山体外围也发育有前白垩纪地层。在岩浆活动、后期构造运动以及自然风化侵蚀的作用下，区内的岩体发育成了千姿百态的花岗岩地貌。大龙山—小龙山—花山一带奇峰林立、怪石嶙峋、沟谷深邃、洞穴幽深，是安庆市辖区最主要的地质遗迹资源集中区域，已成功开发多处为旅游景点（表7-2-1）。

三、桐城市郯庐断裂带遗迹群

郯庐断裂带是我国东部一条十分重要的巨型断裂带，呈北北东向延伸斜贯安徽中部，为华北陆块、大别造山带、扬子陆块分划性边界。而大别造山带是夹持于华北陆块、扬子-华南板块之间，经历了多期离合形成的复杂的复合型大陆造山带。晋宁期以来，经历了多次造山作用，不同动力体系热构造事件相

表 7-2-1　大龙山—小龙山—花山地质遗迹资源一览表

类	亚类	个数	代表性遗迹
岩土体地貌	侵入岩地貌（峰岭）	19	采凤岭、日照峰（三县尖）、叠石峰、鹰愁岭、百丈崖、宝鹰崖、鸡冠岭、大龙岭、鸟儿尖、狮头岭、花山尖、黄瓜岭、罗汉峰、林山头、鹰牌峰、地维峰、莲花峰、猴头峰、龙头峰
	侵入岩地貌（奇石）	28	试剑石、求子石、一线天、三叠石、海豚石、娇龙出月、神龟探海、雷文石、风帽石、景石群、恋人望月、道人石、飞石走穴、仙寿石、飞来石、仙人对弈、石林、勒石处、蟠龙抬头、青蛙石、船稍石、神牛卧坡、聚仙迷宫、状元书屋、临风石、洋船石、樱桃石、花山奇石
	碳酸盐岩地貌（岩溶地貌）	1	龙珠山溶洞
构造地貌	断层崖	4	乌龙溪鹰排石悬崖、乌龙溪西天门悬崖、莲花峰悬崖、林山头悬崖
	峡谷	10	龙湫冲沟、桃元村陈家竹园北侧峡谷、余墩村乌龙溪、白林村操冲、凤溪村田子冲、小龙山村石桥冲；西安村金家冲、包冲源村鲍家冲、花山林家冲、杨亭村大阴冲（新华林场）等冲沟的上游均具有峡谷地貌特征
水体地貌	河流、瀑布、潭等	未统计	白龙溪、青龙溪、乌龙溪、珍珠潭、响涧瀑、锁门口瀑布
地质灾害遗迹	崩塌（堆积体）	4	灵山石树崩塌堆积体、乌龙溪崩塌堆积体、鲍冲湖景区天台崩塌堆积体、巨石山龙头峰西北侧崩塌堆积体等
	崩塌（洞穴）	8	千曲洞、通幽洞、观音洞、孤儿洞、老虎洞、响水洞、万鹿洞、太公洞

注：数据引自《安庆城市地质调查报告》。

互叠加、复合、改造，使其长期处于强应变状态，表现为复杂的剪切流变构造、推覆构造、伸展拆离构造、断裂构造、穿隆构造、弧形构造及复杂的褶皱变形构造，具长期多阶段发展演化史。印支期受板块运动的影响，扬子陆块向北深俯冲，是大别造山带形成的主幕，大别造山带经历了晋宁—加里东—印支期多期高压—超高压变质作用，为一条横亘于中国东部的巨型构造混杂岩带，不同时期、不同的断裂或不同地段，断裂带走向、结构、强度、切割深度、发育时期、控岩特点都有较大的差异。在地质、地球物理场、卫星影像和地貌等方面都有十分明显的反映，也在桐城市形成了一系列的地质遗迹。

郯庐断裂带位于大别山东侧，刚好在大别山与平原交界处，形成了郯庐断裂带以西北为山区、以东南为平原的独特地貌景观，界线十分明显，地图上也清晰可见。由于断裂带的存在，在断裂带的附近也形成了由断层组成的多种地貌景观，包括构造地貌、水体地貌等，出露了断层崖、沟谷、水库、瀑布等地貌景观（图7-2-1）。

图 7-2-1　郯庐断裂带示意图

郯庐断裂带桐城段主要包括 2 类地貌景观、3 个亚类（表 7-2-2）。

表 7-2-2　郯庐断裂带桐城段地质遗迹分类表

大类	类（数量）	亚类	名称
地貌景观大类	构造地貌	断层崖	高黄村断层崖
			汪河村断层
	水体地貌	瀑布	檀香岩瀑布
		湖泊	牯牛背水库

1. 高黄村断层崖

断层崖走向约为 40°，整个遗迹长约近 1km，断层崖高约 50m，断层性质为正断层，产状为 310°∠65°，断层下盘基岩为中义组花岗岩体，岩性为石英二长岩，风化程度中等，节理发育，节理产状主要为 131°∠85°、242°∠86°、308°∠60°、18°∠25°四组，上盘岩性为唐湾组二长片麻岩，灰褐色，中—强风化，片麻理产状为 141°∠40°，节理产状 308°∠80°、240°∠70°、300°∠58°。断层的形成主要受北东向的郯庐断裂带控制，形成正断层，下盘上升，上盘下降，使下盘岩壁出露，形成断层崖。整个断层结构很完整，上盘的断层三角面很明显，作为研究新构造运动以及郯庐断裂带有一定的意义。断层上盘现已修建牯牛背水库，与断层隔湖相望，断层下盘修有牯牛背水库旅游环线，也可近距离观察。目前该区域还未被开发，可保护性较好。周边风景秀丽，断层与牯牛背水库融为一体，青山绿水（图 7-2-2、图 7-2-3）。

图 7-2-2　范岗镇高黄村断层崖

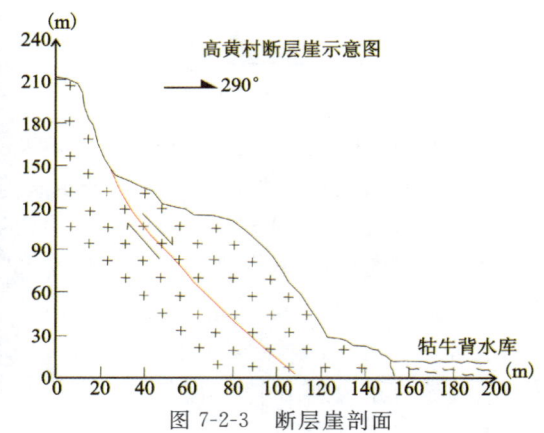

图 7-2-3　断层崖剖面

2. 汪河村断层

该断层属郯庐断裂带，断层走向约 70°，遗迹出露约 250m，断层崖高约 80m，断层性质为正断层，断层下盘基岩为中义组花岗岩体，岩性为石英二长岩，风化程度中等，节理发育，节理产状主要为 35°∠50°、205°∠41°两组，上盘岩性为唐湾组二长片麻岩，灰褐色，中—强风化，片麻理产状为 85°∠20°，节理产状 218°∠65°、28°∠70°、124°∠45°。断层的形成主要受北东向的郯庐断裂带控制，形成正断层，下盘上升，上盘下降，使下盘岩壁出露，形成断层崖。断层结构完整性良好，断层三角面清晰可见，对研究构造运动有一定意义。上盘有一小河，附近种植玉米等农作物。周边风景秀丽，空气清新，有茶园和农家乐，适合观光旅游（图 7-2-4、图 7-2-5）。

第七章 奇峰缥缈出奇云——地质遗迹资源

图 7-2-4 汪河村断层崖(一)

图 7-2-5 汪河村断层崖(二)

3. 檀香岩瀑布

该遗迹位于汪河村村村通道路南 200m,檀香山后山,所在地层为 J_3K_1z 中义花岗岩单元,岩性为石英二长岩,中风化,灰白—灰黄色,节理裂隙发育,主要为 110°∠85°、335°∠80°、312°∠45°、232°∠37°,瀑布形成主要受 110°∠85°、335°∠80°两组节理控制。瀑布总体可分为两段:上段总高差约 13m,发育两级跌水,第一级坎高约 10m,平均坡度约 65°,第二级坎高约 3m,平均坡度 40°,一级跌水形成 0.5m×1m 的水臼,深约 0.7m,二级跌水形成 3.5m×2m 的水臼,深约 1m,水量约为 50m³/h;下段瀑布高差约 12m,发育两级跌水,第一级坎高约 7m,平均坡度 70°,形成 2m×3m 的水臼,深约 0.5m,第二级坎高约 4m,平均坡度 55°,流量较小,水量约为 10m³/h。瀑布的形成主要受郯庐断裂控制,形成北东向的正断层,使岩壁出露,形成陡坎,水体下流形成瀑布。调查时正值枯水期,据村民反映,雨季水量剧增,瀑布场面壮观,该遗迹点立有指示牌,为桐城市百佳摄影点之一(图 7-2-6、图 7-2-7)。

图 7-2-6 檀香岩瀑布

图 7-2-7 后山寺庙

4. 牯牛背水库

牯牛背水库为桐城市内最大水库,水面面积达 125km²,为挂车河源头,水库西边四个角似牛的四足,东边一角似牛头,整体外形形似牛背而得名,建于 1965 年。水库的补给来源主要为大气降水及周边山体地下水,地下水类型为基岩裂隙水,附近及基底基岩主要为 J_3K_1z 石英二长岩。该湖泊的形成主要受郯庐断裂带控制,湖岸与湖底发生了差异性的升降运动,造成凹陷区域,形成构造小盆地,周围山体水流在此汇水,形成该湖。水库周边有多个断裂构造,郯庐断裂带穿湖底而过。牯牛背水库对区域新构造运动、湖泊成因及生态保护有重要意义。周边风景秀丽,湖光山色,雨后山体会出现多个小瀑布。水库已经修建了旅游环线,湖面广阔,依山傍水,适合观光(图 7-2-8,图 7-2-9)。

图 7-2-8 牯牛背水库

图 7-2-9 牯牛背水库平面示意图

除此之外,断裂带附近也出露了梅老屋、大河姜、土岭村长 1~5km、宽 5~50m 等小型沟谷。整个郯庐断裂带桐城段含多种地貌景观,大多保持原始状态,完整性好,可保护性强,风景秀丽,空气清新,可作为一个地质遗迹群共同开发。

安庆地区地质遗迹资源极其丰富,不胜枚举,本书仅列举少量代表性遗迹,其余如司空山、明堂山、披雪瀑、嬉子湖、云峰大峡谷等地质遗迹因篇幅所限无法一一展开叙述,感兴趣的读者可自行收集相关资料,或亲临其境,感受大自然的神奇造化。

第八章 云烟万岭有遗宝——矿产资源

安庆市位于大别造山带东段与扬子陆块北缘交会处,地质历史时期,复杂的地质构造运动和强烈的岩浆活动造就了丰富的矿产资源。据统计安庆市有各类矿产资源70余种,其中非金属矿藏中肥料、建筑材料、化工原料、美术工艺原料等类储量大、品种全、品质优,为全省之最。境内矿种主要有铜、铁、金、银、钼、铅、锌、钴、镍、铀、硫铁矿、石灰石、大理石、花岗石、重晶石、硅灰石、白云石、红柱石、磷、玻璃石英、石墨、瓷土、矽线石、金红石、蓝晶石、透辉石、透闪石、蛇纹石、烟煤、无烟煤、石煤、泥炭、天然气、矿泉水等。探明储量的主要有铜矿、铁矿、铅锌矿、金矿、银矿、钨钼矿、钴矿、煤矿、石煤、磷矿、硫矿、大理石、石灰石。在多要素城市地质调查工作开展的基础上,结合城市的发展规划,本章对安庆市辖区及桐城地区矿产资源分布及特征进行了有针对性的简单梳理。

第一节 安庆市辖区矿产资源

一、矿产资源概况

安庆市辖内矿产资源丰富,发现的主要矿种有金、银、铜、铁、铀、煤炭、泥炭、(白)水泥用石灰岩、熔剂用灰岩、冶金用白云岩、建筑石料用灰岩、建筑用砂、砖瓦及水泥配用黏土等固体矿产以及浅层天然气等水气矿产。

金属矿产主要分布在北西侧的总铺、五横、罗岭等岩体内和周边。铀仅分布在大龙山岩体内。煤炭、水泥灰岩等沉积作用形成的矿产,则与相应的沉积地层的展布有关。煤炭主要分布在五横的杨家亭、集贤关、杨桥镇以及迎江区的老峰至余桥一带,与灰岩有关的矿产则主要沿头坡大断裂西北侧分布,建筑用砂分布于长江、皖河及支流的河床及河漫滩,黏土类分布在中部的低丘岗地。矿泉水有两处,位于安庆南部的平原区Ⅱ级阶地中;地下热水资源主要位于平原区的红盆之中。

目前,调查区内有查明一定储量的矿产地19处。其中载入《安徽省矿产资源储量表》的矿产有13种,矿产地18处(表8-1-1)。

表8-1-1 矿产资源情况一览表

序号	矿床名称	矿床规模	勘查程度	矿种	保有资源储量
1	安庆市集贤关煤矿	小矿	详查	煤炭	11.8万t
2	安庆市杨桥煤矿	小矿	普查	煤炭	27.2万t
3	安庆市集贤关勘探区	中型	普查	煤炭	1 029.4万t

续表 8-1-1

序号	矿床名称	矿床规模	勘查程度	矿种	保有资源储量
4	安庆市长青煤矿	小矿	详查	煤炭	190.3 万 t
5	怀宁县白岭金矿	小矿	详查	金	434kg/8.5 万 t
6	安庆市大龙山地藏庵铁矿	零星资源	详查	铁	5.6 万 t
7	怀宁县总铺铁矿	小矿	普查	铁	15.7 万 t
8	怀宁县西峰尖矿区风景杨家矿段熔剂用石灰岩白云岩矿	大型	详查	熔剂用灰岩、冶金用白云岩	3 149.2 万 t、1 326.1 万 t
9	安庆市大观区头坡玻璃用石英岩矿	中型	普查	玻璃用石英岩	741.4 万 t
10	安庆市纱帽山矿区玻璃石英(砂)岩		详查	玻璃用石英(砂)岩	930.4 万 t
11	安庆市火炼山水泥用灰岩(大理岩)	中型	勘探	水泥用灰岩	1 239.0 万 t
12	安庆市白鹿山白水泥灰岩矿	中型	勘探	水泥用灰岩	3 016.6 万 t
13	安庆市南山水泥灰岩矿	小型	详查	水泥用灰岩	1 217.2 万 t
14	安庆市查家老屋水泥配料用黏土矿	小矿	详查	水泥配料用黏土	141.0 万 t
15	安庆市杨桥大理石矿	中型	普查	饰面用大理石	427.8 万 m³
16	安庆市龙庄大理石矿	中型	普查	饰面用灰岩	253.0 万 m³
17	安庆市集贤路 ZK2 井饮用天然矿泉水			含锶偏硅酸重碳酸钠型	B级允许开采量:150m³/d
18	安庆市肖坑排灌站 ZK1 井饮用天然矿泉水			重碳酸钙钠镁型	B级允许开采量:108m³/d
19	安庆市铜山石子厂建筑石料矿	小型	普查		该矿区资源储量在安庆市备案

二、开发利用情况

辖区内矿产资源开发较早,最盛时期为 20 世纪 80 年代和 2008 年左右,大小矿山数量超过百家。后因政策调整、市场原因和城市规划区的调整,矿山或关闭或闭坑或合并,矿山总数大为减少。

截至 2019 年 12 月,境内矿山仅有在采的矿山 4 座(表 8-1-2),均为非金属矿,开采方式都为露天开采。

表 8-1-2 区内矿山及开采情况一览表

序号	矿山名称	矿区名称	矿产名称	开采规模	开采方式
1	安庆市铜山石子厂	安庆市铜山石子厂建筑石料矿	建筑石料用灰岩	小型	露天开采
2	阿尔博波特兰(安庆)有限公司	安庆市白鹿山白水泥灰岩矿	白水泥灰岩	中型	露天开采
3	安徽长银矿业有限公司	怀宁县西峰尖矿区风景杨家矿段熔剂用石灰岩白云岩矿	熔剂用灰岩、冶金用白云岩	小型	露天开采
4	安庆中宜矿业有限公司	安庆市大观区头坡玻璃用石英岩矿	玻璃石英(砂)岩	小型	露天开采

第二节 桐城地区矿产资源

一、矿产资源概况

截至2015年底,桐城市共发现查明资源储量矿产13种,矿产地30处,分别为铁矿1处、蛇纹岩矿1处、石棉矿3处、石墨矿3处、透辉石矿1处、饰面用辉长岩矿3处、饰面用花岗岩矿4处、建筑石料用花岗岩矿2处、建筑石料用片麻岩矿8处、建筑石料用浅粒岩矿1处、建筑石料用闪长岩矿1处、建筑用砂矿1处、矿泉水1处。

1. 金属矿产

铁矿1处,小型,查明资源储量750万t,尚未开发利用。

2. 非金属矿产

蛇纹岩矿1处,小型,查明资源储量260万t,保有资源储量260万t。
石棉矿3处,均为小型,查明资源储量0.532万t(矿石量23.31万t),尚未开发利用。
石墨矿3处,均为小型,查明资源量15.67万t(矿石量378.3万t)。
透辉石矿1处,中型,查明资源量400万t,保有资源量400万t。
饰面用辉长岩矿3处,大型2处,零星资源1处,查明资源量26 327.8万m^3。
饰面用花岗岩矿4处,大型3处,中型1处,查明资源量13 570万m^3。
建筑石料用花岗岩矿2处,均为小型,查明资源量1000万m^3,保有资源量1000万m^3。
建筑石料用片麻岩矿8处,小型3处,小矿5处,查明资源量1 741.42万m^3,保有资源量1 729.42万m^3。
建筑石料用浅粒岩矿1处,小型,查明资源量500万m^3,保有资源量500万m^3。
建筑石料用闪长岩矿1处,小型,查明资源量400万m^3,保有资源量400万m^3。
建筑用砂矿1处,小型,查明资源量200万m^3,保有资源量200万m^3。
矿泉水矿1处,小型,日允许开采量285m^3,含锶0.92‰~1.43‰,偏硅酸25.7‰~42.8‰,水化学类型为HCO_3-Na型。

二、开发利用情况

截至2015年底,全市开发利用的矿种仅2种,矿山企业2家。二轮规划期间关闭41家,历史遗留矿山70家,生产矿山仅1家,从业人员18人,矿山采掘及加工业产值585万元,利润105万元,矿山开采方式均为露天开采。

建筑用石料矿:矿山企业又1家,从业人员18人,年产矿石量26万t,产值585万元,利润105万元。
水气矿产:矿泉水矿山企业1家,从业人员8人,日开采量172.7m^3,产值49万元,利润5.7万元,现矿泉水矿山暂时停产,正积极准备,尽快开工生产。
建筑用砂矿:根据国家有关政策,原开采河砂矿山已全部关闭,正在积极寻找勘查其他建筑用砂矿。
砖瓦用黏土矿山全部关闭后,正在寻找勘查砖瓦用砂页岩矿替代,其砖瓦黏土制成品依赖邻近县外购。

第九章　龙山凤水育沃土——特色土壤资源

安庆地区水土条件优沃,特殊的地层岩性和地质构造孕育了独特的土壤条件,历来为鱼米之乡。本章以此次在安庆市桐城地区开展的"桐城水芹"专题调查评价为基础,同时收集安徽省地质矿产勘查局311地质队开展的"桐城市特色农产品土壤资源调查评价"(桐城小花)工作,以及中国地质科学院水文地质环境地质研究所开展的"桐城农田区1∶5万土地质量地球化学调查"等工作所获取的数据资料,重点介绍桐城市的特色土壤资源。

第一节　特色农产品产地资源

一、桐城水芹

桐城水芹的种植、食用历史久远,历来被世人珍视为百菜之王,蕴涵着深厚的文化基因。桐城水芹具有兰香浓郁、香醇拔俗、脆嫩爽口、回味甘甜等品质特色,备受当地群众特别是文人雅士的喜爱与推崇。桐城市政府也为桐城水芹申请了国家地理标志保护产品,并在2008年成功获得批准。

本书根据桐城水芹适宜生长环境及产地土壤特征,结合桐城市地形地貌、土壤母质与土壤类型、灌溉水水源、灌溉水水质、土壤地球化学等特征,进行水芹适宜种植区分区评价(图9-1-1)。

水芹适宜种植区均沿着龙眠河和挂车河分布,适宜区面积分别为54.4 km^2 和52.6 km^2,总面积107 km^2。现有的泗水桥水芹田、金大地水芹田、牯牛背水芹田均位于适宜区范围内。适宜区地貌类型为冲积平原(平坦平原),地层为全新统芜湖组,上部主要为青灰色、灰褐色淤泥质粉质黏土,下部主要为粉质黏土夹砂。土壤母质为河流冲积物;土壤类型为水稻土,富含腐殖质和有机质。土壤养分较为充足,土壤环境质量清洁。

适宜区中黄庄地理位置优越,靠近G206国道和合九铁路,邻近桐城市。除了具有适宜的地形地貌、土壤母质和土壤类型、土壤环境地球化学条件外,该地灌溉水水源很充足,西侧即为龙眠河。此外,该地能和即将复种的陈庄村水芹田、金大地现状水芹田连成片区,对未来区域发展及整合产业链有很大的优势。

二、桐城小花

"桐城小花"茶产区地处大别山东麓,区内地势由西北向东南逐渐降低,山地、丘陵呈阶梯状分布。"桐城小花"茶种植年代始于明朝,曾入选"贡品"之列,在20世纪80年代安徽省茶树品种资源调查中因茶叶洋溢的独特兰花香而受到广泛关注,且冲泡后茶叶形似兰花,名气大增。

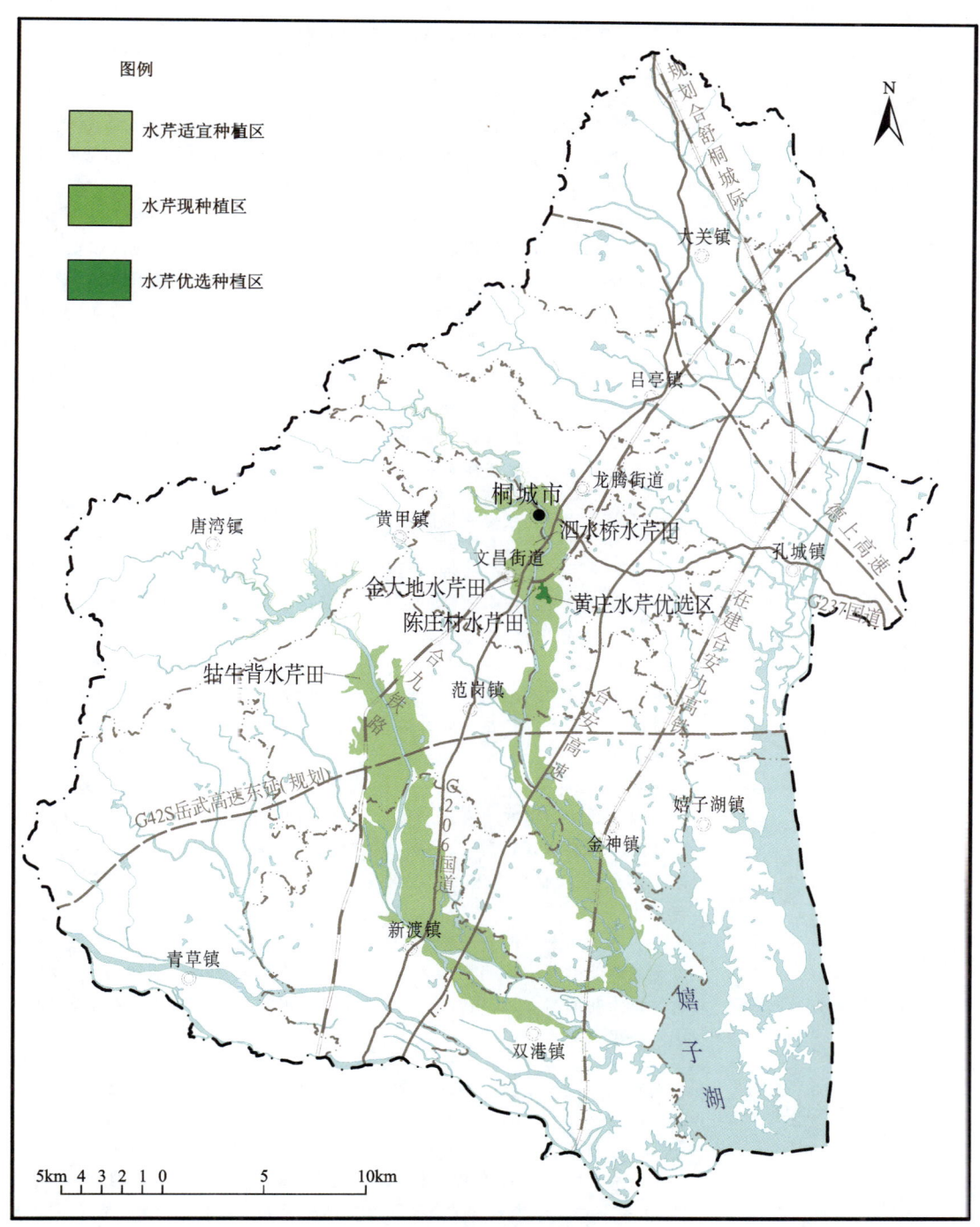

图 9-1-1 桐城水芹适宜种植区评价图

"桐城小花"茶主产于大别山区,与周边茶园相比大环境相同,小环境各异,龙眠地区境内的镜主庙水库及峰高谷深地貌构筑的小气候,加上花岗岩出露区分布的野生兰花,为优质茶叶生长带来优质环境。

根据专项土壤调查结果,对龙眠地区茶叶种植的适宜性作出了评价,为地区茶叶产业的发展提供了科学的指导意见(表 9-1-1,图 9-1-2)。

表 9-1-1 龙眠地区茶叶种植适宜区特征简表

类别	区名称	适宜性特征
最适宜区	徐家老屋	位于西部杨头村,面积约 2.3km²,整体为低山区地貌,地质背景为中酸性花岗岩,现主要种植"龙眠纯地种"茶品种,是"桐城小花"精品茶产区,该区域是茶叶优先推广种植区
最适宜区	胡公山	位于中西部胡公山—断颈岩林场一带,面积约 2.4km²,典型的低山地貌,微地形表现为沟谷发育,地质背景为花岗岩。现有茶园样式多为梯形茶田,受微地形影响,茶园常年云雾缭绕,是"桐城小花"重要茶产区,该区域是茶叶优先推广种植区
最适宜区	忽皮岭	位于中北部船形地—忽皮岭一带,面积约 2.5km²,地貌起伏较大,地质背景具多样化特征,花岗岩、片麻岩均有出露。该区域茶叶种植业具规模化、产业化,近年来引进了多种无性系优质茶种
最适宜区	其他区	西南部黄草尖及姚家岭一带向阳山坡,分布针阔叶混杂林
较适宜区	磨凸	位于西部西河边—磨凸一带,面积约 2.0km²,整体为低山-丘陵地貌,山体多为向阳坡。地质背景为花岗岩、粗安斑岩及安山岩等,土壤养分均衡,现多为林地分布,茶园分布较零星,该区域较适宜茶叶种植
较适宜区	船形地	位于西部西河边—磨凸一带,面积约 0.6km²,整体为丘陵地貌,山体多为向阳坡。地质背景为二长花岗质片麻岩体等,土壤厚度在 60cm 左右,该区域较适宜茶叶种植
适宜区	磨凸—海螺	位于南部磨凸—椒元—海螺一带,面积约 5.0km²,整体为丘岗地貌,局部区域为陡峭山区。地质背景为二长质片麻岩体等,土壤厚度在 60cm 左右,茶园分布不连续,近年来大面积种植了"山坡绿、舒茶早"等茶种,是高产量茶叶种植的适宜区
适宜区	船形地—吴家湾	位于北部船形地—汪响堂—吴家湾一带,面积约 8.0km²,整体为丘岗地貌区,地质背景为花岗岩、二长质片麻岩体等。茶园现多与油茶等农产品套种,但局部区域内居民点较多
适宜区	其他区	分布在西北部杨头村周边零星评价单元,多为河谷地带。母质与土壤优良,但日照条件稍差
一般区	如子岩	位于北部许双头—如子岩一带,面积约 5.1km²,整体为丘岗地貌,属分水岭北坡,水系发育。母质种类众多,茶园整体较零散,据茶农反映,茶叶品质整体一般,属茶叶种植一般区
一般区	纸棚—凤形地	位于中部纸棚—下雾冲—凤形地一带,面积约 12.0km²,以龙眠河为中心,两侧为河谷冲积平原区,水系发育。土地利用类型多为耕地,少量园地。茶园种植多为近 10 年来新建,茶叶品种混杂,属茶叶种植一般区

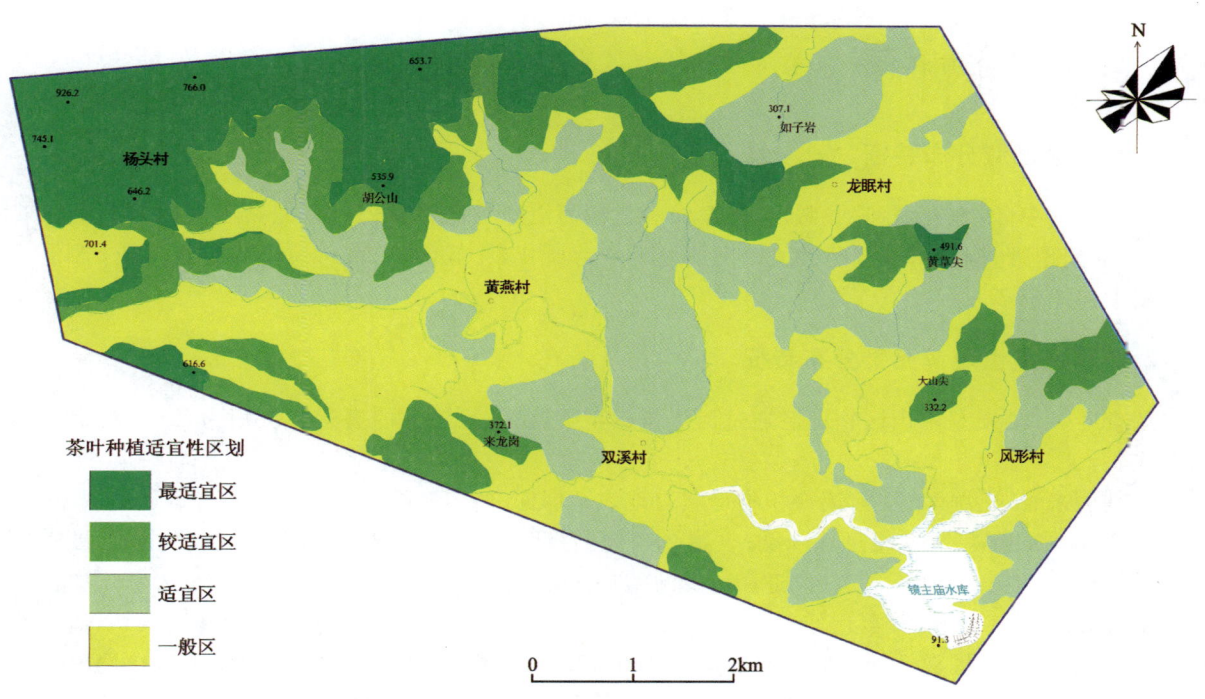

图 9-1-2　龙眠地区"桐城小花"茶种植适宜性分区图

第二节　富锌特色土壤资源

一、锌元素地球化学特征

(一)锌元素含量特征

1. 锌元素含量特征

桐城市调查区内土壤 Zn 平均含量 57.3mg/kg,含量区间为 24.2～293.2mg/kg。在孔城河、龙眠河、挂车河和大沙河沿岸 Zn 的含量较高,尤其在大沙河沿岸含量最高。各类土壤中 Zn 含量由高到低为:水稻土(60.5mg/kg)＞粗骨土(56.1mg/kg)＞红壤(55.6mg/kg)＞黄棕壤(51.1mg/kg)＞黄褐土(48.5mg/kg)＞紫色土(44.9mg/kg)。

2. 不同地质背景土壤锌元素含量特征

按照全区地质背景进行统计,各地层单元 Zn 含量平均值有一定差异,平均值最高的为第四系芜湖组,其值为 69.6mg/kg;Zn 含量平均值最低的为第四系下蜀组,其值为 47.5mg/kg。其余地层单元中,Zn 含量平均值在 50.2～61.9mg/kg 之间,各地层单元 Zn 含量平均值没有显著性的差别。

(二)锌元素分布特征

1. 锌元素区域分布特征

区内土壤中 Zn 在孔城河、龙眠河、挂车河和大沙河沿岸为高背景-高值,尤其以大沙河沿岸背景值最高;在河间地带、桐城市城区至大关镇山前地带多为低背景-低值,土壤母质多为黄土母质;青草镇至大关镇山前地带多为背景值。

2. 不同深度土壤锌元素分布特征

调查区 Zn 主要是由山区物源区通过河流搬运至平原区,且河流的搬运和沉积为 Zn 具有明显的富集效应。

从剖面来看,土壤 Zn 在河流冲积物母质自地表至埋深 200cm,随着深度的增加含量逐渐减小,当深度至 200cm 时,土壤 Zn 含量迅速降低;土壤 Zn 在红色碎屑岩类风化物母质和晚更新世黄土母质具有相似的规律,从地表至埋深 200cm,随着深度的增加 Zn 含量先呈一定的增加趋势,在 100cm 左右以下呈降低趋势,在 200cm 时降至最低;土壤 Zn 在浅变质岩类风化物母质,自地表至埋深 200cm,随埋深增加含量首先减小,在埋深 70cm 时降至最低;随着埋深继续增加土壤 Zn 含量迅速增加,在埋深 200cm 时,增加至 79.0mg/kg。这可能由于该母质区 Zn 的基准值本身较高,浅层 Zn 在地表河流和地下水作用下进入下游导致。从全区平均值来看,Zn 含量随深度变化不明显,不具有明显的规律性。

二、富锌土壤资源评价

本次富锌土壤分级的标准参照了《土地质量地球化学评价规范》(DZ/T 0295—2016)中富锌土壤标准,同时依据安徽省已完成的 7.2 万 km^2 多目标区域地球化学调查表层土壤 Zn 含量特征,以及中富硒水稻样品与根系土壤 Zn 含量特性,划定本区域 Zn 划分标准(表 9-2-1)。

表 9-2-1 土壤锌等级划分标准值

等级	过剩	富锌土壤	足锌土壤	适量	边缘	缺乏
锌(mg/kg)	>200	84~200	71~84	61~71	50~60	≤50

依据以上 Zn 划分标准,桐城市农田区富锌土壤面积 97.04km^2,占调查区总面积的 10.20%,足锌土壤面积 99.07km^2,占到调查区总面积的 10.40%(图 9-2-1)。主要分布在龙眠河、挂车河、大沙河中下游沿岸。

三、土地环境质量评价

桐城市平原区土壤质量以优质和良好为主,优质土壤 281.28km^2,占调查区面积的 29.58%,主要分布在柏年河、挂车河、龙眠河和孔城河河道两侧的河谷地带;良好土壤面积 564.00km^2,占调查区面积的 59.31%,主要分布在柏年河、挂车河、龙眠河和孔城河河间地带;中等土壤面积 96.14km^2,占调查区面积的 10.10%,主要呈斑块状分布在孔城河和龙眠河之间的河间地带。差土壤面积 9.58km^2,占调查区面积的 1.01%,主要分布在桐城市东部开发区一带(图 9-2-2)。

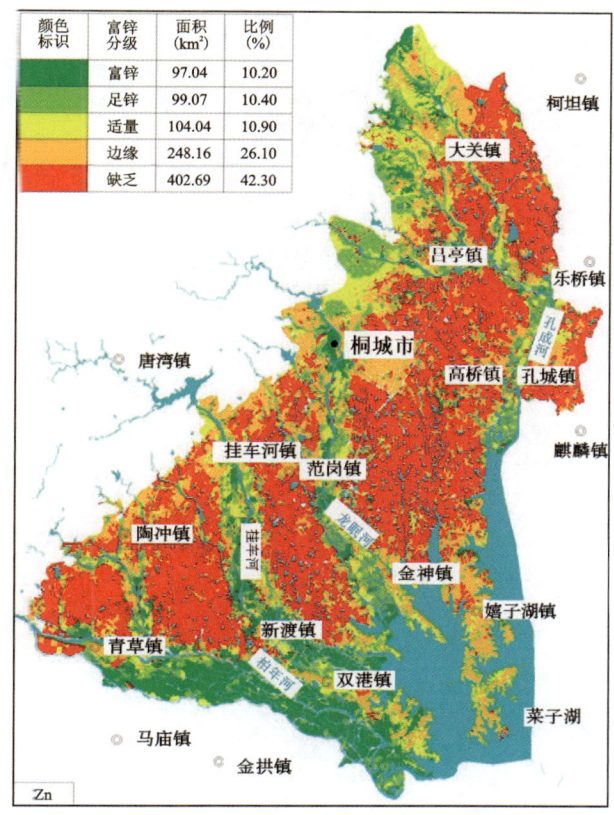

图 9-2-1　桐城市农田区富锌土壤资源分布图

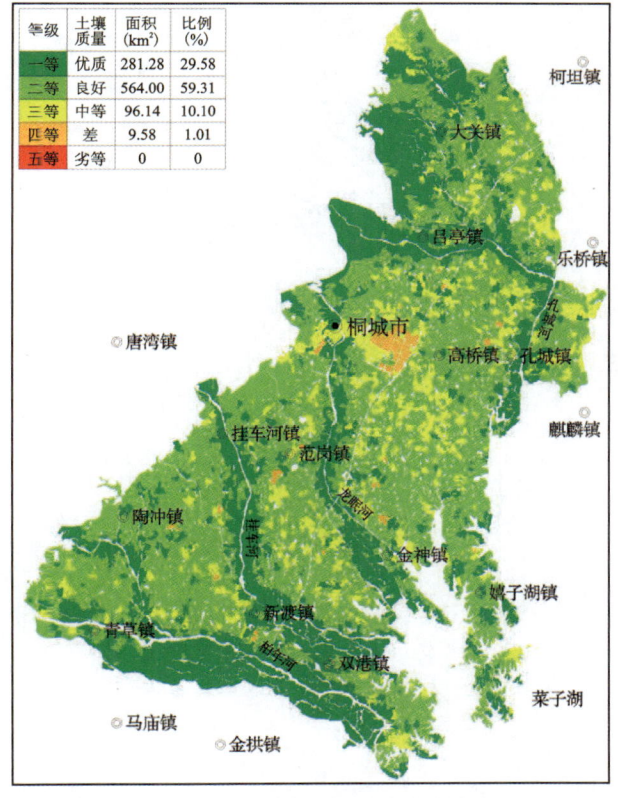

图 9-2-2　土地质量地球化学综合等级图

第三篇

再筑宜城——助力拓展篇

随着中国城市化的快速发展，安庆市城市发展水平也进入了一个新阶段。经济的发展，人口的增长，不可避免地驱动了城市的扩张。城市的扩张，不可避免地会带来诸如环境污染、交通拥堵、用地紧张以及地质安全隐患等问题。此外，城乡发展不平衡也是安庆地区在发展中面临的一个重要问题。而新时期城市发展要追求的不仅仅是单纯的面积扩张和 GDP 的增长，而是统筹安全和发展、以人为本、人与自然和谐相处的更高质量的发展。本篇从地下空间、绿色能源、地质安全等角度，介绍了城市地质工作如何助力安庆市拓展城市空间，再筑宜居新城。

第十章 为城市扩张拓展新空间

在安庆市迅速发展的社会和经济条件下,城市问题逐渐凸显,如居住空间狭小、城市交通拥堵、环境恶化等。虽然城市一直在向周边扩展,但是由于各种因素的限制,城市向周边扩张的速度远无法满足人们对城市空间容量的需求。地下空间以其独特的优势,成为应对这一问题的良好对策。

针对安庆市优化东部新城规划布局和国土空间开发,实现空间转型升级和城市集约、绿色、可持续发展的需求,本书在对20份调查报告和近150个勘察钻孔数据进行了综合分析和二次挖掘的基础上,综合本次调查研究的成果,系统研究了东部新城滨江CBD片区开发建设利用的基础地质条件,梳理了应关注的地质问题,在此基础上,提出了地下空间分区分层综合利用等建议,为安庆市东部新城滨江CBD片区规划和国土空间综合利用提供了地质依据。

第一节 东部新城地质条件

一、区域地壳稳定性

安庆市城区和东部新城位于扬子前陆带次级构造单元,属华南地震区中的铜陵-扬州地震带,基本不存在孕震构造,地震活动不强烈。自1300年以来,共发生4级以上地震约80次,近150年来从未发生过超过5级的地震,且有感地震大部分是受来自外围地区中强地震的影响,区域稳定性较好。

CBD片区西北侧10km为头坡断裂带,该断裂大部分被覆盖,断裂带在地表零星出露,断裂走向50°~60°,倾向东南,倾角60°左右。鉴于CBD邻近长江,有易液化砂土分布,虽然地处地形平缓的平原区,区内发生破坏性大地震的可能性低,但应加强该区隐伏断裂空间展布、垂向结构等特征调查,强化地震地质危险性评价、监测和研究,为该区工程建设与地下空间科学规划、协同利用和安全运营提供地质保障。

二、地基承载力

CBD片区位于沿长江冲积平原,自西向东倾斜,地形起伏较小。第四纪松散层厚度自西向东逐渐增厚,晴岚路东侧厚度最大为51m,龙眠山路和曙光路以西厚度为18m,岩性主要有卵砾石、粉砂、软土及粉质黏土,其底部均有卵砾石分布,顶板埋深16.5~40.15m,底板埋深19.2~61.0m,厚度2.7~20.85m,地下水丰富,稍密—中密卵砾石层具有较高的地基承载力和变形模量。基岩顶板埋深19.2~61.0m,以白垩纪砂岩为主,其整体基岩埋深较浅、起伏较大。砂砾卵石层和基岩为研究区中高层建筑的主要持力层,建筑基础承载条件总体较好。浅中部地下空间利用洞室稳定性较差,地下水丰富,加固排水难度大,深部地下空间利用稳定性好。

三、浅层地热能

浅层地热能资源作为清洁能源,其开发对于环境保护、打造"水清岸绿产业优"安庆长江新名片具有重要意义。CBD片区浅层地热能比较丰富,根据调查评价表明,0～100m浅层地热能储量总量为3380亿kJ。目前,浅层地热能开发利用以冬季供暖和夏季制冷为主,晴岚路西侧地下水丰富为地下水地源热泵高潜力区,文宛路西侧为地埋管地源热泵高潜力区,可制冷面积630万 m^2。可加强地下水与浅层地温能资源开发利用的统筹协调,做到科学评价、协同开发、综合利用。关于浅层地热能详见第十一章。

第二节 地质问题

CBD片区位于皖江大道以南,文苑路以东,沿江东路以北,潜山路以西,地处长江冲积平原区,地势较平缓,地质条件较为复杂,工程建设与地下空间资源利用需要重点关注砂土液化、软土、富水砂砾卵石层、地下水渗透压力等地质问题。

一、砂土液化问题

CBD片区位于第四纪长江冲积平原漫滩区,覆盖层厚度为30～60m,下部为白垩纪砂岩,潜水水位埋深0.5～2m,承压水位埋深0～6m。独秀大街以东岸堤周边分布两层砂层,其中部为可塑的粉质黏土,第一层顶板埋深为0.7～5.7m,底板埋深3.25～18.4m,厚度1.95～16.5m,第二层顶板埋深为20.0～34.45m,底板埋深31.0～38.65m,厚度4.2～11.0m。综合分析钻孔数据及标贯、静力触探原位试验数据对20m以浅粉土、砂土进行液化判断,判为液化土,该区内为轻微—中等液化等级。工程建设需重点关注防范预制桩、夯击等施工过程中对江堤及周边建筑物引起工程液化,造成建筑物及周边的地基破坏等现象。在施工过程中建议采取滤波带、隔离沟等防护措施,减少对周边建筑物及江堤的影响,加强砂土工程液化问题的相关调查和研究,做好工程处理。

二、软土地基和边坡失稳

CBD片区曙光路以东、独秀大道以西、新河路以南、华中东路与人民路以北分布大面积软土,顶板埋深1.8～18.4m,底板埋深2.4～40.0m,厚度0.6～31.2m,其软土主要是软塑到流塑状态的黏性土和淤泥质土,天然含水量36%～43%,压缩系数0.52～0.63,承载力60～90kPa,并且一般埋深较浅等。工程建设与地下空间利用应关注防范软土分布区的基坑边坡失稳、地面塌陷、沉降等问题,建议适当采取换填等地基处理措施。

三、地面塌陷和基坑失稳

文苑路以东、皖江大道以南下部砂砾卵石层,顶板埋深16.5～40.15m,底板埋深19.2～61.0m,厚度2.7~20.85m。结构松散—中密，卵石坚硬，含量50%~85%，粒径2~8cm为主，大者可达50cm，导水系数一般400~600m²/d，具有高富水性、高外水压力、卵石含量高、自稳性较差、局部易坍塌等特点。

该区富水砂砾卵石层为当前东部新城主要地下含水层位，也是桩基础主要的持力层，中深地下空间利用的主要层位。松散富水的砂砾卵石层特殊工程地质特性容易导致地面塌陷、基坑失稳等问题。

松散富水卵砾石层进行地下空间利用，需重点关注防范盾构施工超挖、施工降水导致的地面塌陷或沉降以及松散—稍密卵砾石层边坡稳定性问题和大粒径坚硬卵石导致盾构施工困难等问题，在地下空间开发利用过程中建议做好科学降水、洞室加固和工艺改进。

四、长江水顶托补给地下水

CBD片区北边界距离长江北岸约900m，根据安庆市碧桂园SH1国家级地下水长观孔（距离长江北岸约1km）多年监测资料，长江水常年补给地下水，丰水期SH1观测孔地下水位高出地面1m左右。基坑开挖深度决定了基坑涌水量的大小，基坑深度为0~20m时，单位面积内水位下降1m时每天的涌水量为22m³/d·m，开挖深度为20~40m时，单位面积内水位下降1m时每天的涌水量为763m³/d·m。因此CBD片区基坑开挖时，存在基坑涌水量较大及高外水压力对基坑侧壁破坏的危险。

第三节 地下空间资源分区分层综合利用地质建议

综合考虑地下空间资源利用约束性地质要素（需防范关注的地质问题和需协同开发利用地下水与浅层地热能资源）及地质结构条件空间上的差异，将CBD片区0~100m地下空间资源划分为0~5m、5~15m、15~30m、30~100m四个层位，在此基础上，提出了该区工程建设与地下空间资源分区、分层综合利用地质建议。

一、0~5m层

该层综合开发利用约束性地质要素在CBD片区广泛分布，总体地质条件一般（图10-3-1）。

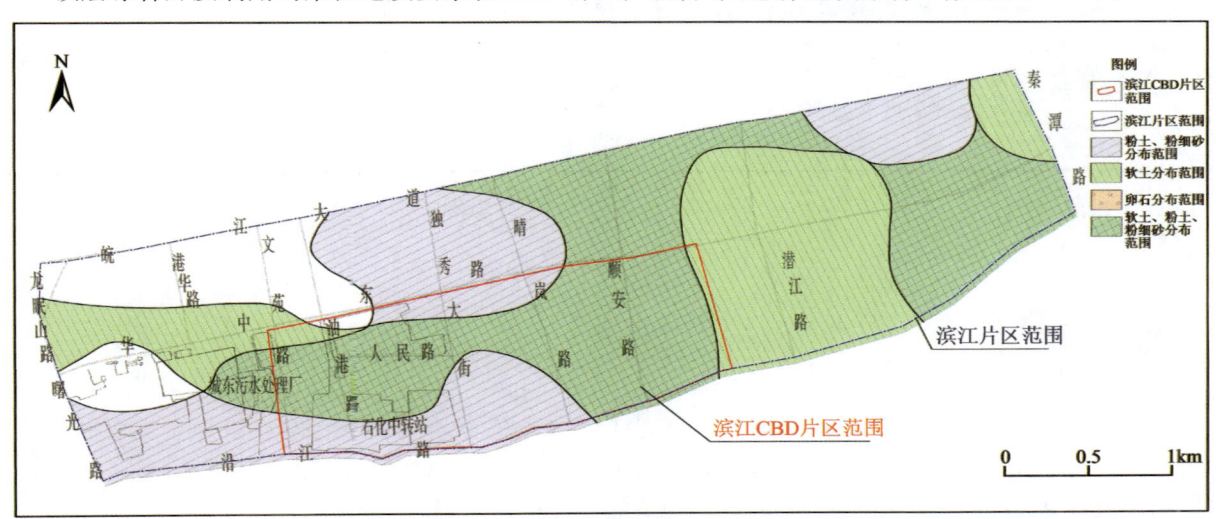

图10-3-1 0~5m综合开发利用约束性地质要素分布图

0～5m为该区低层建筑物及现有地下空间利用的主要层位,停车场、综合管廊、管线、路基等各类利用方式多样。相对其他层位,0～5m地层与地表生态环境联系密切,第四系覆盖层松散,以填土、粉质黏土、粉土、砂土、软土为主,弱含水。软土、粉土、粉细砂是该层地下空间开发利用的主要约束性地质要素。

0～5m地下空间约束性地质要素软土、粉土、粉细砂分布广泛,需要重点防范安广江堤以北、城东污水处理厂及石化中转站以南浅基础的流砂层,其他地区的软土地基沉降变形、软弱下卧层及突水冒砂的流砂层等地质问题。

建议0～5m地层工程建设与地下空间资源在规划利用过程中加强软土、流砂层等地质问题防范与处理,优先以生活娱乐、地下商场、停车场等与人类活动联系密切的方式进行利用,线性工程应防范不同路基地层界线处的不均匀沉降问题。

二、5～15m层

地下5～15m范围内,人民路以北主要为软土,独秀大街以东主要为粉土、粉细砂,其他地区软土、粉土、粉细砂均存在,厚度差异较大,其中局部底部为粉砂,厚度较大,地质条件总体较差,工程建设与地下空间利用地质适宜性总体较差,是该层空间开发利用主要约束性要素(图10-3-2)。

5～15m地下空间约束性地质要素分布广泛。需要防范的地质问题主要有厚度较大的高压缩性淤泥质黏土、流砂层等地质问题。

建议对5～15m工程建设与地下空间开发利用,应加强对该层地质问题的重视,避免基坑开挖及地基都应防范边坡破坏、变形过大等问题,上部地层利用时也应进行防范与处理。

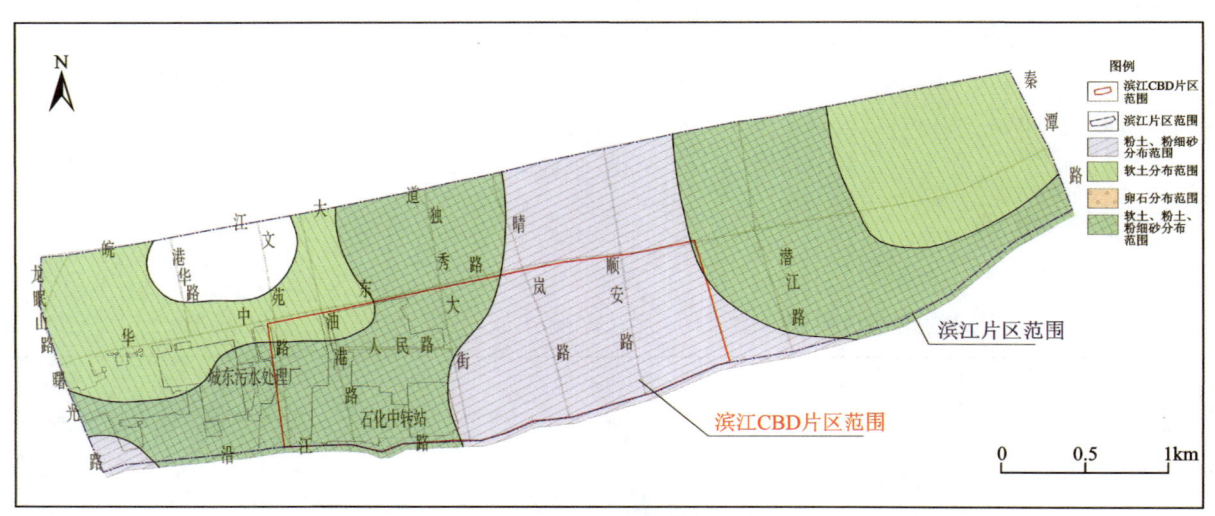

图10-3-2 5～15m综合开发利用约束性地质要素分布图

三、15～30m层

地下15～30m范围内地下空间利用地质适宜性总体较好,但存在区域差异性。地层主要以软土、粉细砂、砂卵石层为主,华中东路以南、油港路以西主要为卵砾石,晴岚路以东主要为软土、砂土为主,人民路周边主要为软土,工程建设与地下空间利用适应性总体较差,其他地区基岩埋深较浅,20～30m均可见基岩,岩体完整性较好,其底部工程建设与地下空间利用地质适宜性较好(图10-3-3)。

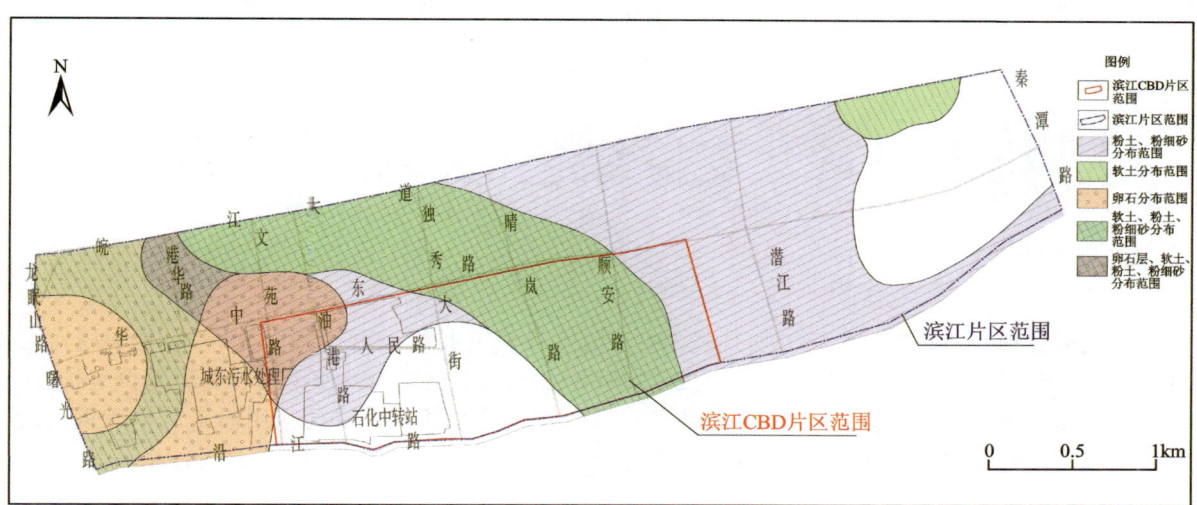

图 10-3-3　5～15m 综合开发利用约束性地质要素分布图

地下 15～30m 空间约束性地质要素分布面积占城市及规划区总面积的 68.42%。需要重点防范该区底部富水松散砂砾卵石层以及局部上部存在软土、中部流沙层两大主要地质问题。另外,该层位属于该区浅层地热能资源利用的主要层位,需做好统筹地下水协同利用。

地下 15～30m 范围内建议总体以建筑物桩基础持力层为主,按照地质条件的区域差异和工程建设需求,加强地下仓库、地下变电站、污水和垃圾处理厂等建设和空间利用。

四、30～100m 层

地下 30～100m 约束性地质要素为卵砾石,基岩埋深 20～76m,整体较浅,基岩风化程度低,完整性较好,地下空间利用地质条件总体优良,需要防范关注高外压水、地下水腐蚀性以及局部流砂层等地质问题,同时该富水卵砾石层与破罡湖含水层联通,结合地下水利用具体需求,需统筹保护长枫村等优质地下水水源地。

建议地下 30～100m 空间作为中长期规划利用空间,地下空间利用方式以军事、科研、深部生产储存等战略设施为主。

第十一章 支撑绿色低碳城市建设

绿色低碳发展是打造"资源节约型,环境友好型社会实现可持续发展的必由之路,也是中国对全世界的承诺"。城市作为能源消费的主体,也是碳排放的大户,而清洁能源的使用可以显著减少碳排放,也可以提高城市的能源效率。地热能作为一种可再生的清洁能源,具有良好的应用前景。本章重点对安庆市区的浅层地热能进行了评价,为安庆市建设绿色低碳城市提供了科学支撑。

第一节 地热能

一、总体情况

据不完全统计,至2017年底,安庆市共有地热井和泉点19处,其中地热井16眼,泉点3处,统计情况见表11-1-1。

表11-1-1 工作区水热型地热显示点统计表

显示位置	序号	编号	名称	孔深(m)	流体温度(℃)	流量(m³/d)	热储层岩性	热储类型	所处构造部位	备注
安庆吴嘴社区	1	AR16	钻孔	828.0	40.0	>500.0	K、T,砂岩、灰岩	层状兼带状	安庆盆地	填埋
	2	AR18		1 600.55	44	130.0				填埋
安庆杨桥	3	AR19		650.69	31	<100				填埋
岳西汤池畈	4	AR02	钻孔	198	54.8	700	晋宁期片麻岩	带状	大别山隆起	
	5	AR03		200	52.2	1399				三眼井交替开采,洗浴
	6	AR04		200	57.5	2540				
	7	AR05		51	53(井底)					AQ01的观测井
	8	AR06		75.2	56.0(井底)					AR02的观测井
	9	AR11		180.6	43.7					该井抽水时,AQ02泉断流
	10	AR13		100	41.4					自流
	11	机民井		40~170	33~51.65					约40眼地热井

续表 11-1-1

显示位置	序号	编号	名称	孔深(m)	流体温度(℃)	流量(m³/d)	热储层岩性	热储类型	所处构造部位	备注
岳西汤池畈	12	AQ01	温泉	出露	56.4	736	晋宁期片麻岩	带状	大别山隆起	现在泉点上打1眼地热井192m
	13	AQ02		出露	43.7					用水高峰期泉断流,泉边为AR11
岳西溪沸	14	AR23	钻孔	40.47	33.8	82.5				填埋
	15	AR08		208	38.8					自流
	16	AR09		90	38.8					暂封井
	17	AR10		80	34.7					自流
	18	AQ23	温泉	出露	32.5	52.7				消失
潜山天柱山	19	AR20	钻孔	1 493.04	33.5	103.2				封井

二、新开发成功案例

据调查分析,工作区内水热型地热勘查开发较成功的案例有岳西1处地热田,为岳西县汤池畈地热田。该地热田是在已有地热显示的基础上开展勘查工作的,钻探到40多眼地热井,出水温度在30～60℃之间,涌水量在500～2500m³/d之间,水质医疗价值较高,并且可作为热矿水开发,适宜于理疗热矿水开发利用。地热田区温泉开发已形成房地产开发、旅游、度假为一体的开发利用模式,天悦湾池温泉度假村占地35亩,位于大别山腹地,是集药浴养生、绿色农产品种植、花卉养育、娱乐休闲等为一体的温泉度假村。

第二节 浅层地热能

一、沿江平原区浅层地热能适宜性评价及资源量计算

(一)区内地温场特征

1.地温场垂向分布特征

地温变化是岩土体热导率效应,根据地温场温度随深度的变化,将200m以浅从上而下划分为变温带、恒温带、增温带。

(1)变温带。

变温带是指地温场靠近地表的部分,主要受太阳辐射的影响,其温度变化幅度随深度的增加呈现规律性递减,根据相关检测资料,本区10~20m以浅部年内地温随气温变化明显,地下5m深度处夏季最高19℃,冬季最低14℃,区内变温带下限深度10~20m。

(2)恒温带。

恒温带是指地表以下温度常年基本保持不变的地带,本区恒温带地温在16.5~18℃,恒温带上限深度10~20m,下限深度20~35m,厚度10~25m。

(3)增温带。

增温带是指恒温带以下主要受地球内部热能影响的地带,本区增温带上限深度在20~35m,本区增温带梯度在2.7~3.0℃/100m。

2. 地温场平面分布特征

因地层岩性、地层结构及地下水条件在平面上存在明显的差异,地温场在平面上亦存在明显差异。

(1)长江、皖河河漫滩及阶地。

该区地表水与地下水联系密切,水动力条件有利于水循环和热传递,其上覆地层保温性能差,热交换能力强,恒温带温度为17.0~17.5℃,为区内较低,恒温带上、下限深度分别为17~20.0m、30~35m。

(2)头坡断裂以南洪积扇、低丘陵。

恒温带温度为17.5~18.0℃,恒温带上、下限深度分别为10~15.0m、25~30m。松散层厚度小于20.0m,下伏基岩热导率较高,变温带厚度明显较长江、皖河河漫滩及阶地区变浅,增温带梯度在2.8~3.0℃/100m。

(3)西北部低山丘陵。

由于受到不同岩性、地层结构及地下水的影响,变温带下限深度6~9m,恒温带下限深度为22~25.0m,恒温带温度为18.0~19.0℃,恒温带厚度10~20.0m,增温带梯度在2.9~3.0℃/100m。

(二)稳定热流测试

本书获取评价区地层热物性参数主要采用现场热响应试验及样品热物性测试两种方法,在安庆市白泽湖乡、龙狮桥乡分别进行了3组岩土现场热响应试验。3组试验孔基本情况如下:

DR01位于白泽湖乡九塘社区,孔深80.6m。17.9m以浅为第四系松散层,主要为粉质黏土;21.57m以浅为卵石,21.57m以深为砾岩、砂岩。地下水主要赋存于第四系砂层、卵石层中。

DR02位于龙眠山路与菱湖北路交叉口附近,孔深81m。该孔21.40m以浅为第四纪地层,岩性有粉质黏土、粉土,40.8m以浅岩性为砂层、砂砾石层,40.8m以深为砾岩、砂岩等,地下水主要赋存于砂层、砂砾石层中。

DR03位于潜江路大发宜景城北侧,孔深101m,该孔22.6m以浅为第四纪地层,岩性有粉土、粉砂等,62.96m以浅岩性为砂层、砾石、卵石,局部粉土,62.96m以深岩性有砂岩、砾岩等,地下水主要赋存于砂层、卵石、砾石层中。

(三)浅层地热能开发利用适宜性分区评价

Ⅰ 分区指标。

采用层次分析法进行适宜性分区。选取地质、水文地质条件、施工条件、热物性、地形地貌及地质灾害等评价指标。本次仅对竖直地埋管地源型利用方式进行适宜性分区评价。

Ⅱ 分区方法。

以不同利用方式适宜性分区的关键因子为必要条件,采用层次分析法进行适宜性分区。利用

MapGIS软件对各要素层(平价)指标绘制图件,分区赋值并乘以权重;将各要素图件叠加,并根据叠加结果进行适宜性分区。

Ⅲ 地源型利用方式评价体系。

直接采用2019年安徽省地质环境监测总站所做《安徽省安庆市浅层地热能调查评价报告》中的评价体系。即地源型利用方式适宜性划分层次结构模型:地源型利用方式适宜性划分作为层次分析的目标层,将地质、水文地质条件,施工条件,热物性,地形地貌,地质灾害作为层次分析的属性层,将地层岩性结构、地下水径流条件、岩土体固结程度、城市覆盖率、综合热导率、平均比热容、地貌形态及地质灾害危害程度作为层次分析的要素层,建立地源型利用方式适宜性划分层次结构模型(图11-2-1)。

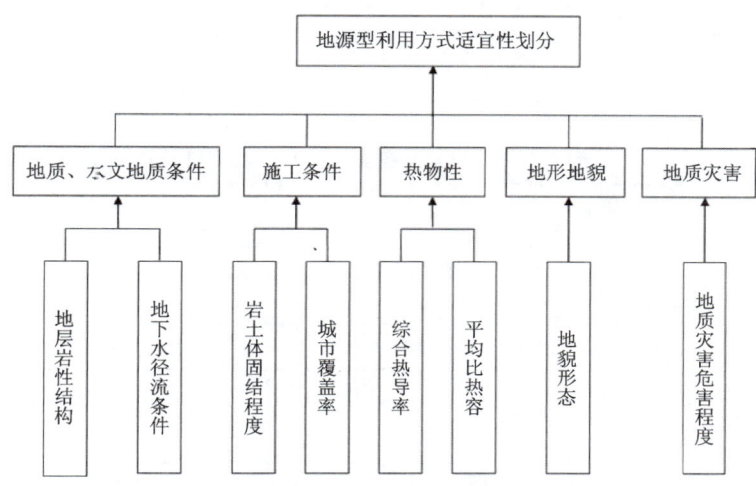

图 11-2-1 地源型开发利用方式适宜性划分结构图

Ⅳ 各评价因子的选取。

根据层次分析法的要求,在评价体系隶属关系的基础上,通过调查统计和室内分析研究,采用1～9标度法,分别比较属性层和要素层中各因素的相对重要性。对适宜性划分影响越大的因素重要性就越大,构造比较矩阵。通过计算,检验比较矩阵的一致性,必要时对比较矩阵进行调整,以达到可以接受的一致性。最后求出要素层中各要素在目标层中的权重。

采用GIS软件绘制各要素图件,对每幅图件中的各个范围赋值(越有利于换热系统的条件赋值越高)。然后将评价区剖分为1km×1km的网格,把网格图与已赋值图件进行叠加,采用空间分析功能对各图件提取赋值(表11-2-1～表11-2-5)。

表 11-2-1 地源型利用方式适宜性分区影响因素重要程度比较表

适宜性分区条件	地质、水文地质条件	施工条件	热物性	权重
地质、水文地质条件	1.000 0	0.333 3	0.500 0	0.163 4
施工条件	3.000 0	1.000 0	2.000 0	0.539 6
热物性	2.000 0	0.500 0	1.000 0	0.297 0

表 11-2-2 地质、水文地质条件影响因素重要程度比较表

地质、水文地质条件	地层岩性结构	地下水径流条件	权重
地层岩性结构	1.000 0	2.000 0	0.333 3
地下水径流条件	0.500 0	1.000 0	0.666 7

表 11-2-3　施工条件影响因素重要程度比较表

施工条件	岩土固结程度	城市覆盖率	权重
岩土体固结程度	1.000 0	4.000 0	0.800 0
城市覆盖率	0.250 0	1.000 0	0.200 0

表 11-2-4　热物性影响因素重要程度比较表

热物性	综合热导率	比热容	权重
综合热导率	1.000 0	2.000 0	0.333 3
平均比热容	0.500 0	1.000 0	0.666 7

表 11-2-5　要素层各要素的有效权重表

评价要素	权重
地层岩性结构	0.108 9
地下水径流条件	0.054 5
岩土体固结程度	0.431 7
城市覆盖率	0.107 9
综合热导率	0.198 0
平均比热容	0.099 0

1. 地质、水文地质条件

地层岩性结构分区图采用松散层厚度分布图表示。将松散层厚度大于 100m 的区域称为单一松散岩类地层结构；松散层厚度小于或等于 30m 的区域概化为单一基岩(半固结或固结岩类)地层结构。松散层厚度 30～50m、50～100m 分别称为第一双层结构和第二双层结构。

地下水径流条件根据地下水水位等值线图和渗透系数参数获取，主要影响浅层地热能的交换效率，在同一类地层中径流条件越好的地区热交换效率越高，赋值较大。本区地势平缓，地下水水力梯度约为 1/5000，对浅层地热能交换效率的影响小，故本区不考虑地下水径流对地源型换热系统的影响。

地下水水位埋深根据地下水等水位线图等分析整理获得图，地下水水位埋深影响换热效果，因此地下水水位埋深越浅，赋值越大(表 11-2-6)。

表 11-2-6　地质、水文地质条件等级划分及评分值表

地层岩性结构	松散层厚度(m)	赋值	地下水水位埋深(m)	赋值
单一基岩或第二双层	≤30 或 50～100	5	2～4	6
第一双层	30～50	2		

2. 施工条件

岩土体固结程度主要根据松散层等厚线图、基岩地质图和钻孔柱状图等基础图件分析整理所得。岩土体固结程度越高，钻进难度越大，赋值较小；地层结构越复杂，钻进成本越高，赋值越小，城市覆盖率越高及施工条件越差，赋值较小(表 11-2-7)。

表 11-2-7　施工条件等级划分及评分值表

岩土固结程度及结构	松散层厚度(m)	赋值	城市覆盖率	赋值
单一基岩或第二双层	≤30 或 50～100	5	中心城区的周边地区	6
第一双层	30～50	1	中心城区	2

3. 热物性

综合热导率主要根据测试成果和岩性类比，在垂向上用加权平均值求取评价深度内不同松散层厚度的地层综合热导率，综合热导率越大，越有利于地源型利用方式的应用，赋值较大。平均比热容的划分原则与综合热导率相同（表 11-2-8）。

表 11-2-8　热物性等级划分及评分值表

综合热导率(W/m·℃)	赋值	平均比热容(kJ/kg·℃)	赋值
>2.2	9	>1.1	9
1.9～2.2	7	0.8～1.1	7
1.6～1.9	5	0.5～0.8	5
≤1.6	3	≤0.5	3

4. 环境地质问题

以地质灾害区划资料为依据，参与适宜性分区的地质灾害指崩塌、滑坡、泥石流和岩溶塌陷。对存在可能造成地埋管破坏较大的地质灾害高易发区直接划为不适宜区，中、低易发区分别划分为差、一般适宜区；因采空塌陷经治理或稳沉后仍可作为建设工程用地及其地源型方式开发利用，故不参与划分。本区大龙山镇与长风乡有小规模采空塌陷，基本不影响地源型浅层地热能开发利用分区。

5. 地貌条件

根据地貌划分情况，按地貌形态，中丘以上地区直接作为差适宜区对待。

6. 分区结果

采用综合指数法根据分值的分布情况，确定适宜性分区，划分不同适宜性分区。根据评价计算结果，本区地源型利用方式适宜性划分分值 0 为不适宜区，0～2 为差适宜区，2～4 为一般适宜区，4～6 为较适宜区，大于 6 为适宜区，具体评价结果如下。

适宜区（Ⅰ）：该区位于头坡断裂以南的长江及皖河、长河冲积平原，包括新洲乡、长风乡、老峰镇、龙狮桥乡、白泽湖乡、海口镇、皖河农场等，面积 345.51km²，第四系松散层厚度 20～80m，下伏基岩为白垩纪砂岩，呈半固结，卵石层总厚度一般小于 5m，含水层厚度一般 10～30m，岩土体热导率较高，岩土体结构松散，钻进成本低。

较适宜区（Ⅱ）：该区位于头坡断裂以南的大观区十里铺乡、杨桥镇，面积 30.55km²，地貌类型为洪积扇、低丘，第四系松散层分布区厚度变化大，一般在 5～15m，局部分布有卵石层，厚度 5～10m，下伏基岩为白垩纪砂岩，呈半固结，岩土体富水性弱，岩土体热导率较高，岩土体结构松散，钻进成本低。

一般适宜区（Ⅲ）：该区包括头坡断裂以北的山前地带、宜秀区大龙山镇、五横乡、凉亭乡中北部，面积 90.29km²，地貌类型以洪积扇、山间洼地为主，第四系松散层分布区厚度变化大，一般在 3～20m，基岩主要为灰岩、侏罗纪砂岩、燕山期二长岩，岩性较坚硬—坚硬，灰岩岩溶发育，钻进成本高。

差适宜区（Ⅳ）：该区位于西北部，地形起伏大，地貌包括中高丘陵、低山，面积 185.79km²，开发利用难度大,适宜性差。

不适宜区(Ⅴ):该区位于大龙山镇、老峰镇—乡部分区域,存在采空塌陷,施工难度大,经济成本高。

(四)浅层地热能资源评价

浅层地热能资源量分为浅层地热容量和可利用量。浅层地热容量是在浅层岩土体和地下水中单位时间内交换的热量。可利用量是指采用一定的换热方式从岩土(水)体中可提取的热量;不仅受岩土体自身特征的影响,还与开发利用方式及本区土地利用规划密切相关。本次评价对地源型利用方式适宜区可利用量评价,采用换热量现场测试法和热传导法。

浅层地热容量一般采用体积法计算,一般先确定潜水位和主要岩性地层的厚度,再确定各类岩土体基本物理性质参数和热物性参数(表11-2-9、表11-2-10);本次包气带忽略不计,只计算饱水带(潜水位以下)部分;岩土体中固体的资源量和岩土体中液体的资源量,应分开计算。

表 11-2-9 岩土有关计算参数均值表

岩性分类	含水量(%)	天然密度(g/cm³)	孔隙率	比热容(kJ/kg·℃)	热导率(W/m·k)
松散岩类	18.61	1.97	0.36	1.29	1.87
固结岩类	0.77	2.61	0.06	0.57	2.59

表 11-2-10 工作区岩土体热容量计算参数取值表

公式及参数		参数取值	备注
$Q_S = \rho_w C_S (1-\varphi) M d_1 \Delta T$			岩土体热容量(kJ)
$Q_W = \rho_w C_w \varphi M d_1 \Delta T$			水热容量(kJ)
ρ_S—岩土体天然密度,kg/m³		松散岩类:1970	通过室内岩样测试和野外现场测试结果计算得到
		固结岩类:2610	
C_S—岩土体的比热容,kJ/kg·℃		松散岩类:1.29	
		固结岩类:0.57	
φ—岩土体的孔隙率(或裂隙率)		松散岩类:0.39	
		固结岩类:0.06	
ρ_w—水密度,kg/m³		1000	经验值
C_w—水比热容,kJ/(kg·℃)		4.18	经验值
ΔT—利用温差,℃		1.0	单位温差
M—计算面积,为区内陆地面积(m²)	松散层厚度<30m	62 015 000	据资料确定
d_1—潜水面至计算下限的岩土体厚度(m)	松散层厚度<30m	$d_{11}=12, d_{12}=135$	地表以下自3m计,d_{11}:松散岩类地层厚度,d_{12}:固结岩类地层厚度

主要参数:岩土体基本物理性质参数(密度、孔隙率或裂隙率、岩土体的含水量)、岩土体热物性参数(比热容),水体(密度、比热容)。

区域面积 M—评价区域面积。

饱气带厚度 d_1—潜水面至计算下限的岩土体厚度。

利用温差 ΔT—单位温差。

浅层地热容量按下式计算：

浅层地热容量：$Q_R = Q_S + Q_w$ ……………………………………………………………… (1)

$$Q_S = \rho_S C_S (1-\varphi) M d_1 \Delta T \quad \cdots\cdots\cdots\cdots\cdots\cdots\cdots\cdots\cdots\cdots\cdots\cdots\cdots\cdots (2)$$

$$Q_w = \rho_w C_w \varphi M d_1 \Delta T \quad \cdots\cdots\cdots\cdots\cdots\cdots\cdots\cdots\cdots\cdots\cdots\cdots\cdots\cdots\cdots (3)$$

式中：d_1—潜水面至计算下限的岩土体厚度(m)；

Q_R—浅层地热容量(kJ)；

Q_S—岩土体中的热容量(kJ)；

Q_w—岩土体所含水中的热容量(kJ)；

ρ_S—岩土体密度(kg/m³)；

C_S—岩土体骨架的比热容[kJ/(kg·℃)]；

M—计算面积(m²)；

φ—岩土体的孔隙率(或裂隙率)；

ρ_w—水密度(kg/m³)；

C_w—水比热容[kJ/(kg·℃)]。

浅层岩土体热容量计算区为区内扣除水域（丰水年丰水期）所占面积的区域。经计算，本区 466.36km² 内浅层地热能总热容量为 12.16×10^{13} kJ，总功率为 33.78×10^8 kWh。

二、滨江 CBD 场地浅层地热能开发利用方式评价

针对安庆迎江区滨江 CBD 场地进行了浅层地热能潜力、经济效益、节能减排评价。

(一)浅层地热能应用潜力评价

1. 模拟冬、夏季恒温度测试

该测试孔夏季恒温度测试自 9 月 27 日 8 时 20 分至 9 月 28 日 8 时 20 分，测试时间 24h，设定供水温度 39℃，实际平均值为 38.94℃，流量 1.28m³/h（图 11-2-2）。由曲线可以看出，测试后期地埋管入口温度、出口温度基本稳定，换热量也基本稳定。取 12～24h 试验数据进行平均换热功率计算。

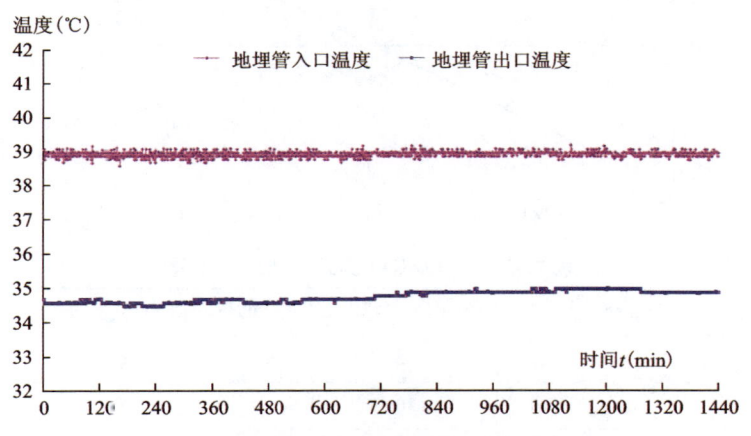

图 11-2-2　19ZK14 测试孔模拟夏季恒温度测试数据分析图

该测试孔夏季排热量计算：

$G = 1.283$ m³/h，$\Delta t = 38.94 - 34.89 = 4.05$℃，$\rho = 1 \times 10^3$ kg/m³，$H = 100$m

得：$Q = \rho \times c \times G \times \Delta t / 3600 = 6.040$ kW

单位排热量:$\overline{Q}=1000\times Q/H=60.41\text{W/m}$(供回水平均温度 36.91℃)

该测试孔模拟冬季恒温度测试自 9 月 29 日 8 时 30 分至 10 月 1 日 10 时 30 分,测试时间 50h,设定供水温度 7℃,实际平均值为 7.04℃,流量 1.22m³/h。

根据测试数据绘制地埋管入口温度与出水温度随时间变化的曲线(图 11-2-3)。由曲线可以看出,测试后期地埋管入口温度、出口温度基本稳定,换热量也基本稳定。取试验后期 24h 数据进行平均换热功率计算。

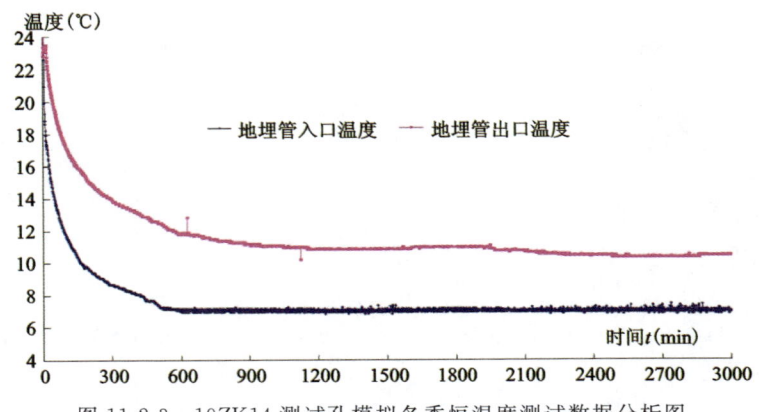

图 11-2-3　19ZK14 测试孔模拟冬季恒温度测试数据分析图

$$G=1.218\text{m}^3/\text{h},\Delta t=10.60-7.04=3.56℃,\rho=1\times10^3\text{kg/m}^3,H=100\text{m}$$

得:$Q=\rho\times c\times G\times\Delta t/3600=5.044\text{kW}$

单位取热量:$\overline{Q}=1000\times Q/H=50.44\text{W/m}$(供回水平均温度 8.82℃)

根据初始平均温度、模拟夏季恒温度测试和模拟冬季恒温度测试的平均温度与单位孔深换热量,生成换热量 q 与平均温度 T_f 关系曲线,$q=3.966\times T_f-83.90$($R^2=0.998$)(图 11-2-4)。进一步推导不同工况条件下的单位孔深换热量,计算结果见表 11-2-11。

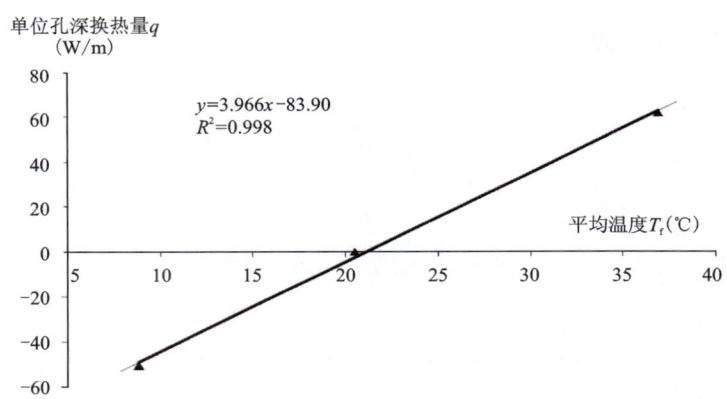

图 11-2-4　19ZK14 测试孔换热量 q 与平均温度 T_f 关系曲线

表 11-2-11　19ZK14 测试孔理论换热量

工况点	供水温度(℃)	回水温度(℃)	供、回水均温(℃)	单位孔深换热量(W/m)	单孔换热量(W)
1	35	30	32.5	45.0	4500
2	33	28	30.5	37.1	3710
3	30	25	27.5	25.2	2520
4	5	10	7.5	−54.2	−5420
5	5	8	6.5	−58.1	−5810

注:"−"表示从地下取热。

需要说明的是,单位孔深换热量不是恒定不变的,它与很多因素有关。单位孔深换热量提出的主要目的是确定在"稳定"状态下每米钻孔的传热能力,而理论表明,对于恒热流的一维线热源模型或圆柱面模型,系统永远也不会达到稳定;如果时间趋于无穷,温度将会趋于无穷大。二维的有限长线热源模型指出,在边界温度不随时间变化的条件下,时间趋于无穷时系统的温度将会趋于稳定,但对于地埋管换热器这样的几何尺寸来说,达到基本稳定的时间将是数年至数十年的数量级。恒温法试验也表明:在恒温度(地埋管进口温度恒定、流量恒定)试验条件下,地埋管的入口温度恒定,而进出口温差随时间的持续不断减小,虽然减小的幅度越来越小,但不会稳定下来(非稳态导热),单位孔深换热量也就随时间的持续而不断减小。因此,单位孔深换热量的取值工程设计中应加以注意。

2. 岩土体热扩散系数确定

岩土体热扩散系数的计算理论上可以通过对竖直埋管建立理想导热模型,在理想模型中计算出钻孔内热阻(包括双U管及钻孔回填材料的热阻),然后通过岩土热响应试验数据进行拟合获得。但是由于钻孔实际内热阻影响因素多,受双U管实际间距、钻孔实际直径、回填密实程度、回填材料配比及其实际导热系数等影响,实际的钻孔内热阻很难确定,故未采用该方法。

通过对该勘查区域全孔取心、取样并进行实验室测试,获得不同岩性的密度及比热值,并结合勘查区域各层岩性厚度加权计算,可以得到勘查区域内60m以浅和100m以浅岩土体容积比热容。利用岩土热响应试验得到的导热系数应用公式求出各自的热扩散系数α。

$$\alpha = \frac{\lambda}{\rho c}$$

式中:α为岩土体热扩散系数,m^2/s;λ为岩土体平均导热系数,取测试结果平均值,$W/(m \cdot ℃)$;ρ为岩土密度,kg/m^3;c为岩土体质量比热容,$J/(kg \cdot ℃)$。

3. 试验结果汇总

将4眼试验孔的现场热响应试验数据分析结果进行整理,见表11-2-12。

表11-2-12 各试验孔岩土热响应试验测试结果统计

孔号	埋管深度(m)	回填方式	初始温度(℃)	小功率导热系数[W/(m·℃)]	大功率导热系数[W/(m·℃)]	均值导热系数[W/(m·℃)]	排热量参考值(W/m)	取热量参考值(W/m)
19ZK11	54	自下而上注浆	21.9	1.93	1.90	1.92	37.6	−51.1
19ZK12	60	自下而上注浆	20.8	1.80	1.80	1.80	38.1	−45.0
19ZK13	100	自下而上注浆	20.5	2.04	2.08	2.06	42.3	−48.4
19ZK14	100	自下而上注浆	20.5	2.10	2.08	2.09	45.0	−54.2

备注:

①回填材料:下段泥岩、砂岩层回填采用水泥与砂1:1配比加适量水;上段松散层采用原浆+砂人工回填。

②单位孔深排热或取热量是在特定进、出水温度下测得的,表中给定单位排热量为供/回水温度35℃/30℃条件的拟合值,单位取热量为供/回水温度5℃/10℃条件拟合值。

通过以上数据整理分析,得到如下结果:

(1)夏季测得安庆市迎江区滨江 CBD 所属地块:54～60m 地层初始平均温度在 20.8～21.9℃之间;100m 以浅地层初始平均温度约为 20.5℃。

(2)54～60m 岩土平均综合导热系数(大、小功率测试平均结果)为 1.80～1.92W/(m·℃);100m 以浅岩土平均综合导热系数(大、小功率测试平均结果)为 2.06～2.09W/(m·℃)。

(3)恒温度试验拟合曲线分别为:19ZK11,$q=3.5487 \times T_f - 77.725$($R^2=1$);19ZK12,$q=3.324 \times T_f - 69.91$($R^2=0.999$);19ZK13,$q=3.628 \times T_f - 75.60$($R^2=0.999$);19ZK14,$q=3.966 \times T_f - 83.90$($R^2=0.998$)。即 19ZK11、19ZK12、19ZK13 和 19ZK14 竖直埋管换热器有效传热系数(单位长度换热器,单位温差下的换热功率)分别为 3.5487W/(m·℃)、3.324W/(m·℃)、3.628W/(m·℃)和 3.966W/(m·℃)。

(4)试验数据拟合的双 U 埋管单位孔深排热量(35℃/30℃工况)分别为 37.6W/m、38.1W/m、42.3W/m 和 45.0W/m,单位孔深取热量(5℃/10℃工况)分别为 51.1W/m、45.0W/m、48.4W/m 和 54.2W/m。

(二)浅层地热能资源节能减排评价

地源热泵的运行经济性可以通过运行消耗能源费用来间接反映。传统的供热方式有纯电加热、燃煤/燃油/燃气锅炉供热及传统中央空调(冷暖两用)。从能量转换角度考虑,纯电加热,1kWh 的电能能产生 1kWh 的热能,即 3600kJ;燃气锅炉热效率只有 70%～90%,产生相同热量要 4000～5143kJ 的热量;传统中央空调系统(综合能效比 COP 为 2.2～2.3),即产生相同的热量只需要 1565～1636kJ 的热量;地源热泵空调系统(系统综合能效比 COP 可以到 3.3～4.2,即产生相同的热量只需要 857～1091kJ 的热量。

第十二章　发掘老区振兴资源亮点

大别山区是我国著名的革命老区,安庆地区有接近一半的面积属于大别山区。一直以来因为气候、地形、交通等因素,大别山区的经济发展水平与周边平原地区相比存在一定的差距。近年来国家大力实施乡村振兴战略,以大别山区为代表的革命老区迎来了快速发展的良机。安庆境内的大别山区自然资源禀赋优越,旅游资源丰富,如何在坚守生态红线的前提下进一步挖掘资源潜力,是经济振兴的关键。本章以大别山区天然水热资源为出发点,梳理山区矿泉水、温泉等特色资源,并提出合理开发利用的科学建议,从地质学专业出发,为老区经济振兴发掘亮点。

第一节　大别山区优质矿泉水资源

安庆市大别山区在构造上位于秦岭褶皱系。大别山区地处大别造山带东侧,降雨比较充沛,地形起伏、沟谷众多,地质构造复杂,侵入岩类和变质岩类广布,断裂发育,具备了天然矿泉水(包括饮用矿泉水和理疗矿泉水)形成的基本条件。

本书调查了9个泉(井)水点,分别为太湖县牛镇镇禅源村常温泉(AH1)、太湖县汤泉乡汤湾温泉(花亭湖温泉)(AH2)、潜山市天柱山镇常温泉(AH3)、潜山市横中镇"千年古井"(AH4)、岳西县响肠镇常温泉(AH5)、岳西县温泉镇温泉(汤池畈温泉)(AH6)、岳西县菖蒲镇溪沸温泉(AH7)、岳西县菖蒲镇水畈村常温泉(AH8)和潜山市源潭镇胡家水井(AH9)。泉(井)水位置见图12-1-1。

1. 禅源村常温泉(AH1)

禅源村常温泉位于安徽省太湖县牛镇镇禅源村黄家坳北侧河谷的南坡角处(图12-1-2),该泉在坡角下用石块砌成的一个水井,井口混凝土围栏在2019年7月加高,高出地面约1m,是一口直径约1.2m的大口井,深约2m,井内有人工放置的水管以便抽水至用户家中使用,泉水清澈透明,表面有绿色浮游物。泉水出露于花岗岩中,表层有风化现象。泉眼四周被茂密丛林环绕。井水位与地面等高。井口外有少量泉水流出,流量约为0.1L/s。该井水主要供给当地村民日常用水。泉眼西边约10m处有一钻井,据当地人介绍,为热水井,并没有开发,具体情况不详。

2. 汤湾温泉(花亭湖温泉)(AH2)

汤湾温泉位于安徽省太湖县汤泉乡汤湾村南侧,邻近花亭湖(水库)(图12-1-3)。该温泉现有两个钻孔,钻孔ZK01常年断续抽热水用于温泉洗浴,供钻孔附近的浴室和其东北侧约70m处的"花亭湖温泉度假村"使用,冬季用水量较多,夏季用水量相对较少。钻孔ZK02位于ZK01东南约30m处,原有天然泉眼,后在泉眼处建成一个较浅的温泉池,ZK02孔在该温泉池边自流热水,水温46.3℃。据介绍,ZK01孔抽热水时最高水温可达47℃。天然泉眼和ZK02孔在花亭湖水库水位较高时,刚好被淹没;在水库水位较低时热水可流至河道内,并汇入花亭湖(水库)中。泉眼ZK01在花亭湖水库较高时也没有

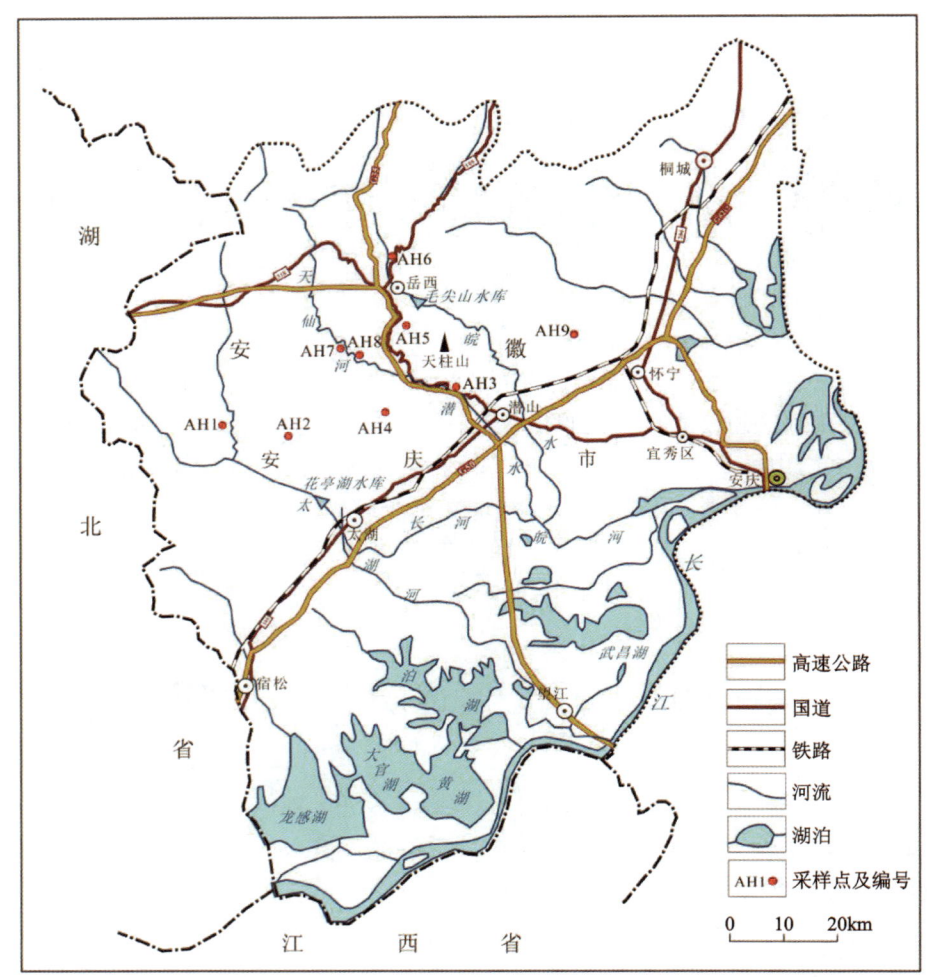

图 12-1-1 泉(井)水分布位置图

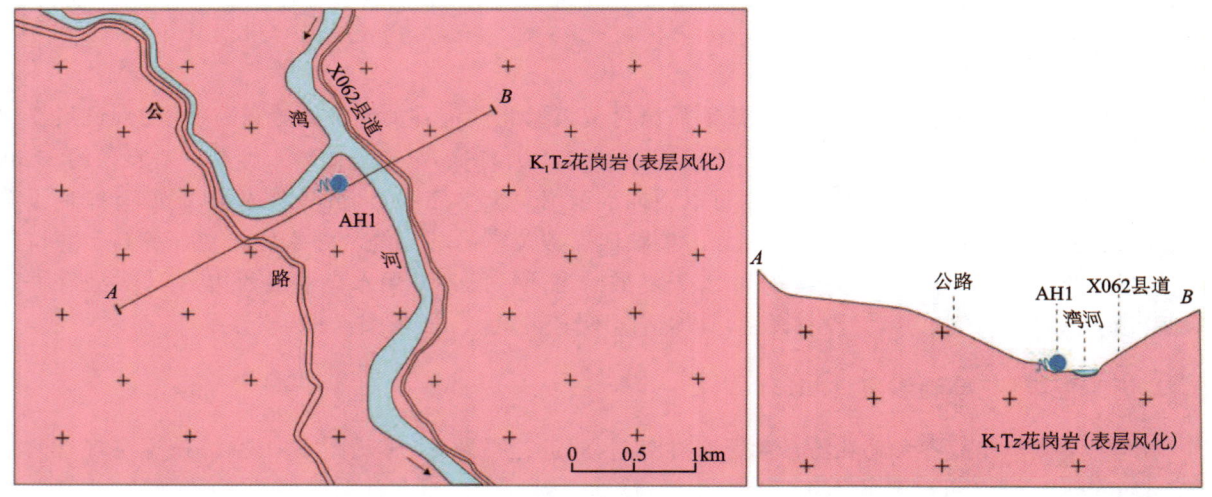

图 12-1-2 禅源村常温泉(左:平面位置图;右:剖面图)

被淹没,如果不抽水,也能自流抽水,流量 0.3L/s。该地热井虽已被开发,主要供洗浴使用,但利用程度低,前来泡温泉者人数不多。ZK02 孔水温 47.2℃,实测自流量约 0.3L/s。ZK02 孔和天然泉眼总流量约 2L/s,泉水透明,无色无味。

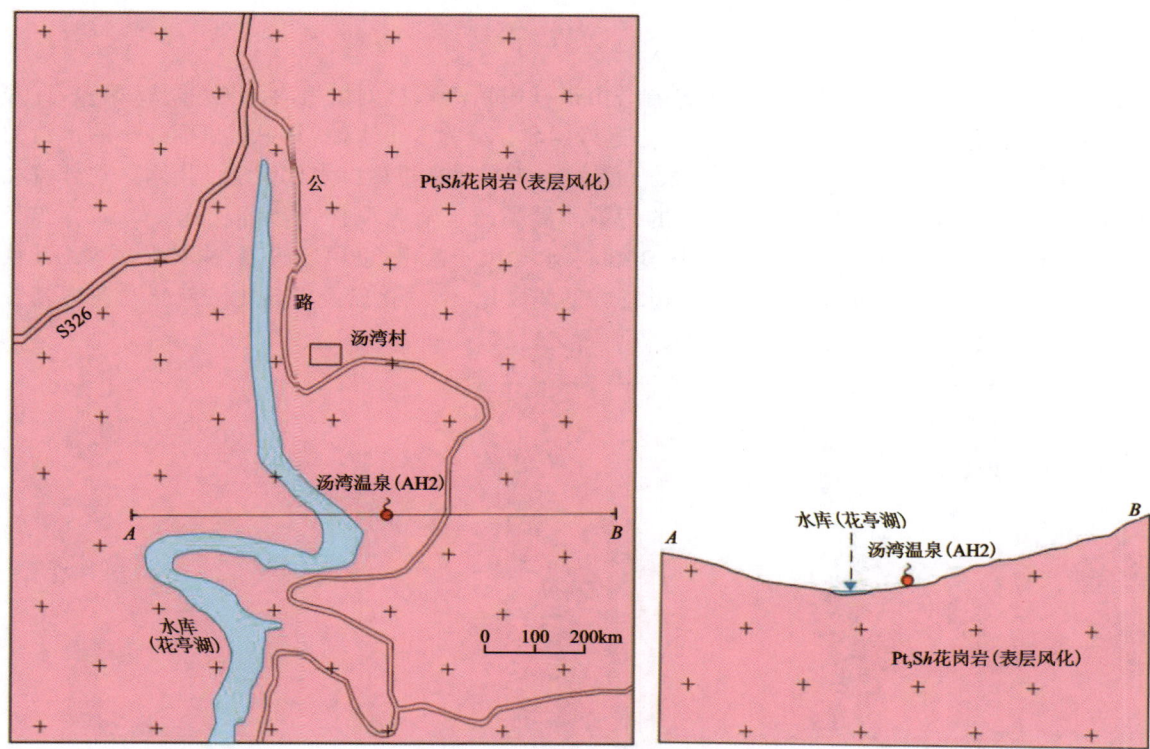

图 12-1-3　汤湾温泉(左:平面位置图;右:剖面图)

3. 天柱山镇常温泉(AH3)

AH3 常温泉位于安徽省潜山市天柱山镇 318 国道(105 省道)与 G35 高速公路交会处潜水东岸(图 12-1-4)。采样点位于高速公路旁一斜坡下 2m 处,采样泉眼为小泉眼。小泉眼西侧 20m 邻近国道处水塘草甸内有一大泉眼。由于被浓密野草遮盖,不易靠近和采样,据村民介绍,冬天可见水汽,泉水夏凉冬暖。小泉眼高于大泉眼约 5m,前后两次实地调查(2019 年 6 月 28 日和 8 月 23 日)发现大泉眼在第二次实地调查时流量有些减少。小泉眼泉水从山坡花岗岩裂隙中流出,作为当地居民备用水源,现已用石砌成一水井。泉水水温 19.2℃,pH 值为 6.3,泉水清凉,清澈透明,无色无味。大泉眼周围有水渗出和泉水汇集后流经 318 国道下方汇入西侧的河流(潜水),流量为 0.5~1L/s。

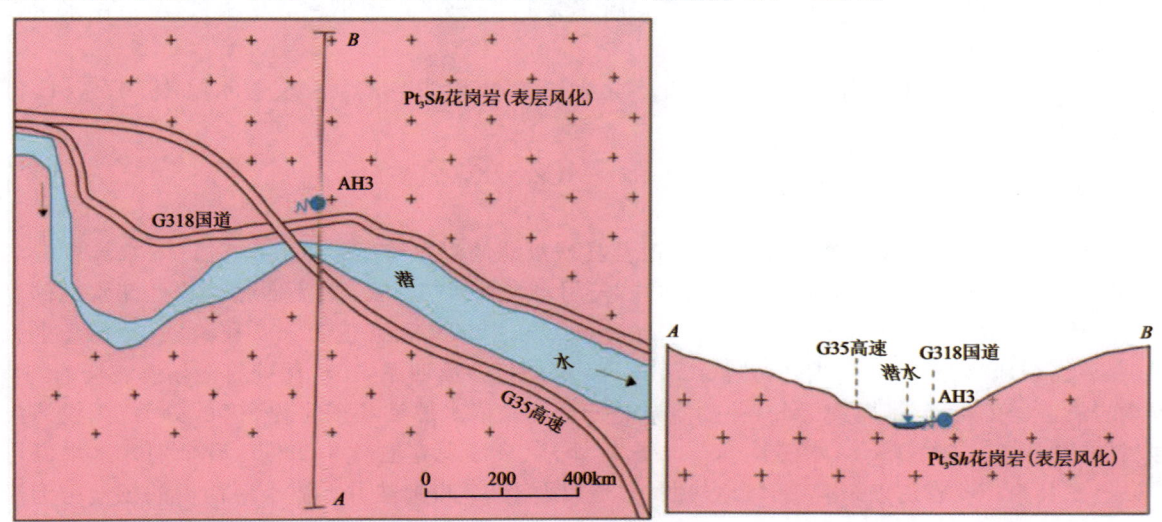

图 12-1-4　天柱山镇常温泉(左:平面位置图;右:剖面图)

4. "千年古井"(AH4)

"千年古井(泉)"常温泉(AH4)位于安徽省潜山市横中镇高峰村刘坂组内南侧(图12-1-5),古井被人为修缮而成,是使用条形石块围成,年代久远,远近闻名。分为3个水池,其中靠里面最小的水池为出水泉眼,泉水出露于花岗岩,表层有风化,泉水清澈透明,有村民从里面打水作为生活用水。往外流经两个水池分别用于洗菜和洗衣,故有不同程度的污染。最小的水池为取样点,水温19.1℃,流量0.5~0.7L/s,pH值为6.8,Eh为101mV。据村民介绍,泉水常用于饮用,也用于洗菜、洗衣服。暂无其他开发规划。在泉水西北侧约300m处公路开挖边坡可见全风化、半风化以及未风化的新鲜花岗岩基岩露头;附近另一处开挖边坡在半风化花岗岩中可偶见石英岩脉。

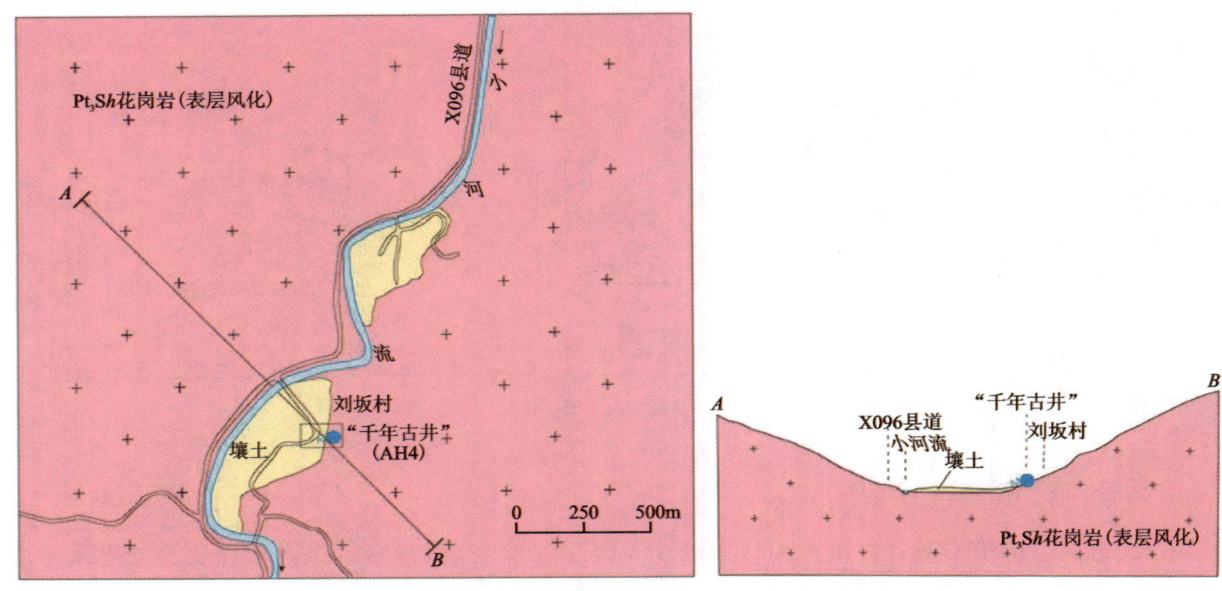

图12-1-5 "千年古井"常温泉(左:平面位置图;右:剖面图)

5. 响肠镇常温泉(AH5)

响肠镇常温泉位于安徽省岳西县响肠镇响肠村上街组(图12-1-6),采样点位于响肠村农村大舞台广场旁的一个平房式水站内,水站内是天然泉水,已砌成一个水池作为供水水源,供全镇使用,并由镇政府进行统一管理,使泉水得到一定程度的开发利用和保护。据介绍,干旱季节泉水量较少,用水量较大时出现供给不足的现象。

响肠镇常温泉出露于花岗岩,表层半风化。泉水清澈透明,口感清甜。实测水温18.6℃,pH值为6.5,Eh为149mV。

6. 温泉镇温泉(汤池畈温泉)(AH6)

温泉镇温泉(汤池畈温泉)位于安徽省岳西县县城以北的温泉镇(图12-1-7)。AH6水样取自温泉镇中心的依水源洗浴城,为个体施工的地热钻井,先用水泵抽取热水后,再用四楼楼顶处储水罐储存热水以供使用。温泉无色无味,前后两次实测水温为51℃和48.2℃,pH值为8.4和8.8。据浴场老板介绍,依水源浴场地热井2010年成井,井深175m,6m深处打穿第四系,10m深处打至新鲜花岗岩,150m深处为岩石破碎带,破碎带厚约25m,井抽水量达5m³/h。依水源浴场东北约200m处为"天悦湾温泉度假村"的地热井,井径15cm,水温达63℃。据统计,温泉镇现有地热井39口,有个别井水水温可达70℃以上。其中105省道以东有14口地热井,省道以西有17口地热井。温泉镇西侧的汤池村为原泉眼所在地,村内温泉井是一口老井,在天悦湾温泉井未成井前仍可自流,现在需依靠水泵抽取热水。温

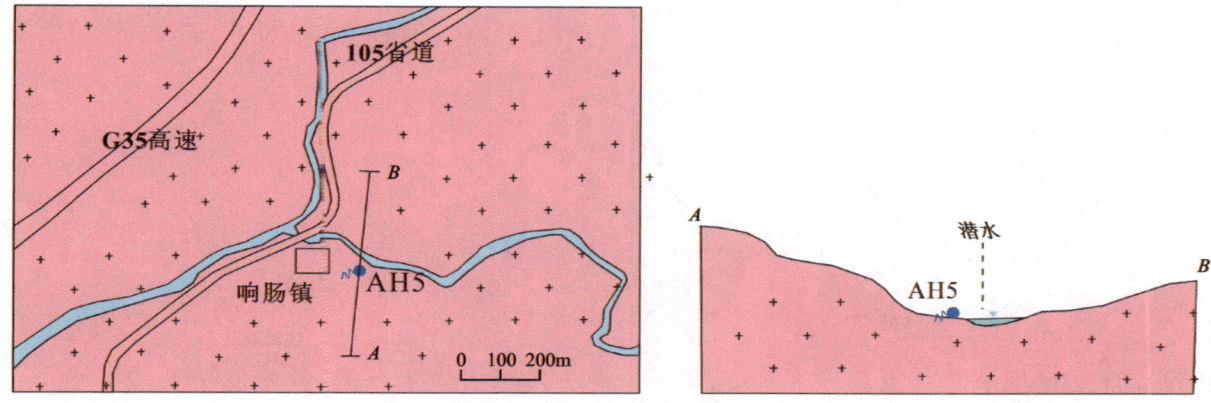

图 12-1-6 响肠镇常温泉(左:平面位置图;右:剖面图)

泉镇地热开发仍欠缺有效的集中管理,政府只是对各个浴场收取使用电费,不计水费,所以热水资源浪费严重,整体管理较为疏松,现温泉镇已禁止打新的地热井。

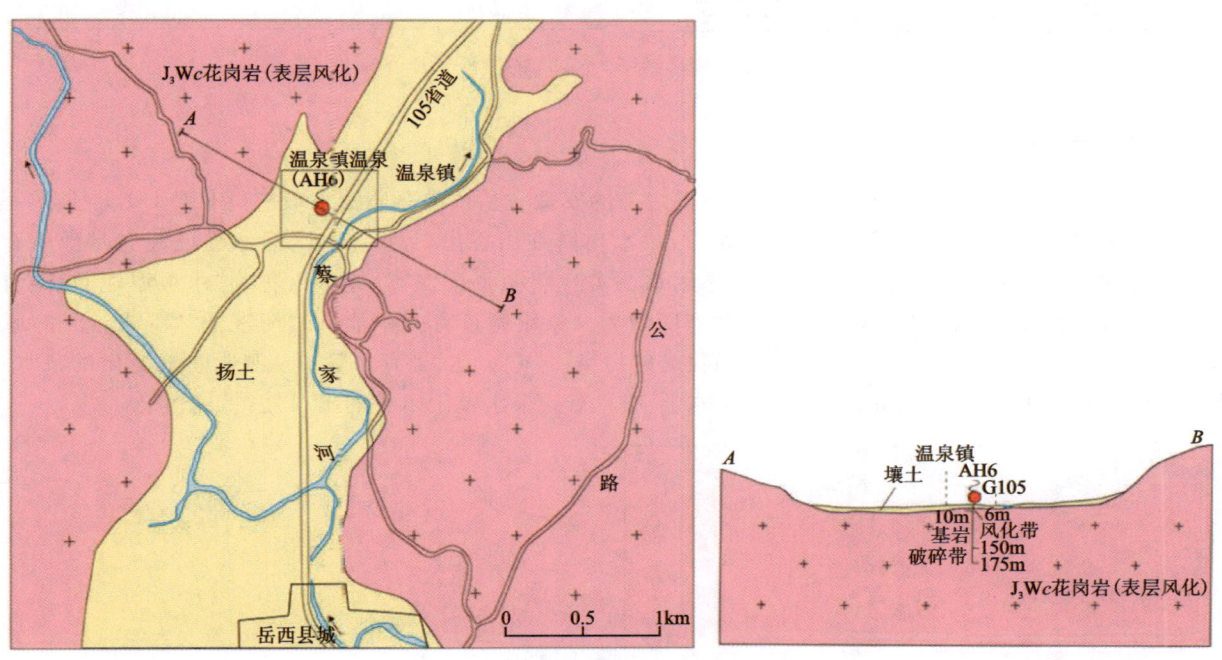

图 12-1-7 温泉镇温泉(左:平面位置图;右:剖面图)

7. 溪沸温泉(AH7)

溪沸温泉(AH7)位于安徽省岳西县菖蒲镇溪沸村附近天仙河西岸边(图12-1-8)。原有天然泉眼,现有地热井2眼,均为自流热水井。北侧的井一直在自流热水,南侧的井已封闭。据介绍,热水井于2016年钻探,打至58m深(破碎带)时自流热水,水温39.8℃。北侧井的热水先被抽到储水罐,再流到旁边水泥砌成的蓄水池,可供村民用来洗浴、洗衣服;井水自流量较大,流量为1.4~1.7L/s,且清澈透明。水温实测40℃,pH值为9.1和8.8,呈偏碱性,Eh为−161和−147。南侧20m处的另一个自流热水井,井深210m,井口已封,有少量热水流出,水温42.5℃。目前村民多利用温泉水洗衣、洗澡,部分抽水供村中"溪沸滩温泉度假村"以及附近养鱼池使用,开发利用程度低,仍有大量温泉水直接流入河流,造成浪费。东侧天仙河河床可见零星的花岗岩露头,有轻微变质现象。

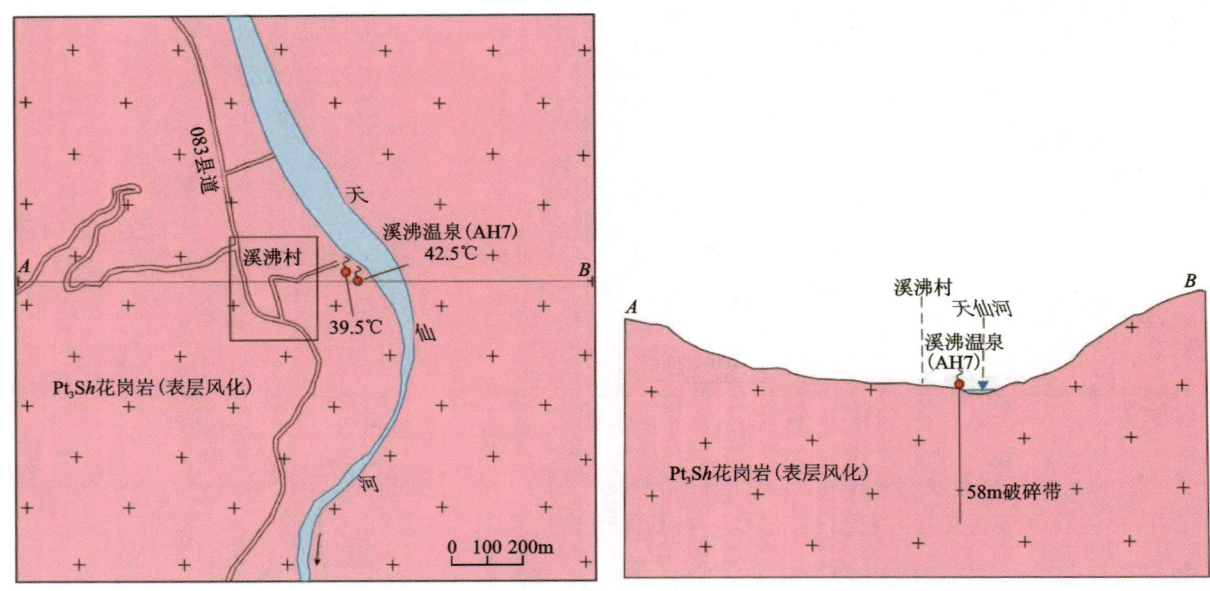

图 12-1-8　溪沸温泉(左:平面位置图;右:剖面图)

8. 水畈村常温泉(AH8)

水畈村常温泉水位于"中国十大美丽乡村"之一的安徽省岳西县菖蒲镇水畈村(图 12-1-9)。泉的北部为一个内部大开口小的山谷,有村庄和农田,泉水出露在山谷出口处。AH8 泉水处已建有水池用石板封盖保护起来,泉水冬暖夏凉,供村民日常用水。实测泉水水温 20℃(当地人称为"水坂温池"),流量 1.5L/s,第二次调查时流量较第一次调查时有所增大。泉眼附近有 3 个池,即"清洗池""洗衣池"和"吃水池"。"清洗池"和"洗衣池"均已发生不同程度的污染。"吃水池"上有水管中从泉眼水池流出的泉水,清澈透明。泉眼附近有一钻孔,测其溢出水水温 19.2℃。泉水位于山谷的出口处,易被污染。

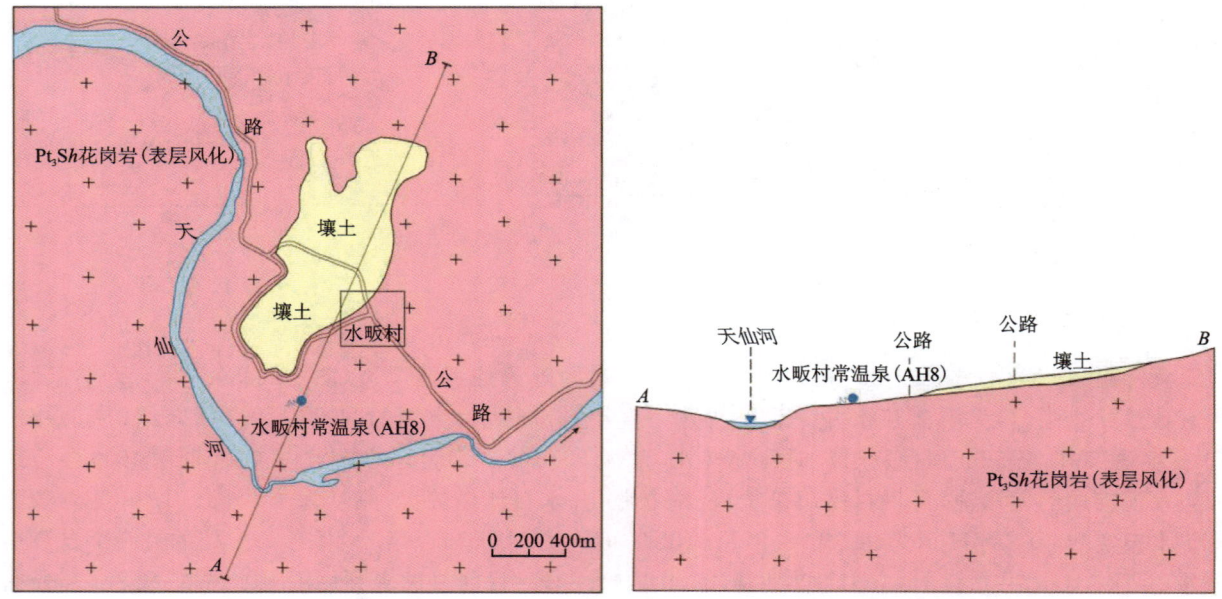

图 12-1-9　水畈村常温泉(左:平面位置图;右:剖面图)

9. 胡家水井(AH9)

AH9 水样取自安徽省潜山市源潭镇西山村公路旁的胡家自备水井(图 12-1-10),井径约 0.5m,井深约 5m,是打在第四纪砂土中的井,水位埋深约 0.6m。据介绍,井水抽干后,水位很快恢复,泉水冬暖夏凉,清澈透明,无色无味。测得水温 18.3℃,pH 值为 7.0,Eh 为 -66mV,测得游离二氧化碳含量为 6.6mg/L。

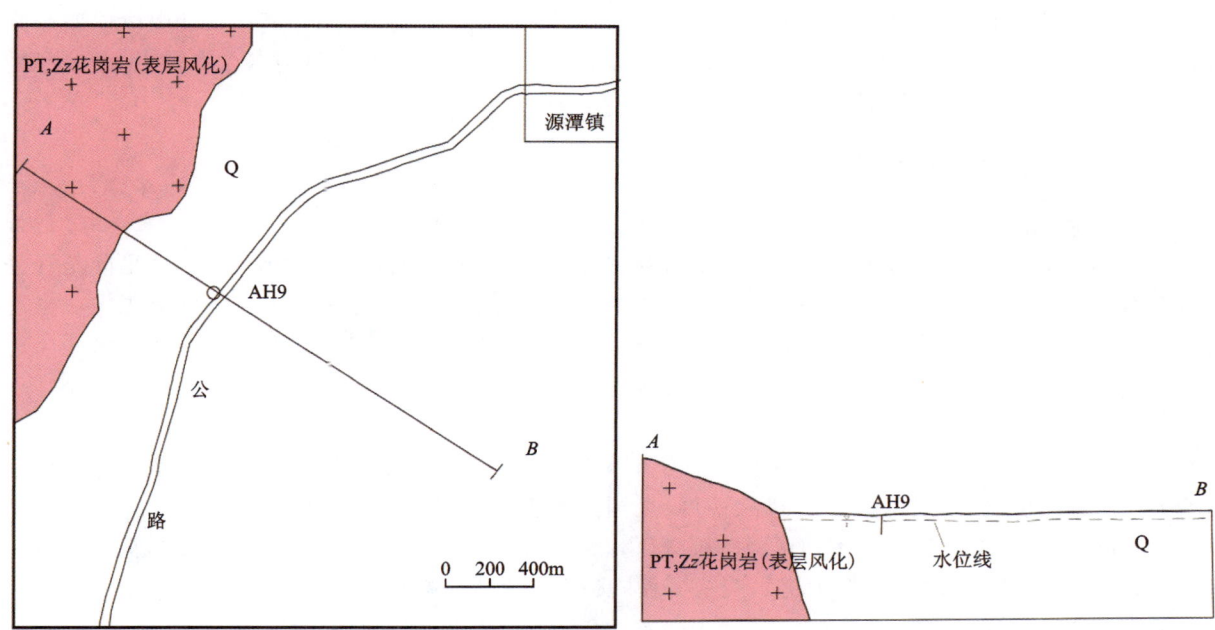

图 12-1-10　胡家水井(左:平面位置图;右:剖面图)

第二节　开发保护建议

天然矿泉水是指在天然条件下赋存于地层或岩石中的地下水中含有特定含量的气体、盐类、微量元素等成分,且其物理化学性质在一定范围内相对较稳定。根据物理化学性质和对人体特殊的理疗作用,可以将其分为饮用天然矿泉水和理疗天然矿泉水。

在《饮用天然矿泉水》(GB 8537—2018)中指出,饮用天然矿泉水指从地下深处自然涌出的或经钻井采集的,含有一定量的矿物质、微量元素或其他成分,在一定区域未受污染并采取预防措施避免污染的水;在通常情况下,其化学成分、流量、水温等动态指标在天然周期波动范围内相对稳定。

《天然矿泉水资源地质勘查规范》(GB/T 13727—2016)中指出,理疗天然矿泉水资源是从地下天然涌出或经钻孔采集,含有一定量矿物盐类、微量元素或特殊气体成分或水温大于 36℃的适合人体水疗、保健、养生的天然矿泉水,水中所含化学成分对人体有益。

本书按照《饮用天然矿泉水》(GB 8537—2018)和《天然矿泉水资源地质勘查规范》(GB/T 13727—2016)对安庆市大别山区 9 个常温泉(井)水和温泉水水质进行分析和评价,并提出初步的开发保护建议。

一、常温泉(井)水开发利用现状与建议

工作区中常温泉的矿泉水属性,除取样点 AH9(除了微生物指标外)符合饮用天然矿泉水标准外,其他因微生物超标需做进一步调查取样,确定微生物超标原因。目前作为饮用水水源的,需要注意监测其作为供水水源的水质,特别是微生物指标,同时作为浅层泉水容易受到人类活动的影响,所以要避免附近居民排放生活污水以免污染地下水,并采取相应的措施进行开发利用。针对各个取样点,结合实际情况,对开发利用情况总结如下。

1. 太湖县牛镇镇禅源村常温泉水(AH1)

该泉水锶、偏硅酸含量均达到界限指标。目前只有附近农村几户住家利用该泉(井)水,如进行开采,微生物指标需在界限范围内。牛镇镇禅源村的狮子山景区,位于太湖县牛镇镇境内,这里既是禅宗二祖坐禅之处,也是中国禅宗文化的发祥地,可以融入至太湖县旅游扶贫项目作为旅游资源之一来开发。但该泉(井)水天然流量很小,如能扩泉增加流量,开发利用将具有一定的前景。

2. 潜山市天柱山镇常温泉水(AH3)

该泉水可命名为偏硅酸矿泉水,位于天柱山镇潜市西北部,毗邻市区,旅游资源丰富,境内天柱山是国家重点风景名胜区、国家 AAAAA 级旅游区、全国文明森林公园;还有潜山山谷流泉文化园景区、九曲河漂流、柱山山谷流泉摩崖石刻和黑虎瀑等景区。目前只有两户住家利用该泉的小泉眼,而大泉眼还没有被利用。该泉紧邻省道(318国道),交通方便,具有一定的矿泉水开发前景。若开发利用,需要清理泉眼附近的淤泥等。

3. 潜山市横中镇刘坂村"千年古井"泉水(AH4)

该泉水可命名为偏硅酸矿泉水。横中镇作为一处传统村落,村中建筑简约拙朴、风格淡雅、风物多样,组合自然得体;其民俗亦自然淳厚、古风悠然,具有鲜明的地域特色,作为皖西南的传统村落,横中村已列入第一批 646 个中国传统村落名单。该泉已作为刘坂村的供水水源。如作为矿泉水开发,将与现有供水存在矛盾。

4. 岳西县响肠镇常温泉水(AH5)

该泉水可命名为锶偏硅酸矿泉水。响肠镇位于岳西县南部,属典型的大别山地貌,最高处海拔 1 222.9m,最低处海拔 98m,是请水寨的发源地,有丰富的人文和自然资源,具有较大的发展潜力。该泉已作为响肠镇供水水源,在干旱季节,供水略有不足。如作为矿泉水开发,将与现有供水存在矛盾。

5. 岳西县菖蒲镇水畈村泉水(AH8)

该泉水可命名为偏硅酸矿泉水。菖蒲镇属于大别山南坡中山区,最高海拔白云寨村 786m,最低海拔袁家渡仅 74m(全县最低),平均海拔小于 500m。菖蒲镇水畈村位于岳西县东南边陲,坐落在"华东第一漂"——天仙河畔,东与潜山县水吼镇毗邻,是全国十大美丽乡村之一,着力打造"AAAA"旅游景区目标,全面推进社会主义新农村建设和"秀美乡村"建设。该泉已作为水畈村供水水源。如果作为矿泉水开发,将与现有供水存在矛盾。

6. 潜山市源潭镇西山村胡家水井(AH9)

该井水的锶含量达到界限指标,可以命名为锶矿泉水。这一取样点目前作为村民饮用水自备供水

井。源潭镇位于国家级风景秀丽的天柱山东麓,背倚大别山,面向长江,毗邻桐城、怀宁两县。其地形复杂,山地、丘陵、高低悬殊,境内淡水资源丰富,有大沙河、鲁坦河、范庄河三大河流,即将拟建的下浒山水库就在大沙河上游,并拥有红旗、黄鹤塘、跃进等大中型水库。现已发展成为潜力巨大的集商工贸游为一体的新型城镇,先后被列为省市综合改革试点镇、全省重点中心镇。该井目前用水量不大,可适当增加开采量。

上述取样点目前均没有作为饮用天然矿泉水进行开发利用,总体上结合良好的自然生态环境,在发展旅游业的同时,如能解决与供水的矛盾,对其进行矿泉水开发利用,具有一定的前景。其中以潜山市天柱山镇泉水(AH3)最具开发前景。

二、常温泉水(井)水保护建议

工作区取样点水质良好,具有优质天然矿泉水的特征;矿泉周围自然生态环境良好,建议从以下几个方面进行保护。

(1)对泉口进行清理和维护,保证泉水是从地下最新流出或涌出的水。

(2)保护矿泉水水源地生态环境,加强矿泉水水源地的保护力度。保持矿泉水水源地土地类型长期不变。

(3)坚持监测和检查制度,定期对矿泉水水源地的水位、水质进行检测,采取"加固井身"等有效措施,确保水源不受污染,保持水源地矿泉水质量。

(4)合理利用水源地保护设施,使规划的水源保护设施起到保护、宣传、监测研究和合理开发利用的多重功能。

(5)进一步对水源泉进行水量、水质的动态监测,发现异常时组织有关部门进行勘查研究,保证水源地持续开发利用。

(6)加大宣传力度,提高全民对保护矿泉水资源重要性的认识,提高全民环保意识,杜绝破坏矿泉水水源及危害矿泉水水源的事件发生。

三、温泉开发利用建议

当前温泉地热资源仅侧重在温泉洗浴和旅游方面,而地热资源作为一种具有节能环保、利用高效、价廉量稳优势的资源,应用领域广阔,医疗保健、水产养殖、温室种植等方面都是未来利用可以加强的方向。因此,在利用中加强科学研究,扩大地热资源的服务领域,温泉(地热)资源开发利用前景是十分美好的。针对3个温泉的实际情况,对其开发利用建议如下。

1. 太湖县汤泉乡汤湾温泉(井)(AH2)

汤湾温泉由于位置较为偏僻,顾客较少到达,目前只有"花亭湖温泉度假村"和个别个体浴池零星开采热水用于洗浴或泡温泉,开发利用程度很低。汤湾温泉可以结合附近"蔡(家)畈古村"旅游打造"汤泉乡—汤湾温泉—蔡(家)畈古村"的游览路线(图12-2-1),吸引更多的旅客光顾。

2. 岳西县温泉镇(汤池畈)温泉(井)(AH6)

温泉镇温泉已有地热井近40眼,为私企或个体开发,以"天悦湾温泉度假村"规模大、档次高,大量开采热水致使汤池村原来的天然温泉泉眼断流,总体上已呈过量开发之势,不宜再扩大开采地下热水。温泉镇温泉重点在于提高温泉开发的品位和开发利用的多样化,不宜新增地热井。

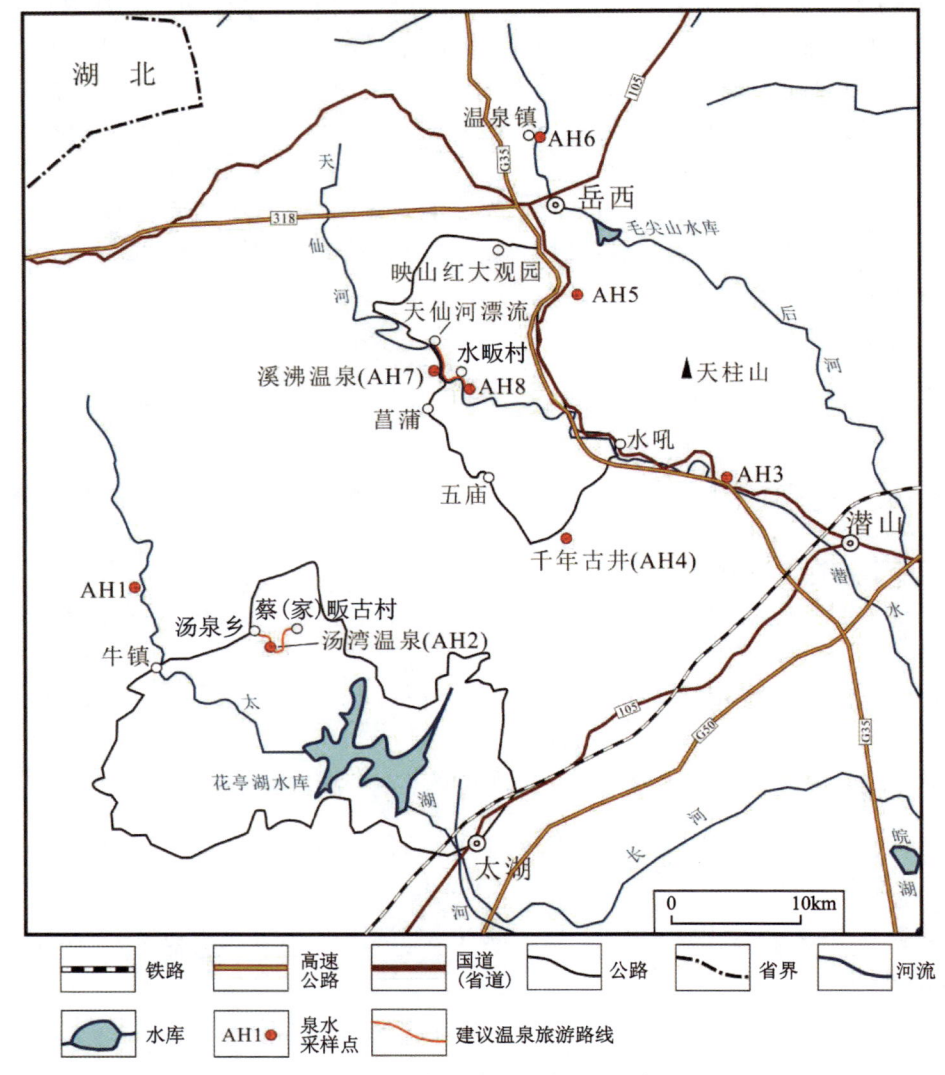

图 12-2-1 安庆市温泉旅游路线示意图

3. 岳西县菖蒲镇溪沸温泉(井)(AH7)

溪沸温泉由于位置较为偏僻,顾客较少,目前只有"溪沸滩温泉度假村"零星引用热水用于洗浴,以及少量热水用于养殖,开发利用程度很低。溪沸温泉可以结合其上游约 4km 处的"天仙河漂流"和下游约 4km 处的"中国十大最美乡村"之一的水畈村打造"天仙河漂流—溪沸温泉—水畈村"的乡村旅游路线(图 12-2-1)。目前正在拓宽水吼镇—五庙—菖蒲镇公路,未来可以打造"水吼镇—'千年古井'—五庙—菖蒲—水畈村—溪沸温泉—天仙河漂流—映山红大观园—岳西县城"的乡村旅游路线,通过加强广告宣传,吸引到天柱山旅游的客人的一部分来到这条乡村旅游路线。

建议加强温泉资源的勘查评价和资源管理,依靠科技创新,提高地热资源利用效率;完善温泉资源开发利用规划,优化地热资源开发利用布局与结构,打造精品、强化特色,构建规模化、集约化、特色高效的温泉产业;以温泉资源为依托,结合地区历史文化传承、旅游资源与新农村建设,发展建设成为多个有特色的温泉小镇,将温泉旅游与大别山区优美的生态环境和厚重的人文资源结合起来,打造精品旅游线路,突出温泉小镇发展建设,带动城乡经济全面发展。

四、温泉环境保护建议

地热资源是一种清洁的可再生能源,有效的保护措施对实现温泉(地热)资源可持续利用和地质环境保护具有重要意义,这种绿色能源不仅为城市经济发展作出重要贡献,同时也为地方居民创造财富。因此,温泉水源地保护以及地质环境的保护需要加强,建议采取以下主要保护措施:

(1)建立温泉(地热)资源三级保护区,在保护区范围内只允许进行对温泉水源地没有危害的经济工程活动,禁止滥采地下水,禁止排放工业和生活废水,禁止堆放或填埋有害废渣,不允许进行可能破坏温泉水水源地的一切活动,消除一切可能污染温泉水的因素。

(2)在水源地进行植树造林和森林防火工作,提高森林覆盖率,美化周边环境,涵养水源,增加地下水补给量,保护好温泉水源地的水土和地下径流,避免水土流失。

(3)建立和完善温泉水动态长期观测制度,严禁过量开采地热资源,做好温泉水的水位、抽水量、水温、水质的动态监测工作,掌握温泉的动态变化规律,指导温泉长期合理开发。

(4)温泉开发企业需要建立废水处理系统,并确保废水处理系统的正常运行,做到生活污水和洗浴废水经处理达标后排放,并对地表水体水质进行定期监测。

(5)论证温泉弃水回灌的可能性和手段,保持地热中心区地下水水位,使地下温泉水资源保持平衡,增加温泉水的补给量。

第十三章 守护城市健康安全发展

城市的扩展自然伴随着人类活动强度的增加,也就不可避免地与地质环境发生频繁的相互作用,可能引起严重的环境问题。同时,城市的扩张一方面会导致城市的界线和地质安全隐患区发生重叠,另一方面也可能对原本安全平衡的地质基底产生扰动,从而形成新的安全隐患。打造宜居城市、韧性城市、智能城市,建立高质量的城市生态系统和安全系统是新型城市高质量发展的战略方向,也是城市地质工作者的行动指南。本章从地质环境和地质安全的角度出发,对影响城市健康安全发展的因素进行梳理,为维护城市健康安全运行提供地质数据支撑。

第一节 城市地质环境

作为安徽省西南经济重镇和全国重要的化工基地,安庆市经济活动较为发达,人地相互作用也较为强烈,由此产生的环境问题也相对突出。本节结合安庆市经济社会发展现状及中长期规划,针对人类经济活动密集地区,根据调查数据重点评价了安庆市辖区的水环境和湿地环境,同时运用遥感手段对安庆市全域进行了生态指数评价。

一、水环境

(一)地表水环境

安庆市区滨临长江,地表水系发育,区内河渠纵横交错,湖泊、池塘星罗棋布,主要湖泊有石门湖、大湖、莲湖、秦潭湖、石塘湖、破罡湖、代赛湖、皖河、菜子湖等。

为评价安庆市地表水环境质量,对辖区的主要地表水体均采集了样品,共采集样品34组。分析测试指标包括pH值、高锰酸盐指数、氨氮、氯化物、氟化物、硝酸盐、硫酸盐、铜、锌、铅、镉、汞、砷、铬(六价)、硒、铁、锰、总六六六、总滴滴涕等39项。根据分析结果安庆市地表水环境质量类别以Ⅳ类为主(占样品总数的67.6%),其次为Ⅲ类(占样品总数的29.4%),个别为Ⅴ类。

1. 评价方法

地表水环境质量评价标准采用国家标准《地表水环境质量标准》(GB 3838—2002)。按《地表水环境质量标准》(GB 3838—2002)的要求,选择与身体健康密切相关的pH值、高锰酸盐指数、氨氮、氟化物、硝酸盐、硫酸盐、氯化物、铜、锌、铅、镉、汞、砷、铬(六价)、硒、铁、锰等17项作为地表水水质评价参数。评价参数实测含量值小于标准值的均视为等于标准值。

评价采用单因子评价法,即根据评价指标中类别最高的一项来确定地表水环境质量类别。

2. 地表水质量评价

根据分析结果安庆市地表水环境质量类别以Ⅳ类为主(占样品总数的67.6%),其次为Ⅲ类(占样品总数的29.4%),个别为Ⅴ类。主要地表水体的环境质量类别及影响因子见表13-1-1,超标因子主要为铁(超标倍数一般在1.5~5.5倍之间,最大达76.1倍),其次硝酸盐(超标倍数一般在1.1~2.0倍之间)、锰(超标倍数一般在1.4~2.3倍之间),个别为高锰酸盐指数(表13-1-2)。但本次样品分析结果中铝含量普遍较高,一般在0.2~0.6mg/L之间,最高达2.09mg/L,地表水环境质量中未列评价标准,如按照地下水水质标准,则为超标因子,且超标严重。

表 13-1-1 安庆市主要地表水体环境质量类别及影响因子一览表

序号	地表水体名称	样品编号	环境质量等级	影响因子超标倍数
1	菱湖	BW1	Ⅲ	
2		BW2	Ⅳ	Fe,1.057
3		BW3	Ⅳ	Fe,1.272
4		BW4	Ⅲ	
5	大湖	BW5	Ⅳ	Fe,1.838;NO_3^-,2.137
6		BW6	Ⅳ	Fe,2.552;NO_3^-,2.056;Mn,1.183
7		BW7	Ⅳ	Fe,1.829
8		BW8	Ⅳ	Fe,1.13
9	神灵潭	BW9	Ⅳ	Mn,2.278;Fe,1.17;COD_{Mn},1.569
10	秦潭湖	BW10	Ⅴ	Mn,11.36;Fe,76.1;NO_3^-,2.063
11	石塘湖	BW11	Ⅳ	NO_3^-,1.279
12		BW12	Ⅳ	Mn,1.46;Fe,5.233;NO_3^-,1.12
13		BW13	Ⅲ	
14	破罡湖	BW14	Ⅳ	Fe,2.693
15		BW15	Ⅳ	NO_3^-,1.188
16		BW16	Ⅳ	Fe,5.907
17		BW17	Ⅲ	
18		BW18	Ⅲ	
19		SQ028	Ⅲ	
20	鲍冲湖	BW19	Ⅲ	
21		BW20	Ⅳ	Fe,4.663
22	代赛湖	BW21	Ⅲ	
23	菜子湖	BW22	Ⅳ	Fe,1.764
24	石门湖、皖河	BW23	Ⅳ	Fe,2.002;NO_3^-,1.428
25		BW24	Ⅳ	Fe,1.616;NO_3^-,1.023
26		BW25	Ⅳ	Fe,2.636
27		BW26	Ⅲ	
28		SQ141	Ⅳ	Mn,1.42;Fe,5.266
29		SQ142	Ⅳ	Mn,1.556;Fe,3.797

续表 13-1-1

序号	地表水体名称	样品编号	环境质量等级	影响因子超标倍数
30	长江安庆段	BW27	Ⅳ	Fe,2.883
31		BW28	Ⅳ	Fe,2.628
32		BW29	Ⅳ	Fe,1.504
33		BW30	Ⅳ	Fe,2.117
34		SQ047	Ⅲ	

表 13-1-2 超标因子及超标倍数统计表

超标因子	Fe	Mn	NO_3^-	COD_{Mn}
超标样品数	22	7	8	1
超标比例%	64.7	20.6	23.5	2.9
超标最大倍	76.1	11.4	2.1	1.6
超标最小倍	1.1	1.2	1.0	1.6
超标平均倍	6.0	3.1	1.5	1.6

（二）地下水环境

安庆市地下水资源丰富。特别是东南部长江、皖河等较大的河流河谷、河漫滩之中，水量丰富，为松散岩类孔隙水，主要赋存于全新世冲积成因的砂层、砂砾层中，上述地区地表径流活跃，上部土层透水性良好，水量丰富，一般属潜水性质。以 HCO_3-Ca 型、HCO_3-Ca·Mg 型水为主。西北部为基岩裂隙水和碳酸盐岩类裂隙岩溶水。基岩裂隙水水量贫乏—极贫乏，主要接受大气降水的补给，但具滞后性，以 HCO_3-Ca·Mg 型、HCO_3-Ca·Na 型及 HCO_3-Na 型水为主。碳酸盐岩类裂隙岩溶水水量中等，水化学类型多为 HCO_3-Ca 型及 HCO_3-Ca·Mg 型。

其中，长江冲积平原Ⅰ级阶地的松散岩类孔隙水水量尤为丰富，根据钻孔岩心资料，Ⅰ级阶地(白泽湖区域)自上而下仅有一个含水层，主要有粉砂、细砂、中砂、粗砂及卵砾石，底部为相对隔水的中风化基岩。

根据野外水文地质调查结果，民井深度一般小于 10m，而该区域水文孔的花管深度一般大于 12m，因此，根据取样深度，民井为浅层地下水，水文孔为深层地下水。

1. 浅层地下水环境

1）地下水质量评价方法

按《地下水质量标准》(GB/T 14848—2017)的要求，以城市生活用水为用途，选择与身体健康密切相关的组分进行评价，包括常规指标和非常规指标。本次评价常规指标中一般化学指标选择 pH 值、总硬度、溶解性总固体、硫酸盐、氯化物、总铁、锰、铜、锌、铝、耗氧量、氨氮、钠；毒理学指标选择亚硝酸盐、硝酸盐、氰化物、氟化物、碘化物、汞、砷、硒、镉、铬(六价)、铅；非常规指标选择酚类化合物、钼、总六六六、总滴滴涕 28 项作为地下水水质评价参数。评价参数实测含量值小于标准值的均视为等于标准值。

2）地下水超标率评价

根据国家标准《地下水质量标准》(GB/T 14848—2017)，从浅层地下水的单指标质量等级，可以看出安庆市浅层地下水质量评价指标中砷、汞、铜、锌、镉、钼、碘化物、钠、铬(六价)氟化物、氨氮等单指标质量主要为Ⅰ类、Ⅱ类，个别为Ⅳ类或者Ⅴ类。单指标质量为Ⅳ类或者Ⅴ类主要为铝(33.81%)、总铁(33.8%)、硝酸盐(28.7%)、锰(26.2%)、酚类化合物(62.5%，化工园区)，其次为耗氧量(15.57%)、总硬度(11.79%)、pH 值(9.43%)、铅(9.39%)、硒(9.05%)(图 13-1-1)。

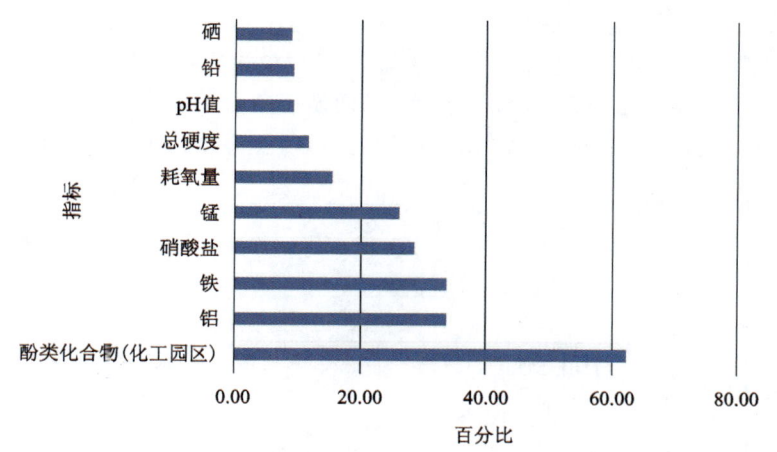

图 13-1-1　浅层地下水质量评价Ⅳ类、Ⅴ类单指标贡献度图

根据同一样品单指标,确定样品的水质量综合等级(表 13-1-3),213 组样品,以Ⅴ类为主,其次为Ⅳ类、Ⅲ类。超标的指标主要是总 Fe、Al、NO_3^-、Mn,其中 NO_3^- 质量等级见表 13-1-4。

表 13-1-3　浅层地下水水质量等级统计表

水质量类别	Ⅰ	Ⅱ	Ⅲ	Ⅳ	Ⅴ
样品数	0	5	52	57	99
所占比例(%)	0	2.35	24.41	26.76	46.48

表 13-1-4　单指标Ⅳ类、Ⅴ类水统计表

pH 值		As		Hg		Se		Cu		Zn	
Ⅳ、Ⅴ类个数	百分比(%)	Ⅳ、Ⅴ类个数	百分比(%)	Ⅳ、Ⅴ类个数	百分比(%)	Ⅳ、Ⅴ类个数	百分比(%)	Ⅳ、Ⅴ类个数	百分比(%)	Ⅳ、Ⅴ类个数	百分比(%)
10.00	9.43	19.00	9.05	0.00	0.00	1.00	0.47	1.00	0.48	5.00	2.35
Mo		Cd		Pb		Mn		Al		I^-	
Ⅳ、Ⅴ类个数	百分比(%)	Ⅳ、Ⅴ类个数	百分比(%)	Ⅳ、Ⅴ类个数	百分比(%)	Ⅳ、Ⅴ类个数	百分比(%)	Ⅳ、Ⅴ类个数	百分比(%)	Ⅳ、Ⅴ类个数	百分比(%)
2	0.97	4	1.92	20	9.39	56	26.42	71	33.81	0	0.00
Fe		Na^+		NO_3^-		NO_2^-		Cl^-		SO_4^{2-}	
Ⅳ、Ⅴ类个数	百分比(%)	Ⅳ、Ⅴ类个数	百分比(%)	Ⅳ、Ⅴ类个数	百分比(%)	Ⅳ、Ⅴ类个数	百分比(%)	Ⅳ、Ⅴ类个数	百分比(%)	Ⅳ、Ⅴ类个数	百分比(%)
72	33.8	3	1.41	60	28.17	5	2.36	5	2.42	7	3.30
COD_{Mn}		Cr^{6+}		溶解性总固体		总硬度		F		NH_4^+	
Ⅳ、Ⅴ类个数	百分比(%)	Ⅳ、Ⅴ类个数	百分比(%)	Ⅳ、Ⅴ类个数	百分比(%)	Ⅳ、Ⅴ类个数	百分比(%)	Ⅳ、Ⅴ类个数	百分比(%)	Ⅳ、Ⅴ类个数	百分比(%)
33	15.6	0	0.00	4	1.89	25	11.79	0	0.00	2	0.94
酚类化合物		氰化物									
Ⅳ、Ⅴ类个数	百分比(%)	Ⅳ、Ⅴ类个数	百分比(%)								
10	4.7	0	0.00								

浅层地下水质量与人类活动息息相关,28.17%的浅层地下水 NO_3^- 超标主要是人类活动影响造成的,为了追踪氮污染的源头,利用浅层地下水中硝酸盐 ^{15}N 和 ^{18}O 进行硝酸盐污染溯源分析。从图 13-1-2 可知,硝酸盐中氮的污染源主要来自氮肥,生活污水、粪便及土壤有机质中的氮未在浅层地下水中发现。根据硝酸盐溯源结果可以针对性地对氮肥使用量进行控制,防止过量使用化肥对地下水造成污染。

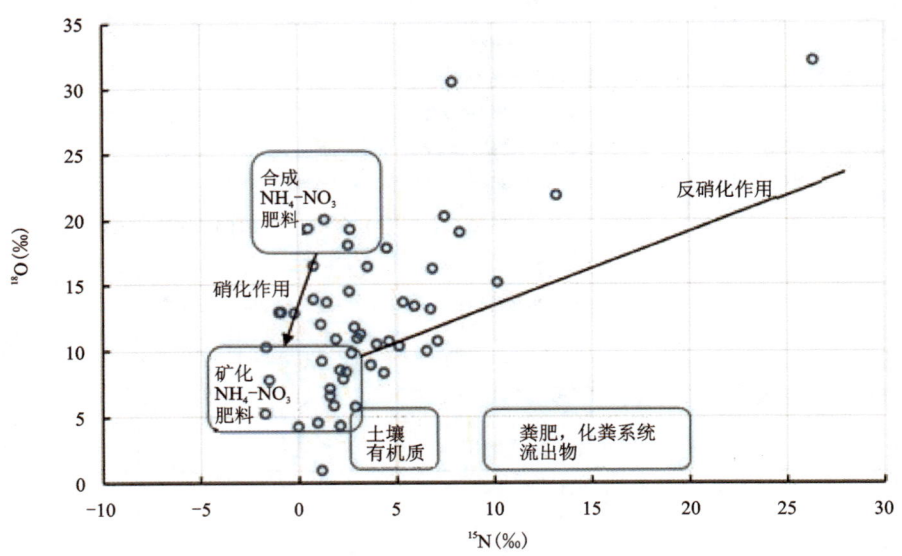

图 13-1-2　浅层地下水中硝酸盐同位素组成

2. 深层地下水环境

深层地下水共 17 组样品,同样以《地下水质量标准》(GB/T 14848—2017)为评价标准。安庆市深层地下水质量评价指标中单指标质量为Ⅳ类或者Ⅴ类的主要为铁、锰,其次为砷、COD、铝、总硬度、氨氮和碘。地下水质量综合评价按单指标评价结果最差的类别确定。最终 17 组样品,以Ⅴ类 6 个,Ⅳ类 7 个,Ⅲ类 4 个。17 个水文孔分别为第四系松散岩类孔隙承压水(SZK01~SZK06、SZK08~SZK13、SZK16、SZK17)、新近系松散岩类孔隙承压水(SZK07)及三叠系基岩裂隙岩溶水(SZK14、SZK15),沿江平原安庆段第四系地下水水质差异较大,安庆段上游第四系地下水都是Ⅴ类,下游第四系地下水主要为Ⅳ类,主要的超标指标见表 13-1-5。

表 13-1-5　深层地下水不同含水岩组地下水水质质量等级及主要影响因子表

水文孔	层位	水质类别	影响因子
SZK01	第四系	Ⅴ	As、Fe、Mn、NH_4^+、COD、总硬度、I
SZK02		Ⅳ	Mn、Fe
SZK03		Ⅳ	Mn
SZK04		Ⅲ	Mn
SZK05		Ⅲ	Mn
SZK06		Ⅳ	Mn
SZK08		Ⅴ	As、Fe、Mn、NH_4^+、COD、总硬度、I
SZK09		Ⅲ	NH_4^+
SZK10		Ⅳ	Mn
SZK11		Ⅳ	Mn

续表 13-1-5

水文孔	层位	水质类别	影响因子
SZK12	第四系	Ⅳ	Mn
SZK13		Ⅳ	Mn
SZK16		Ⅴ	As、Fe、Mn、COD、总硬度、I
SZK17		Ⅴ	Mn、Al
SZK07	新丘系	Ⅴ	Fe、Mn
SZK14	三叠系	Ⅴ	Mn、Al
SZK15		Ⅲ	Ni、总硬度

Fe、Mn 元素在地下水中主要以离子态的形式存在，Fe、Mn 离子的迁移和富集主要与含水介质、氧化还原环境等有关，为伴生离子。沿江平原地下水处于还原环境，有机质成分、腐殖酸与厌氧菌的活动，致使高价 Fe、Mn 成为有机物的氧化氢体，低价的 Fe^{2+}、Mn^{2+} 进入地下水中。安庆市 20 世纪 80 年代 7 个砂砾石层地下水测试结果（Mn 未测试），其中有两个总 Fe 达到 Ⅴ 类水，由于当时工业不发达，受污染的可能性较小，当时的水质可作为安庆砂砾石层地下水的背景值，由此可知，安庆部分区域沿江平原地下水 Fe 超标是原生的。

二、湿地环境

根据《湿地公约》的定义，湿地系指天然或人工、长久或暂时性沼泽地、湿原、泥炭地或水域地带，带有或静止或流动，或为淡水、微咸水、咸水水体者，包括低潮时水深不超过 6m 的浅海区域。

本书采用国产高分一号影像对安庆市规划区湿地进行 1∶5 万遥感解译。工作区内湿地的一级分类包括天然湿地和人工湿地。天然湿地包括河流湿地、湖泊湿地。

（一）湿地分布

1. 河流湿地

1）河流湿地主要类型

河流湿地根据是否有堤坝保护可分为无堤坝和有堤坝两类。无堤坝的河流湿地按调查期内的多年平均水位所淹没的区域进行边界界定；有堤坝的河流湿地以河流两侧的堤坝中心线位置进行边界界定。

河床至河流在调查期内年平均最高水位所淹没的区域为洪泛平原湿地，包括河滩、河心洲、河谷、季节性泛滥的草地，以及保持了常年或季节性被水浸润的内陆三角洲。否则为季节性和间歇性河流湿地。

本次选取 2018 年 6—7 月同期获取的 OLI 遥感影像进行解译，由于获取影像季节相近，植被生长较好，水体轮廓较为清晰，云量均在 5% 以下，且湿地范围内无云存在，2018 年度迎江-大观区的河流湿地面积共 12.63km²，占总湿地面积的 7.55%。

2）河流湿地分布

河流湿地主要涉及长江一级流域、皖河二级流域，分布在长江北岸及皖河两侧。

2. 湖泊湿地

1）湖泊湿地主要类型及面积

工作区的湖泊湿地均为永久性淡水湖，湖泊湿地总面积68.21km²，占湿地总面积的40.81%。

2）湖泊湿地分布

湖泊湿地主要由破罡湖、石塘湖及零星一些小湖泊组成。破罡湖为迎江区内最大湖泊，水深较浅约5m，盛产鱼虾。石塘湖呈狭长形，在石塘口与破罡湖相连，湖泊相对较封闭，水产丰富。

3. 人工湿地

工作区人工湿地包括养殖场与水稻田，养殖场遍布全区，大观区内主要分布于石门湖，迎江区内则沿着破罡湖、石塘湖岸线全线分布，共解译面积约45.30km²；水稻田主要集中分布于大观区沿江区域，遥感影像呈规则条纹状，周边可见明显水渠，共解译面积约19.36km²。工作区湿地分布如图13-1-3所示。

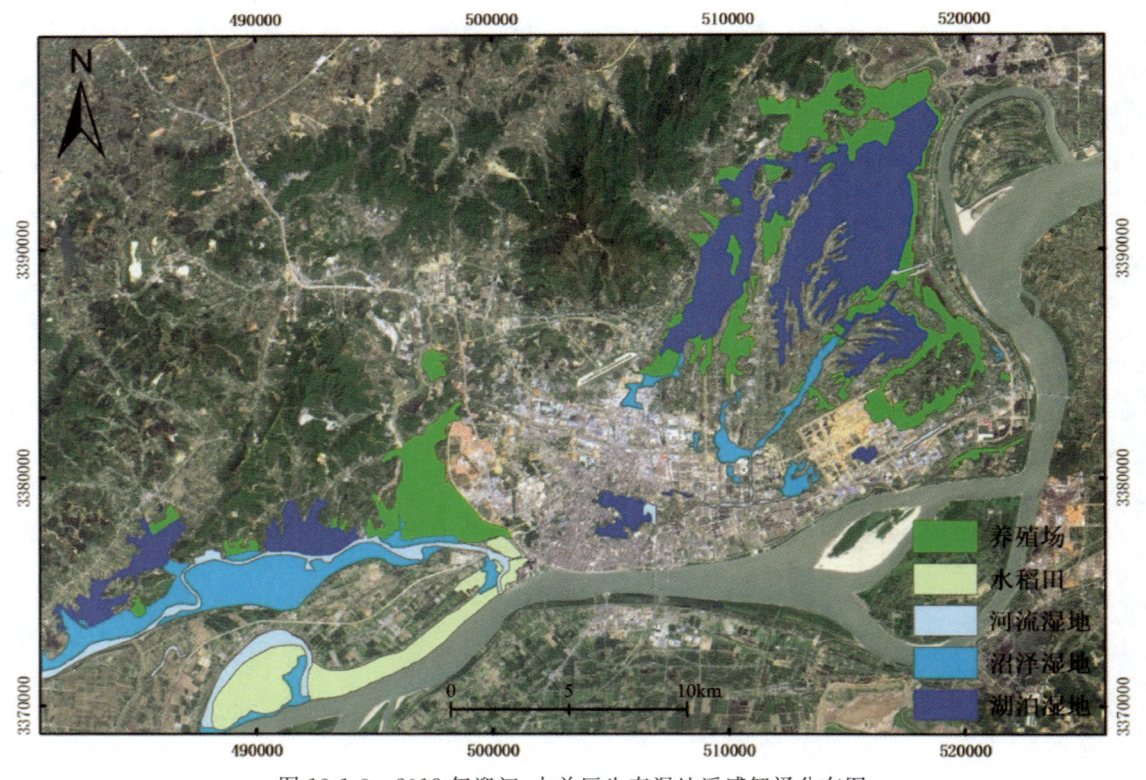

图13-1-3　2018年迎江-大关区生态湿地遥感解译分布图

（二）湿地环境特征

大多依湖具有带状、圈状分布特征。各湿地依据海拔高度变化从湖泊中央往外围分层划分为开阔水面、滩涂、草滩地、芦苇地-农田。极个别湖泊湿地类型不全。

区内湿地类型丰富多样，湿地内湖泊均有长江支流贯穿，水源补给充足，换水周期短。湖水理化性质较好，水温适中，一般为15～30℃，适宜莲、菱等经济水生植物的生长，又是草食性鱼类产卵、摄食和栖息的良好场所，为渔业发展提供了优良的自然条件。湿地整体水浅底平，湖盆为浅碟状，湖底为淤泥质，滩地发育广泛。各湖泊年平均水深2m，在枯水期，湖泊平均水深仅1m左右。湖泊滩地沉积物多为长江冲积物,区内青草湖、黄湖沉积淤积非常显著,说明这些湖泊已经开始退化进入老年发展趋势。即使在汛期,上有山洪入湖,下无出水口排泄,只蓄难排的情况下,湖泊平均水深也仅有4m左右,较浅的水深与较大的入流量导致季节性湿地面积较大,合理划分季节性湿地的范围对于湿地的规划利用具有重要意义。

(三)影响因素

过去50多年,安庆市沿江区湿地在湿地种类和面积分布上都发生了较大程度的变迁,例如泊湖杨湾河区域由20世纪60年代的小型湖泊演变为80年代的水稻田,最终演变为2018年的养殖场。整个沿江地区湿地域分布于滨江平原,地势起伏度小,由低洼地段蓄水形成,呈浅碟状,故湿地水资源系统一定程度上受到气候变化的影响,其中温度与降雨量是最主要的影响因素。同时由于人类工程如水库建设、养殖场开发、公路修建等活动的展开导致了湿地的萎缩以及破碎化。所以自然因素以及人类工程活动的强弱是湿地变迁的主要驱动力。

1. 自然因素对湿地变化的影响

气候因子是湿地演变的一个重要组成因素,安庆市南依长江,北靠大别山,近50多年来的温度及降雨量显示,虽然降雨量在1958—1968年及1998—2008年这两个10年内维持在一个较低的水平但依然高于1000mm以外,始终维持在一个较高水平。温度大致可以分为两个阶段,其中1958—1990年平均温度16.4℃,1991年后温度迅速上升,1991—2018年平均温度达到了17.3℃。湿地系统对温度因子反应较为敏锐,温度每升高3℃,就需要增加20%的降雨量才能补偿温度升高带来的影响。所以1989年时气温为16.5℃,降雨量为1610mm,安庆沿江地区湿地在这一年达到了最高的水平。同时,由于夏季长江水面高于湖泊水面,自5月开始湖泊进行关闸蓄水,至汛期过后开闸。蓄水的存在导致蒸发量的影响相对不显著,湿地分布面积主要受当年降雨量影响。除1967年湖泊周边没有防护设施导致水面外扩较大之外,1989—2018年,湿地面积与降雨量大小呈明显正相关关系。

2. 人类工程活动对湿地变化的影响

安庆沿江湿地区是人口密集区,沿江湿地区主要经济方式为农业和养殖业。湿地的演化也可以划分为两个阶段,第一阶段是20世纪50—80年代受大规模围垦影响,自60年代以来,人口密度逐渐增加,直至2014年后才出现下降趋势,人口的快速增长导致出现大规模围垦活动,农用地占据大量湿地,使得湖泊缩小变浅,沼泽湿地首先遭到破坏,种类丰富的沼泽植被、水生植被被单一的农作物取代,生物多样性下降的同时还消减了供水及蓄洪能力,同时单一的食物来源导致水禽和候鸟生活场所遭到破坏,湿地生态系统受到严重影响。第二阶段为20世纪80年代到现在,主要表现为人工养殖场面积增大,湿地破碎度加剧。80年代以来,水产养殖业发展迅速,大大小小的养殖用地分割了湿地水面,各湖湖湾港汊基本都被围栏圈围,严重破坏了候鸟栖息环境,同时养殖产品的单一导致湖底进一步荒芜化,使得自然湿地面积进一步缩小,湖床不断升高,蓄水量进一步减少,加速湖泊老龄化。2016年第一次出现黄湖水漫过湖堤造成大量农田受灾就是湖泊老龄化的一个证明。从湿地变化速度图分析可知,近年越来越强的人类工程活动加剧了天然湿地与人工湿地的转化速度,是目前安庆沿江区湿地演化过程的根本因素。

3. 湿地保护面临的实际问题

1)湿地面积减少,防洪调蓄功能下降,加速湿地老化进程

宿松-望江两县湿地区是人口密集区,人地矛盾突出。自20世纪50年代以来,出现大规模围垦活动,农用地占据大量湿地,使湿地面积明显减少。另外,80年代以来,水产养殖业发展迅速,大大小小的

养殖用地分割了湿地水面,各湖湖湾港汊基本都被围栏圈围,湿地受人类干扰加大。如果继续盲目围垦、过度渔业,湖底进一步荒芜化,会使湿地面积进一步缩小,湖床不断升高,湖泊水面不断淤积变浅,蓄水量进一步减少,加速湖泊老龄化进程。2016年第一次出现黄湖水漫过湖堤造成大量农田受灾就是湖泊老龄化的一个证明。今后再次遇到强降雨年份,可能再次引发湖水漫堤这一情况。

2)湿地水状况改变,水体质量下降

湿地周边存在众多小型乡镇企业,这些企业规模小,发展水平低,在生产过程中无力支持污水处理这一复杂工程,因而使污染物质直排水体造成污染。另外,安庆市沿江地区重要的棉油产区,农业生产中的化肥农药连年增加,农药使用量从20世纪50年代每亩0.01斤(1斤=500g)上升到2000年左右的每亩4.98斤。这些农药70%左右会散落在土壤、水体中,严重污染湖泊湿地水质,使水体富营养化。

3)人类工程活动频繁,生物多样性下降

自20世纪60年代以来,湖区周边开展大规模围湖造田、兴修水利设施,破坏了原来江湖一体的协调关系,使天然湿地面积大幅度下降,围湖造田的开展,进一步加大了人类在湖区周边活动的规模,湖区养殖场鳞次栉比,水产养殖结构不合理,养殖品种单一,部分水域开发强度大,破坏了湿地内部水生植被系统,严重危害了候鸟栖息环境。

三、生态指数

生态环境为人类提供自然资源、空间环境和基本的物质条件,是人类生存的基本保障和社会赖以发展的物质基础,因此,生态环境质量状况与人类生活息息相关。如何定量表达生态环境质量状况及发展趋向、科学地评价生态环境质量状态,对于城市的可持续发展以及评价资源环境承载能力具有重要的意义。以安庆市为研究对象,选取1999年、2009年、2019年3期Landsat卫星影像为研究数据,以ENVI5.3作为遥感数据处理平台,以ArcGIS10.5为数据分析及制图工具,借助新型生态环境质量评价指数RSEI(Remote Sensing Based Ecological Index,RSEI)综合分析评价安庆市1999—2019年间生态环境质量状况,并作为对生态环境质量评价方法的一次探索和尝试。

图13-1-4～图13-1-7显示,安庆市1999年、2009年、2019年的遥感生态指数RSEI均值分别是0.548 5,0.483 4,0.502 2。

生态环境质量等级为差和较差的区域主要分布于安庆市巢湖-庐江褶皱带上,而良和优的地区主要位于安庆市西北的大别山区和东南的沿江平原;1999—2009年RSEI均值由0.548 5下降到0.483 4,表明这10年来生态环境质量的整体状况变差。生态环境质量等级为优和中等的区域面积比例均在下降,而等级为差和较差的面积比例在增加;2009—2019年RSEI均值由0.483 4上升到0.502 2,表明近10年来生态环境质量的整体状况得到一定的改善。生态环境质量等级为优的区域面积比例提高,而等级为差和较差的面积比例在下降。

为了分析地质单元即大别山区、桐潜盆地、巢湖-庐江褶皱带及沿江平原4个一级地貌地质单元遥感生态质量的变化情况,对1999—2019年遥感生态质量按地质单元进行分区统计。

图13-1-8～图13-1-10显示,1999—2019年间,在4个地质单元区中安庆北部大别山区遥感生态质量最好,"较好"以上等级占40%以上,1999—2009年大别山区生态质量有所下降,主要表现为"好"这一等级的比例急剧下降,2009—2019年生态质量得到改善,"较好"等级的面积显著增加。桐潜盆地波状平原区遥感生态质量较差以上的区域比例呈现增加的状态,而生态质量等级为"较好"上的区域在1999—2009年生态质量有所提高,却在近10年呈些许下降的状态。巢湖-怀宁褶皱山区这20年间变化较为明显,1999—2009年遥感生态质量"差"和"较差"等级的区域面积呈现先增加后减小的变化,2019年恢复到与1999年大致相等的比例,生态质量等级为"一般"以上等级的区域,变化趋势相反,遥感

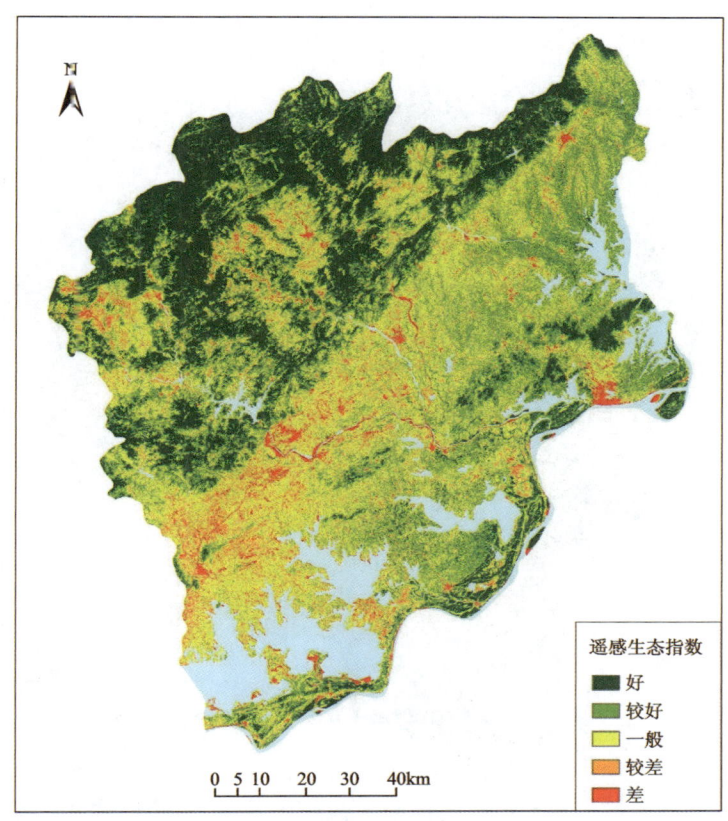

图 13-1-4 安庆市 1999 年遥感生态指数影像

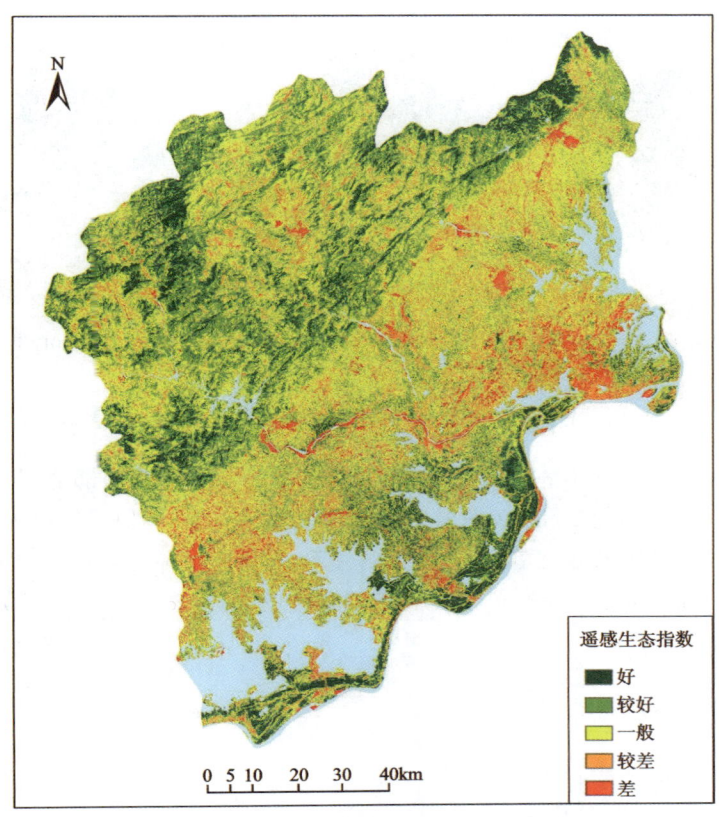

图 13-1-5 安庆市 2009 年遥感生态指数影像

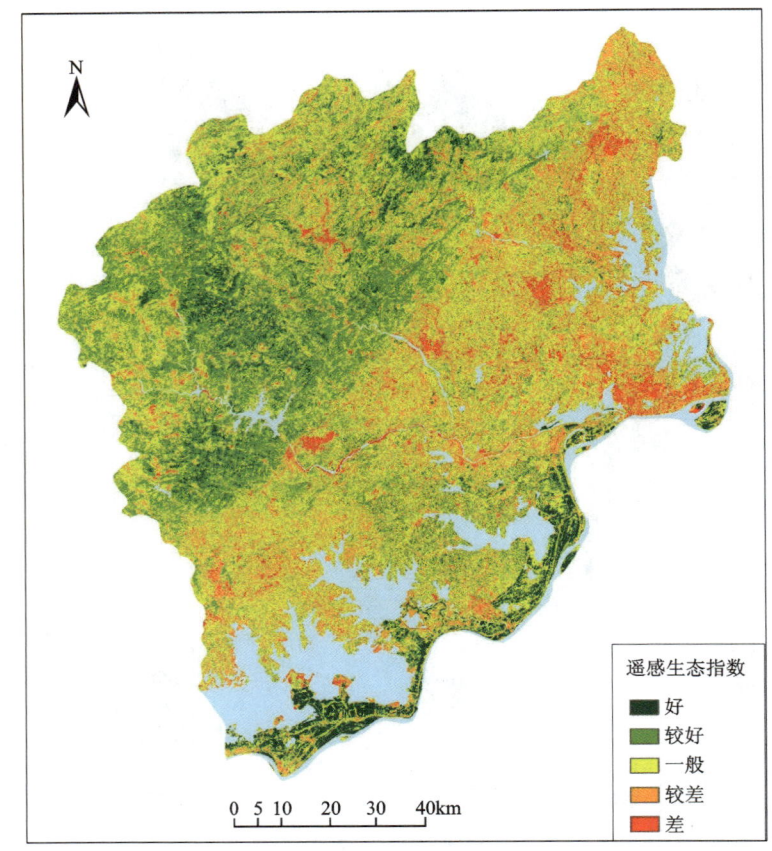

图 13-1-6　安庆市 2019 年遥感生态指数影像

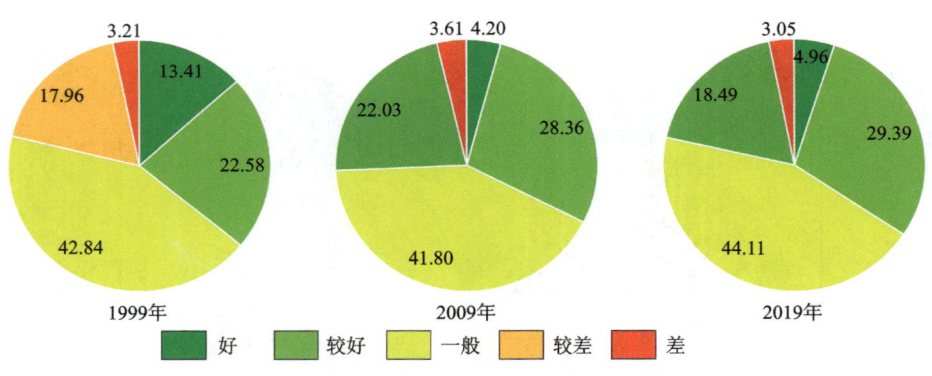

图 13-1-7　安庆市 1999—2019 年生态质量分级统计结果

生态质量总体上西部靠近大别山区呈好转的趋势,而东部靠近安庆市区的部分生态环境未恢复到 1999 年的状态。1999—2019 年间,沿江平原区的遥感生态质量从"较好"和"好"等级的区域比例上升,同时"较差"和"差"等级的区域比例也有所增加,总体而言生态环境变化幅度较小,到 2019 年沿江平原区生态状况大致与 1999 年相似,生态质量"好"这一等级的比例明显提高,生态环境有所改善。

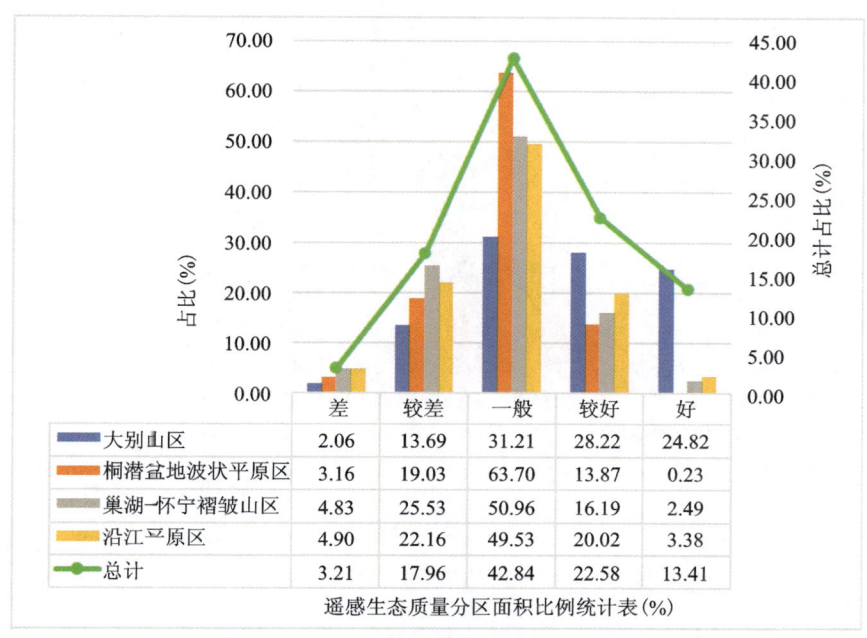

图 13-1-8 安庆市 1999 年遥感生态质量分区统计图

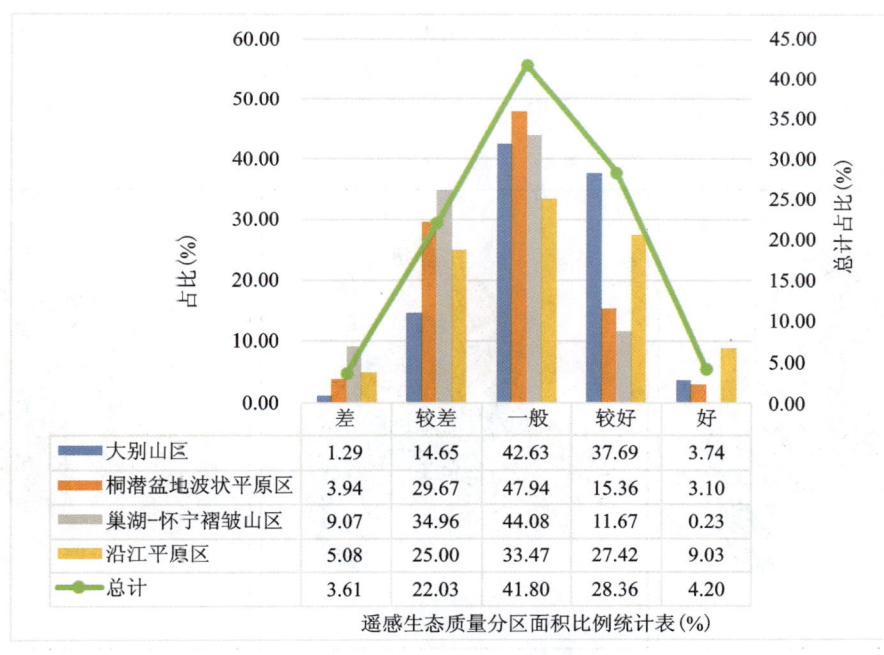

图 13-1-9 安庆市 2009 年遥感生态质量分区统计图

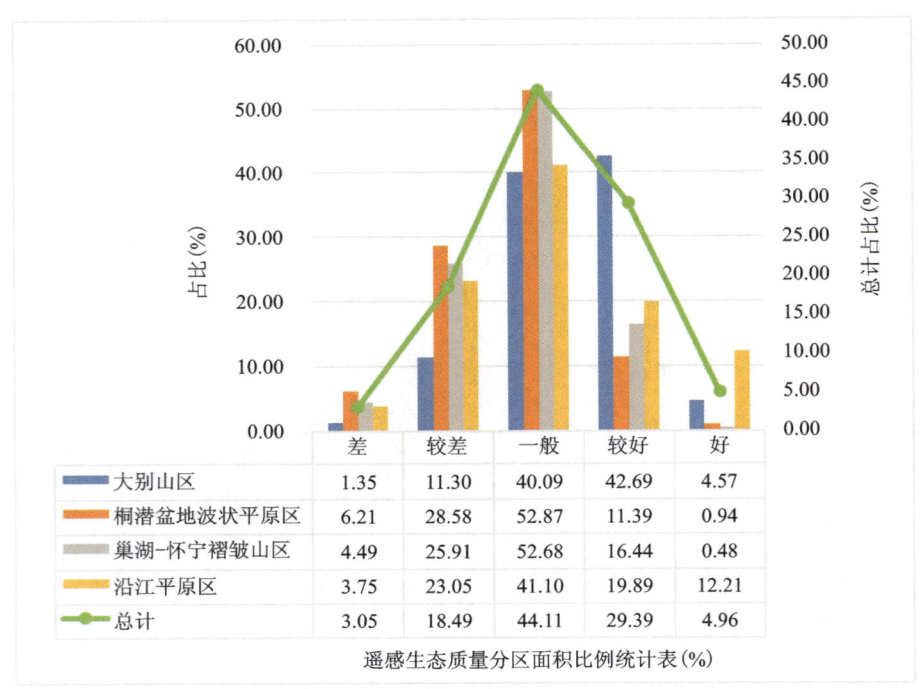

图 13-1-10　安庆市 2019 年遥感生态质量分区统计图

图 13-1-11～图 13-1-12 显示,1999—2009 年间,安庆市区遥感生态指数 RSEI 增加 18.31%,下降 29.68%;2009—2019 年间,RSEI 上升 24.35%,下降 41.36%。因而近 20 年来安庆市区生态环境处于逐渐变差的趋势。分析其生态恶化原因,发现由于城市扩张导致的建筑类地物占比上升是生态质量下降的重要原因之一。此外,老城区生态质量相比 2009 年得到改善,说明近年来政府逐渐重视已有城区的生态保护与恢复。

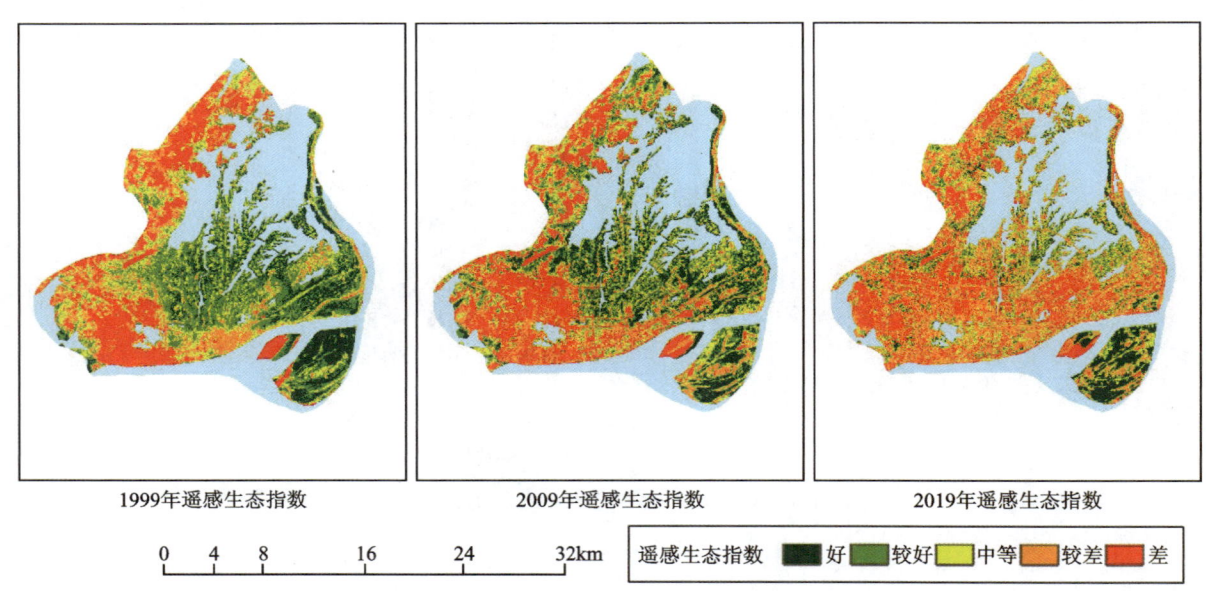

图 13-1-11　安庆市区遥感生态指数空间分布图

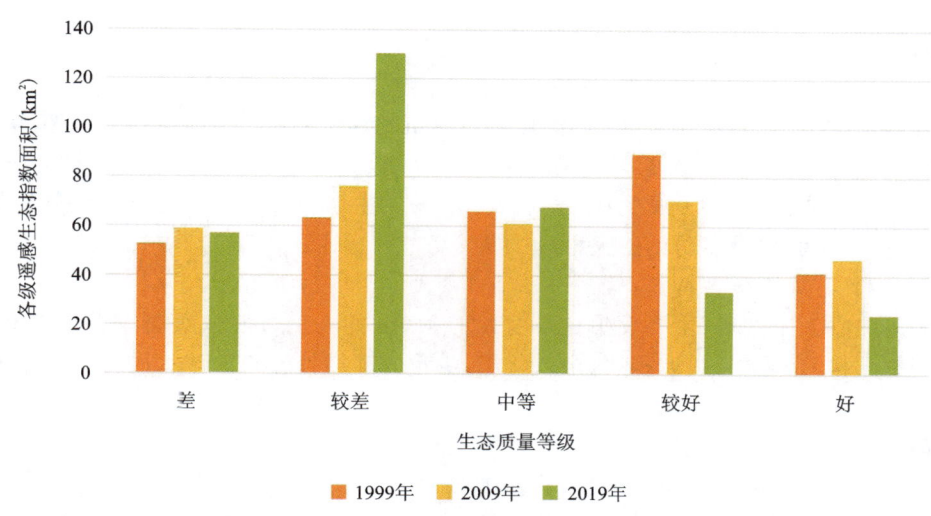

图 13-1-12　安庆市区 1999—2019 年生态质量变化情况统计图

第二节　城市地质安全

安庆的发展对城市而言是最重要的主题,如何在快速的城市扩张中筑牢安全的底线也是城市地质工作者的重要使命。本节系统梳理了安庆市辖区内的地质安全事故和隐患,同时针对滨江 CBD 片区地面塌陷、砂土液化等问题提出了防治建议。

一、地质灾害发育特征

根据《安徽省安庆市辖区1∶5万地质灾害调查报告》,至 2015 年底,区内的地质灾害(隐患)点共计 37 处,包括崩塌、滑坡、地面塌陷(采空塌陷、岩溶塌陷)3 种类型,其中崩塌 31 处,占灾害点总数的 83.8%;滑坡 4 处,占灾害点总数的 10.8%;地面塌陷 2 处(岩溶塌陷及采空塌陷各 1 处),占灾害点总数的 5.4%。灾害点规模均为小型(表 13-2-1)。

表 13-2-1　安庆市辖区地质灾害类型统计表

地质灾害类型	崩塌	滑坡	地面塌陷		合计
			采空塌陷	岩溶塌陷	
数量(处)	31	4	1	1	37
百分比(%)	83.8	10.8	2.7	2.7	100

根据 2019 年 9 月《安庆市辖区地质灾害排查总结报告》,辖区大部分地质灾害点已采取工程措施、生物措施或搬迁避让等进行了治理,基本达到稳定状态。至 2019 年 9 月,区内现存灾害(隐患)点 7 处,累计威胁 61 户 172 人以及行人。

安庆市辖区位于长江中下游北岸,地貌形态类型有低山、丘陵和平原。区内地质条件较复杂,特别在西北部(低山丘陵区)褶皱、断裂构造极发育,节理、风化裂隙发育,岩石破碎,且近年来城市不断扩张,人类工程活动强烈,使区内原有的地质环境背景条件得到改变,岩土体力学平衡状态遭到一定程度的破坏,从而加剧了区内地质灾害的发生。区内地质灾害种类较多,规模不大,但危害性较大。

(一)崩塌(危岩)

崩塌是区内最为发育的突发性灾种,共计有 31 处,占地质灾害总数的 83.8%,主要分布于西北部的低山丘陵区,居民建房切坡以及公路切坡现象较普遍,且基本未采取有效的防护措施,在发生持续降水或强降水、地震等外力作用下(多发生在 4—7 月),极易发生崩塌灾害。境内崩塌具突发性强、隐蔽性强、危害性大等特点,是区内重点防治的灾种。

区内崩塌一般具有如下显著特点:

(1)多发生于陡立人工边坡(主要发生在高度大于 5.0m 的人工边坡),崩塌体岩性主要为强风化层(多为散体及碎裂结构),其次为残坡积层、全风化层,少量为陡崖处分布的球状风化体及中风化岩层(发育多组陡倾裂隙)。

(2)境内崩塌规模均为小型,且以小于 500m^3 为主。

(3)崩塌类型以滑移式崩塌为主,其变形特征主要为岩土体的滑塌及剥坠落。

(4)岩体崩塌多发生在断裂及褶皱等构造变形强烈的部位,节理裂隙为主要控制性结构面。

(5)在同一斜坡体上发生多次崩塌的现象较为普遍。尤其是由土质及强风化层构成的坡体发生崩塌后,在地形利于汇水的部位常存在继续发生崩塌的可能,其影响范围及规模将会进一步扩大。

(6)区内崩塌的引发因素主要为强降水。

(二)滑坡

区内滑坡 4 处,分布在大观区德宽路街道办事处及宜秀区的杨桥镇境内,占地质灾害点总数的 10.8%。

区内滑坡具有如下特点:

(1)区内滑坡多发生在 20°~35°的斜坡地带,其平面形态为半圆形及不规则状,剖面形态以直线型及阶梯型为主,地形条件利于汇水及地表水的入渗。

(2)滑坡体岩性为卵石及强风化层,滑坡体厚度均小于 5m,以 1.0~3.0m 为主,均为浅表型滑坡,其控滑面为岩土界面或强弱风化面。

(3)区内滑坡规模均为小型,均小于 10 000m^3。

(4)滑坡运动形式均为推移式,其运动特征主要为上部岩土体滑移,挤压下部岩土体,并加快滑动速度。前兆现象不明显。

(5)滑坡体一般首先在有利于地表汇水处发生滑移,随后向两侧发展。

(6)滑坡体滑动后,后缘形成陡坎,构成崩塌隐患。

(7)区内滑坡主要由自然因素和人为因素共同引发,自然因素主要是降水,当发生持续降水及强降水时,大气降水入渗使上部岩土体呈饱和状态,自重增加,而大气降水下渗至岩土界面或强弱风化界面形成径流使其抗滑力减小,从而发生滑坡地质灾害。人为因素主要是坡脚开挖。

区内滑坡也具有突发性强、隐蔽性强、危害性大的特点。虽然其数量少,但其造成的损失及影响大。也是区内重点防治的灾种。

(三)地面塌陷

1. 采空塌陷

安庆市辖区矿产资源丰富,种类较多。历史上矿山数量多,开采方式多为露采,少数为井采。井采矿山矿种主要为煤矿,煤层主要赋存于二叠系龙潭组中,分布在东南部的长风及西部的大龙山等乡镇。

区内因井采矿山引发的采空塌陷1处,占灾点总数的2.7%,位于迎江区长风乡境内,采空塌陷坑3个,采空区地面变形面积小于0.1km²,规模为小型。塌陷坑的形状多呈圆形,次为长条形,煤矿采空区塌陷坑深多在3~10m之间,采空塌陷开始发生时间在20世纪70年代末,盛发时间在80年代中期至90年代末,该煤矿采空塌陷至今仍有继续发展的趋势。

2. 岩溶塌陷

在浅覆盖型可溶岩区,地下水动力条件发生改变时,极易发生岩溶塌陷。辖区内的大龙山镇、杨桥镇及山口乡分布有较大面积的浅覆盖型可溶岩。区内岩溶塌陷1处,占灾点总数的2.7%,位于大观区山口乡百子山村新塘组,为区内1口供水井过量抽采岩溶地下水所引发,先后发生塌陷坑4个,塌陷坑均呈近圆状,单个塌陷坑的直径1~3m,塌陷坑深度2~4m。

二、地质灾害稳定性与危害性

(一)地质灾害稳定性

1. 崩塌

按照崩塌稳定性判别标准(表13-2-2),并结合野外调查时斜坡变形特征,进行综合判别,区内31处崩塌灾害点的现状及发展趋势稳定性判别结果见表13-2-3。

表13-2-2 崩塌稳定性判别标准

要素	稳定性差	稳定性较差	稳定性好
崩塌体	前缘临空,坡度>60°,坡面起伏不平,上陡下缓。坡面裂隙发育,岩土体结构松散破碎,坡体变形明显,掉块、剥坠落较多。渗水严重	前缘临空,坡度50°~60°,坡面起伏不平。坡面裂隙较发育,岩土体结构较破碎,坡体无明显的变形迹象,有少量掉块、剥坠落及渗水现象	前缘临空,坡度45°~50°。坡面裂隙紧闭,岩土体结构较完整,无掉块、剥坠落及渗水现象

表13-2-3 安庆市辖区崩塌地质灾害稳定性判别结果一览表

序号	编号	名称	现状稳定性	发展趋势
1	AQ2001	罗岭镇罗岭中学操场崩塌	不稳定	不稳定
2	AQ2002	罗岭镇黄梅村小冲组崩塌	不稳定	不稳定
3	AQ2003	罗岭镇黄梅村卜岭组崩塌	不稳定	不稳定
4	AQ2004	罗岭镇凤溪社区高庙组崩塌	不稳定	不稳定
5	AQ1002	罗岭镇小龙山社区村部崩塌	基本稳定	不稳定
6	AQ2005	杨桥镇破罡湖社区金玉峰工贸公司崩塌	不稳定	不稳定
7	AQ2006	杨桥镇鹿山村西庄组崩塌	不稳定	不稳定
8	AQ2007	杨桥镇鹿山村庙庄组崩塌	不稳定	不稳定
9	AQ2008	杨桥镇溪安村程冲组崩塌	不稳定	不稳定
10	AQ2009	杨桥镇溪安村小铜锣危岩体崩塌	不稳定	不稳定
11	AQ2010	杨桥镇杨桥村小圩组崩塌	不稳定	不稳定

续表 13-2-3

序号	编号	名称	现状稳定性	发展趋势
12	AQ1001	杨桥镇花山村六组崩塌	不稳定	不稳定
13	AQ1004	杨桥镇花山村四组崩塌	基本稳定	不稳定
14	AQ1005	杨桥镇鲍冲湖村六组崩塌	基本稳定	不稳定
15	AQ1006	五横乡曰公社区虎塝组崩塌	不稳定	不稳定
16	AQ1007	五横乡曰公社区何屋组崩塌	基本稳定	基本稳定
17	AQ1008	五横乡曰公社区夫岭组崩塌	基本稳定	不稳定
18	AQ2011	五横乡白林村邓大屋组崩塌	不稳定	不稳定
19	AQ2012	白泽湖乡芭茅村双山组崩塌	基本稳定	不稳定
20	AQ2015	山口乡联胜村移民建镇点崩塌	基本稳定	不稳定
21	AQ2016	山口乡百子山村三塘组亿海矿业崩塌	不稳定	不稳定
22	AQ2017	山口乡百子山村立新组崩塌	不稳定	不稳定
23	AQ2018	山口乡百子山村金岭组崩塌	不稳定	不稳定
24	AQ2023	十里铺乡丁香路田园牧业段崩塌	不稳定	不稳定
25	AQ1010	十里铺乡洪水塘社区莲隔组崩塌（1）	基本稳定	不稳定
26	AQ1011	十里铺乡洪水塘社区莲隔组崩塌（2）	不稳定	不稳定
27	AQ1012	十里铺乡袁江村公路崩塌	基本稳定	不稳定
28	AQ1013	十里铺乡林业村雷桥组崩塌	基本稳定	基本稳定
29	AQ2022	大观区德宽路街道办事处女儿桥巷崩塌	基本稳定	不稳定
30	AQ2014	大观区大观亭小学东围墙崩塌	基本稳定	不稳定
31	AQ1014	大观区狮子山公园南围墙崩塌（隐患）	基本稳定	不稳定

从上表中可以看出，31 处崩塌点中现状不稳定的有 18 处，基本稳定的有 13 处。在强降雨、风化和人类工程活动等引发因素作用下，未来有 29 处崩塌不稳定、2 处基本稳定。

2. 滑坡

根据《滑坡崩塌泥石流地质灾害调查规范》的滑坡稳定性判别标准，对区内 4 处滑坡进行稳定性分析，评判标准见表 13-2-4，评判结果见表 13-2-5。

表 13-2-4 滑坡稳定性判别标准

要素	稳定性差	稳定性较差	稳定性好
滑坡前缘	前缘临空，坡度较陡且常处于地表径流的冲刷之下，有季节性泉水出露，岩土潮湿、饱水	前缘临空，有间断季节性地表径流流经，岩土体较湿	前缘斜坡较缓，临空高差小，无地表径流流经，岩土体干燥
滑体	平均坡度大于 40°，坡面上有多条新发展的滑坡裂缝，其上建筑物、植被有新的变形迹象	平均坡度在 25°～40°之间，坡面上局部有小的裂缝，其上建筑物、植被无新的变形迹象	平均坡度小于 25°，坡面上无裂缝发展，其上建筑物、植被未有新的变形迹象
滑坡后缘（滑壁）	后缘壁上可见擦痕或有明显位移迹象，后缘有裂缝发育	后缘有断续的小裂缝发育，后缘壁上有不明显变形迹象	后缘壁上无擦痕和明显位移迹象，原有的裂缝已被充填

表 13-2-5　安庆市辖区滑坡地质灾害稳定性一览表

编号	名称	现状稳定性	发展趋势
AQ2013	大观区狮子山公园内滑坡	基本稳定	基本稳定
AQ1003	杨桥镇花山村四组滑坡	不稳定	不稳定
AQ1015	大观区德宽路街道办事处马山公寓3号楼滑坡	基本稳定	不稳定
AQ2020	山口乡百子山村新农村建设庙岭示范点滑坡(隐患)	不稳定	不稳定

从上表中可以看出,4处滑坡中现状不稳定的2处,基本稳定的2处,在强降雨和人类工程活动等引发因素作用下,未来有3处滑坡不稳定、1处基本稳定。

3. 采空塌陷

区内井采矿山的矿种主要为煤矿,主要分布在大龙山镇的西南部及长风乡的北部,现均已关闭。其中大龙山镇境内的煤矿矿山均于2000年之前闭坑,据访问,采空区面积小,在矿山开采期间及闭坑后均未发生塌陷。长枫乡北部的柘山煤矿(2008年更名为安庆长青矿业)开采历史悠久,最早开采于20世纪70年代,主要开采-40m以上的煤矿层,开采期间至21世纪初引发了多处塌陷(AQ2021)。2008年后主要开采-400～-122m标高段的煤层,采矿方法为走向短壁,放炮落煤法。由于采矿方法落后,形成的采空区未进行充填处理,且保留矿柱已大部回采,再次发生塌陷的可能性较大,该采空塌陷处于不稳定状态。

4. 岩溶塌陷

岩溶塌陷的稳定状态取决于地下水动力条件的动态变化,当地下水水动力条件不发生改变时,岩溶塌陷趋于稳定,而当地下水水动力条件改变时,岩溶塌陷则处于不稳定状态。山口乡百子山村新塘组岩溶塌陷(AQ 2019),由于供水井仍在大强度地抽采岩溶地下水,该塌陷点处于不稳定状态,再次发生塌陷的可能性较大。

(二)地质灾害危害性

1. 地质灾害社会影响

地质灾害是一种非常规性的危机型地质事件,是由于人为作用、自然因素或两者共同作用下引发的。

安庆市辖区发生的地质灾害以对人类生命财产以及生存环境造成严重威胁甚至灾难的突发性地质灾害为主。历年来区内地质灾害的频繁发生,造成毁损房屋和田地、阻断交通和通信等,社会影响较大,已经成为影响城市经济和社会可持续发展的重要制约因素。地质灾害的发生不仅造成了巨大的经济损失和人类生存环境的破坏,并且会威胁人民群众的生命安全,引发一系列社会问题,造成人民群众心理上恐慌,影响人们正常的工作和生活秩序,从而影响社会的稳定。

地质灾害的发生,还会影响不同社会群体之间的和谐关系,导致利益主体之间产生纠纷、矛盾,产生严重的社会问题,并且解决难度大。矿产资源开采产生的各类地质灾害分布范围一般会超出矿区范围,尤其是矿山排水引发的岩溶塌陷影响范围远远超出矿区范围,灾害发生后,往往造成矿山和周边居(村)民之间的矛盾。

2. 地质灾害损失评估方法

地质灾害危害性评价是依据地质灾害事件所造成的灾情、险情,对受灾对象的类型、数量和经济损失进行定量的分析统计,包括灾情评价(现状评估)和危害程度评价(预测评估)两个方面。灾情评价是对各地质灾害点已造成的人员伤亡数和直接经济损失进行分析统计,危害程度评价是在地质灾害危险性和稳定性评价的基础上,对各地质灾害隐患点所威胁的人员数量以及可能造成的直接经济损失进行分析统计。其中经济损失评价根据当地平均价格水平,采用统一价格折价法,以人民币进行量化。

安庆市辖区地质灾害类型主要是崩塌、滑坡、不稳定斜坡、采空塌陷、岩溶塌陷及岸崩等所造成的危害是损毁房屋,破坏交通道路以及农田、森林、土地资源等。因此,受灾体类型主要为人员、房屋、公路、土地资源等。

根据《滑坡崩塌泥石流地质灾害调查规范(1∶50 000)》中的要求,对各灾害点进行灾情与危害程度分级,地质灾害的灾情分级标准是以一次灾害事件造成的伤亡人数和直接经济损失来确定的,危害程度分级标准采用受威胁人数和可能造成的直接经济损失(表13-2-6)。

表13-2-6 地质灾害灾情与危害程度分级标准表

灾害程度分级	死亡人数(人)	受威胁人数(人)	可能造成的直接经济损失(万元)
小型	<3	<100	<500
中型	3～10	100～500	500～5000
大型	10～30	500～1000	5000～10 000
特大型	>30	>1000	>10 000

3. 地质灾害灾情评价

根据收集的近30年来地质灾害造成的损失资料进行统计分析,安庆市辖区内发生的地质灾害尚未造成人员伤亡,但经济损失较为严重。造成的直接经济损失最严重的为20世纪90年代发生的安庆市制药厂滑坡(位于德宽路以北,现已治理)造成整个厂区生产厂房倒塌,设备受损严重,停产达3个月,直接经济损失1000多万元;另外已于2013年治理的德宽路滑坡,灾情属特大型,因变形特征明显,位于滑坡体下方的企事业单位先后临时搬迁,直接经济损失达300万元。

根据《安徽省安庆市辖区1∶5万地质灾害调查报告》,区内的地质灾害(隐患)点共计37处,造成的直接经济损失合计85.2万元。单体经济损失多在5万元以下,灾情较轻微,其灾情等级均为小型。

4. 地质灾害危害程度评价

危害程度评价主要根据隐患点的规模、变形方式、威胁范围,划分极危险区、危险区和影响区,以此分别确定威胁对象的损毁等级(严重、中等、轻微)和价值损失率(>50%、10%～50%、<10%),据此计算威胁对象可能遭受的损失。根据安庆市辖区1∶5万地质灾害调查报告,安庆市辖区37处地质灾害(隐患)点均有不同程度的危害,合计受威胁的人数达839人,危害资产达4612万元。其中:崩塌威胁的人员为460人,威胁资产2507万元;滑坡威胁的人员160人,威胁资产1415万元;采空塌陷威胁的人员为19人,威胁资产190万元;岩溶塌陷威胁的人员为200人,威胁资产500万元。

综上所述,安庆市辖区地质灾害类型较多,单个灾害点一般规模较小,但由于区内人口密度较大,特别是位于主城区的地质灾害点,受影响的范围内人口密集,一旦发生地质灾害,其经济损失严重,社会影响巨大。

三、地质灾害分布规律

(一)分布特征

受地形地貌、地层岩性、地质构造、降雨及人类工程经济活动的影响,境内地质灾害时空分布不均,空间上主要集中在西部及中北部低山丘陵区,东南部地质灾害不发育或相对较少。在时间上受降水影响明显,年内、年际分布明显不均。

1. 按行政区划统计

根据安庆市1:5万地质灾害调查成果,辖区内各乡、镇地质灾害点的分布具有明显的不均匀性,在以低山、高丘地貌为主的西部及中北部乡、镇,灾害点数量多,其中大观区分布16处,主要分布在山口乡(6处)、十里铺乡(5处)、德宽路街道办事处(5处);宜秀区20处,分别分布于杨桥镇(10处)、五横乡(4处)、罗岭镇(5处)、白泽湖乡(1处);迎江区仅1处,位于长风乡。其余乡镇及街道办事处地质灾害不发育。境内地质灾害点平均密度为4.11个/100km^2,其中灾点密度最大的为德宽路街道办事处,其灾点密度为382.09个/100km^2。

2. 按地貌形态类型统计

根据安庆市1:5万地质灾害调查成果,辖区地质灾害主要分布在西部及中北部低山及丘陵区(表13-2-7)。低山区地质灾害的发育密度为11.5处/100km^2,丘陵区地质灾害的发育密度为14.2处/100km^2,明显高于平原区地质灾害的发育密度(1.5处/100km^2)。

表13-2-7 安庆市辖区各地貌形态类型地质灾害分布状况统计表

地质灾害种类	地貌形态类型					
	低山(Ⅲ)	丘陵			平原(Ⅰ)	合计
		高丘(Ⅱ3)	中丘(Ⅱ2)	低丘(Ⅱ1)		
崩塌(含隐患)	8	6	2	8	7	31
滑坡(含隐患)	1	/	/	3	/	4
塌陷	/	/	2	/	/	2
合计	9	6	4	11	7	37
灾点密度(处/100km^2)	11.5	14.2			1.5	4.22
所占比例(%)	24.3	16.2	10.8	29.7	18.9	100

3. 按时间统计

安庆市辖区地质灾害种类多,不同类型的地质灾害其发生的时间特征各不相同。

(1)崩塌、滑坡:区内崩塌、滑坡的发生具有明显的季节性,具体表现为多发生于雨季强降雨或连续数天的持续性降雨之后,一般多发生在4~7月的丰水期。

(2)采空塌陷:采空塌陷的发生与开采时段紧密相关。基本上发生在矿山回采阶段及闭坑后1~3年内,延续至闭坑10年之后。

(3)岩溶塌陷:岩溶塌陷的发生与人类抽取岩溶地下水的活动紧密相关。20世纪70年代,山口乡在十洪公路南部凿井抽采岩溶地下水。2013年以前,供水井抽采量小,发生岩溶塌陷;2013年以后由于供水范围的扩大,抽水量急剧增加,随着开采强度的增大,在其影响范围内于2013年、2014年9~10月先后发生4处塌陷坑。其发生与大气降水也有一定的联系,均发生在枯水季节的初期(9~10月)。

4. 按高程统计

受地形地貌及人类工程活动的控制,区内地质灾害在高程分布上具明显不均性。崩塌、滑坡地质灾害多发育于高程25~100m,此高程段发生灾害点共计29处,占崩塌滑坡地质灾害总数的82.9%。其余高程段地质灾害发育较少(表 13-2-8)。

表 13-2-8　崩塌、滑坡分布高程统计表

高程(m)	<25	25～50	50～100	100～150	>150	合计
灾害点数(处)	4	19	10	2	0	35
百分比(%)	11.4	54.3	28.6	5.7	0.0	100

5. 按边坡坡度统计

斜坡坡度与滑坡、崩塌密切相关。滑坡均发生在 35°～45°的斜坡地带,崩塌(含崩塌隐患)多发生在坡度 60°～70°的地段,占崩塌总数的 64.5%(表 13-2-9)。

表 13-2-9　崩塌(含崩塌隐患)地质灾害边坡坡度统计表

坡度(°)	<40	40～50	50～60	60～70	70～80	80～90
灾害点数(处)	0	3	4	20	4	0
百分比(%)	0	9.7	12.9	64.5	12.9	0

6. 按边坡坡向统计

受地形地貌、地层岩性、地质构造以及人类工程活动的影响,区内地质灾害的分布在边坡坡向上具有明显的不均性。崩塌、滑坡、不稳定斜坡地质灾害多发育于东南向—西南向山体斜坡(90°～225°),该方向也充分反映了当地居民的居住习惯(表 13-2-10)。

表 13-2-10　崩塌、滑坡边坡坡向统计表

坡向(°)	0～45	45～90	90～135	135～180	180～225	225～270	270～325	325～360
灾害点数(处)	2	2	7	9	7	4	3	1
百分比(%)	5.71	5.71	20.00	25.71	20.00	11.43	8.57	2.86

(二)分布规律

1. 崩塌、滑坡

(1)崩塌、滑坡的发生时间多集中于每年的 4～7 月,多与强降雨或持续性降雨有关。
(2)崩塌、滑坡在空间上主要分布于西部及中北部山地丘陵区,平原区分布较少。
(3)崩塌、滑坡一般发育于 25～100m 高程段,高程 150m 以上未见分布。
(4)地质灾害与地层岩性的关系较紧密。多主要发育于强风化的侵入岩及砂岩地层岩性中。
(5)地质灾害与断裂构造关系极为紧密。区内断裂发育,构造复杂,受构造断裂带的影响,地质灾害具有与构造形迹相伴生的特征,许多滑坡、崩塌沿断裂带或接触带呈线状分布。
(6)人类工程经济活动如筑路、建房削坡等是崩塌、滑坡地质灾害的重要引发因素。

2. 采空塌陷

(1)安庆市辖区采空塌陷发生于煤矿井采矿山。
(2)区内采空塌陷分布在东部低丘区。

3. 岩溶塌陷

(1)岩溶塌陷发生于山间谷地的浅覆盖型岩溶区。
(2)岩溶塌陷与人类抽取岩溶地下水的活动紧密相关,分布在抽水影响半径范围内。

四、地质安全事故案例

(一)背景介绍

为2019年2月,位于安庆迎江区长风路中段,距安广江堤约1km,直接坍塌面积约30m²,深度近1.5m,陷坑周围的路面"架空",路面下的路基裸露,人行道树木严重倾斜。经调查事故原因是浅部污水管道渗漏,造成管内外压力差,渗出的水将路面下的粉土和粉细砂带走倒吸入管道内,从而形成空洞,架空路面,导致路面塌陷。

安庆迎江区长风路塌陷段位于长江冲积漫滩区分布范围内(图13-2-1、图13-2-2),污水处理管道置于漫滩区不良沉积物中,塌陷地段排污管道开挖深度主要为粉砂层,自上而下依次为人工填土1.5m,灰黄色粉土、粉砂层。粉土及粉砂层是饱水地层,在扰动情况下极易产生流动。

图13-2-1 位置示意图

长风路排污管道的特点是管径大,直径达1.5m,开挖深度约8m,开挖施工过程中没有采用护壁挡土措施,直接埋入岩土层中,并且地表路面基本是混凝土及沥青组成的结构,路面下并不密实,另外开挖施工排污管道的基坑回填密实性差、时间短,路面恢复后仍是虚而不实。

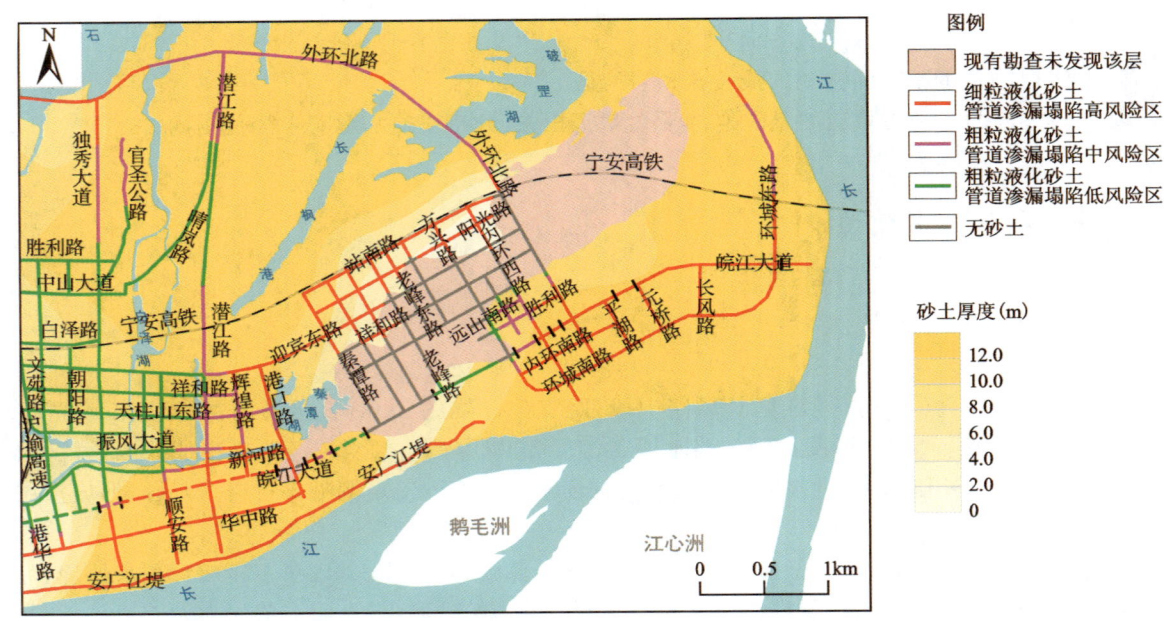

图 13-2-2 管道渗漏塌陷风险分布图

在塌陷处潜水位埋深为 1~1.5m,已安装好的大直径排污管道由于某种因素出现了缝隙,地下潜水携带粉砂、粉土沿缝隙连续不断涌入管道,形成大的空洞,与上部路面间隙逐渐增大,路面被架空,在重力和外荷载作用下,塌陷的产生也就不可避免。塌陷过程中产生的剪切力作用导致周边的排污管道也产生了变形断裂。

(二)机理研究

为探究此类事故发生的工程地质因素和形成机理,本书有针对性地开展了相关测试实验,相关步骤和结论概括如下:

(1)将孔隙度、比重、容重及矿物成分相近,不同粒径的样品(粗粒径砂、中粒径砂、细粒径砂)分别进行动三轴实验,实验发现粗粒径(粒径大于 0.5mm 的颗粒含量超过总重的 50%)试样的抗液化能力最强,中粒径(粒径大于 0.25mm 的颗粒含量超过总重的 50%)试样次之,细粒径(粒径大于 0.075mm 的颗粒含量超过总重的 50%)试样抗液化性能最差。

(2)选用孔隙度、比重、容重相近的细粒和粗粒砂土试样进行不同黏粒含量动三轴实验。通过改变黏粒含量试验得到的多条破坏振动次数-动应力相关直线有明显差距,其抗液化能力并非随着黏粒含量的增大而单调递增或递减,而是黏粒含量为 10% 时,相关直线处于最下端,说明该黏粒含量抗液化性能最差。

选用的细粒和粗粒砂土试样,均是随着黏粒含量从 6% 增大到 10%,试样的抗液化能力逐级下降;但当黏粒含量继续增大到 14%,试样的抗液化能力出现了回升。说明无论砂土的颗粒级配如何,10% 左右黏粒含量的砂土抗液化能力最差,在此基础上无论增加或者减少黏粒含量,均可增大其抗液化能力。

(三)防治建议

为防范今后类似事件的发生,应注意以下几点:

(1)安庆沿江地区约80%的面积位于长江冲积漫滩沉积物分布区,工程地质条件较差,由于该区地势低、地下水水位高,暴雨时长江水位抬高,排水不畅易于积水,并且该区为安庆市规划的圆梦新区,近期新建了大量的基础设施和居民小区工程项目,在开挖、降水及动荷载作用下易于产生流砂、坍塌及塌陷现象。

(2)在长江冲积漫滩区进行直立开挖或其他地下综合管廊工程,应进行相应的工程地质勘察,查清地层岩性及其分布情况,以便在施工过程中采取相应措施。如在粉土、粉砂层为主的地层进行地下开挖施工,为了相邻建筑物、道路及树木的安全,应根据不同情况采取地下连续墙、旋喷及钢管桩等方法护壁阻隔地下水及土体流失,控制基坑外地层的稳定。在有淤泥、淤泥质粉质黏土地层中深开挖施工时,应采取有效的挡土护壁措施,防止周边软土层产生流变及边坡变形破坏。

(3)地下较深大于5m的构筑的工程施工,尤其是长距离大直径管道,如下水管道、排污管道、电缆管道等,一定要保持其牢固完整性,不能有裂缝,管道接头处不得有缝隙,工程完工后在运营使用过程中应进行定期探测,检查有无缝隙渗漏现象。采用地质雷达勘查,对10m埋深内的地下空腔进行识别,尤其是对于QV或CCTV检测管道有破损的地段要加密观测。

(4)工程建设需重点关注防范预制桩、夯击等施工过程对江堤及周边建筑物引起工程液化,造成建筑物及周边的地基破坏等现象。在施工过程中建议做滤波带、隔离沟等防护措施,减少对周边建筑物及江堤的影响,加强砂土工程液化问题的相关调查和研究,做好工程处理。

(5)在实际工程中可通过调整砂土粒径及黏粒含量改变土体的抗液化能力:①黏粒含量为10%的砂土无论增加还是减少黏粒含量均可提高其抗液化能力;②在工程建设中尽量选取粒径较大、黏粒含量不等于10%的地层作为持力层,提高其抗液化能力。

总 结 篇

本次安庆多要素城市地质调查开展过程中,获得了良好的经济、社会效益,在工作方法、技术手段、理论认识、地质信息化建设等方面也卓有成效。本篇对项目开展过程中的经验教训进行了系统的总结,以期为城市地质及相关领域科研工作者和从业人员开展工作提供思路和借鉴。

第十四章　城市地质信息化建设

第一节　三维地质建模

一、数据收集和标准化

(一)数据收集

根据区域地质资料,形成大地构造体系和松散层沉积接触关系。应用资料以 1∶250 000 区域地质调查资料和 1∶50 000 环境地质调查报告为主。

通过二维地震、可控源大地电磁测深等工作手段对郯庐断裂带、头坡断裂带等控制安庆大地构造的主控构造进行详细刻画,其中二维地震揭露到变质岩基底,为区域认识作为基础。

整合收集到的第四纪地质、工程地质、水文地质和监测孔的 7566 个钻孔资料,根据钻孔分布和疏密程度详细分析了 937 个钻孔,在此基础上绘制了数十条地质剖面。实际选择 474 个钻孔(含安庆多要素城市地质调查项目施工的钻孔 56 个)用以建立安庆规划区三维地质模型。

(二)地质资料准备

1. 全市地层模型

精度:系。
图切剖面:根据物探、地质资料准备图切地质剖面,图切剖面方向为垂直地层变化最大的方向。
DEM 数据:根据建模尺度选用 25m 或者精度更多的地形数据。

2. 规划区平原区地层模型

精度:组。
地质剖面:刻画各地层之间的理想接触关系,要符合沉积学地质规律。
钻孔:标定每孔揭露地层组的深度,孔口确切的大地高。

3. 规划区平原区岩性模型

精度:岩性,根据每组地层岩性沉积旋回,对照标准高程确定地层岩性。
钻孔:标定每一种岩性的层、组,受到地层模型约束。

（三）标准化

安庆全市范围的市级模型和规划区范围内的区级模型主要依靠地质认识进行建模，标准化工作主要是针对岩性模型。具体如表 14-1-1 所示。

表 14-1-1　安庆市规划区岩性标准化对照表

岩性中文				岩性英文
市级模型	区级模型		岩性模型	代号
第四系	人工填土 Qh^{ml}		填土	Qh_1RGTT_1Tiantu
			耕植土	Qh_1RGTT_2Gengzhitu
	芜湖组 Qhw	上段	粉土、粉砂	Qh_2WHZ_1Fentu
			粉质黏土	Qh_2WHZ_2Fenzhiniantu
			淤泥质黏土、粉质黏土（软塑）	Qh_2WHZ_3Yunizhifenzhiniantu
			粉细砂	Qh_2WHZ_4Fenxisha
			中砂	Qh_2WHZ_5Zhongsha
			砾石层	Qh_2WHZ_6Lishiceng
		残坡积	粉质黏土	Qh_2WHZ_7Fenzhiniantu
			细砂	Qh_2WHZ_8Xisha
			砾石层	Qh_2WHZ_9Lishiceng
	大桥镇组 Qpd	上段	粉质黏土	Qp_3_1DQZZ_1Fenzhiniantu
			淤泥质粉质黏土	Qp_3_1DQZZ_2Yunizhifenzhiniantu
			粉土、粉细砂	Qp_3_1DQZZ_3Fentu
			粗砂	Qp_3_1DQZZ_4Cusha
			砾石层	Qp_3_1DQZZ_5Lishiceng
		中段	粉质黏土	Qp_3_1DQZZ_6Fenzhiniantu
			粉土、粉细砂	Qp_3_1DQZZ_7Fentu
			中、粗、砾砂	Qp_3_1DQZZ_8Zhongcusha
			砾石层	Qp_3_1DQZZ_9Lishiceng
	下蜀组 Qpx		粉质黏土	Qp_3_2XSZ_1Fenzhiniantu
			砾石层	Qp_3_2XSZ_2Lishiceng
	戚家矶组 Qpq		粉砂	Qp_2_1QJJZ_1Fensha
			粉质黏土	Qp_2_1QJJZ_2Fenzhiniantu
			砾石层	Qp_2_1QJJZ_3Lishiceng
新近系	安庆组 N_2a		砾石层	N_2_1AQZ_1Lishiceng
古近系	望虎墩组 E_1w	下统	砂岩	E_1_1WHDZ_1Shayan
			泥质砂岩	E_1_1WHDZ_2Nizhishayan
			粉砂岩	E_1_1WHDZ_3Fenshayan
			砾岩	E_1_1WHDZ_4Liyan

续表 14-1-1

岩性中文				岩性英文
市级模型	区级模型		岩性模型	代号
白垩系	赤山组 K_2c	上统	砂岩	$K_2\_1XNZ\_1Shayan$
			含砾砂岩	$K_2\_1XNZ\_2Hanlishayan$
			砾岩	$K_2\_1XNZ\_3Liyan$
侏罗系	罗岭组 J_2l	中统	粉砂岩	$J_2\_1LLZ\_1Fenshayan$
			砂岩	$J_2\_1LLZ\_2Shayan$
			粉砂质泥岩	$J_2\_1LLZ\_3Fenshazhiniyan$
			泥质粉砂岩	$J_2\_1LLZ\_4Nizhifenshayan$
	磨山组 J_1m	下统	石英砂岩	$J_1\_1MSZ\_1Shiyingshayan$
			粉砂岩	$J_1\_1MSZ\_2Fenshayan$
			页岩	$J_1\_1MSZ\_3Yeyan$
三叠系	铜头尖组 T_2t	中统	砂岩	$T_2\_1TTJZ\_1Shayan$
			粉砂岩	$T_2\_1TTJZ\_2Fenshayan$
	月山组 T_2y	中统	泥质粉砂岩	$T_2\_2YSZ\_1Nizhifenshayan$
			白云质灰岩	$T_2\_2YSZ\_2Baiyunzhihuiyan$
	南陵湖组 T_1n	下统	灰岩	$T_1\_1NLHZ\_1Huiyan$
			白云质灰岩	$T_1\_1NLHZ\_2Baiyunzhihuiyan$
二叠系	大隆组 P_2d	二统	页岩	$P_2\_1DLZ\_1Yeyan$
			灰岩	$P_2\_1DLZ\_2Huiyan$
	龙潭组 P_2l	上统	粉砂岩	$P_2\_2LTZ\_1Fenshayan$
			泥质粉砂岩	$P_2\_2LTZ\_2Nizhifenshayan$
			页岩	$P_2\_2LTZ\_3Yeyan$
	孤峰组 P_1g	下统	粉砂质泥岩	$P_1\_1GFZ\_1Fenshazhiniyan$
			泥质粉砂岩	$P_1\_1GFZ\_2Nizhifenshayan$
石炭系	船山组 C_3c	上统	灰岩	$C_3\_1CSZ\_1Huiyan$
	黄龙组 C_2h	中统	灰岩	$C_2\_1HLZ\_1Huiyan$
			白云岩	$C_2\_1HLZ\_2Baiyunyan$
泥盆系	五通组 D_3w	上统	石英砂岩	$D_3\_1WTZ\_1Shiyingshayan$
志留系	坟头组 S_2f	中统	粉砂质泥岩	$S_2\_1FTZ\_1Fenshazhiniyan$
	高家边组 S_1g	下统	泥质粉砂岩	$S_1\_1GJBZ\_1Nizhifenshayan$
奥陶系	仑山组 O_1l	下统	石灰岩	$O_1\_1LSZ\_1Shihuiyan$
岩浆岩	花岗岩 γ		花岗岩	$\gamma\_1Huagangyan$
	闪长岩 δ		闪长岩	$\delta\_2Shanchangyan$
	石英正长岩 ξO		石英正长岩	$\xi O\_3Shiyingzhengchangyan$

二、建模方法及关键技术

(一)地层建模

安庆规划区模型采用地层建模方法进行创建。

通常采用两种方式来解释地层信息:一种是仅揭露钻孔信息的钻孔地层信息;另一种是包含层序,进行了地质解释的层序地层信息。本次工作利用包含层序的钻孔信息创建三维地层模型,将整个模型中所有地层按照从上到下的层级表达出来,且要求所有钻孔中的地层也按照这种层级去表达。因为地层中往往总会有尖灭、透镜体等现象,即地层在某一个区域可能是连续的,到另一个区域时可能消失或被另一个地层分割开来。地层层序划分是一种非常好的解决该问题的方法,如图14-1-1所示。

以图14-1-1为例,其中 0 为砂土,1 为黏土,2 为砾石土。假设整个场地最左侧、最右侧和中间分别有一个钻孔,两侧的钻孔没有揭露黏土透镜体,因此,这两个钻孔中只有两种材料、两个地层,而中间的钻孔中有 3 种材料、4 个地层。

把每个钻孔中揭露的地层都当作沉积地层看待,将尖灭的地层看作厚度为零的地层。因此需要给整个模型划分 4 个地层层级,分别为上部砂土(0)、黏土(1)、下部砂土(2)和砾石土(3),如图14-1-2所示。在输出模型时,只要保证层 0 和层 2 具有相同的颜色和纹理,那么层 0 和层 2 看上去只是一层,除非通过层炸开模型。

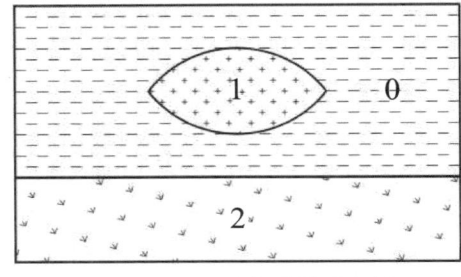 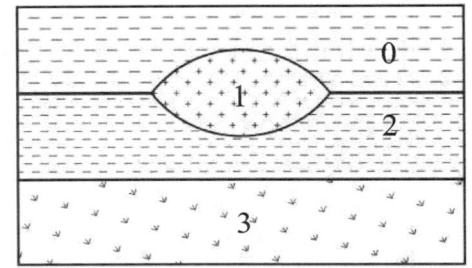

图 14-1-1　层序划分说明案例　　　　　图 14-1-2　地层层序划分

对于可以采用上述方式进行地层信息表达的场地,地层建模是最好的一种三维建模方式,因为每个地层都可以创建清晰平滑的边界,同时不同的层之间还可以通过炸开方式来分离。图14-1-3给出了一个地层更加复杂的场地的层序划分结果,整个场地中的沉积地层和透镜体都可以通过相同的层序来表示。

地层建模的基本流程:获取钻孔信息、在三维空间中进行层序划分、得到三维地层面(krig_3d_geology模块)、在地层面之间赋予相应岩性得到三维地层模型(3d_geology_map模块)。

(二)岩性建模和平滑岩性建模

安庆三维地质模型采用岩性建模方法进行创建。

对于钻孔较多、地质情况较为复杂(侵入岩、岩溶、褶皱等)的情况,一般无法确定标准层序,此时可以采用指数克里金(GIK)方法进行岩性建模。GIK 提供了创建非常复杂地质模型的能力,而且这种地质建模方法几乎是由计算机完全自动完成的,不需要地质人员的干预或对钻孔数据进行解释。

岩性建模采用原始钻孔数据进行建模,即没有进行层序划分的钻孔数据。因此,对于可以进行地层建模的场地,岩性建模也可以用于辅助判断层序划分是否正确,即岩性建模结果为我们给出了计算机通

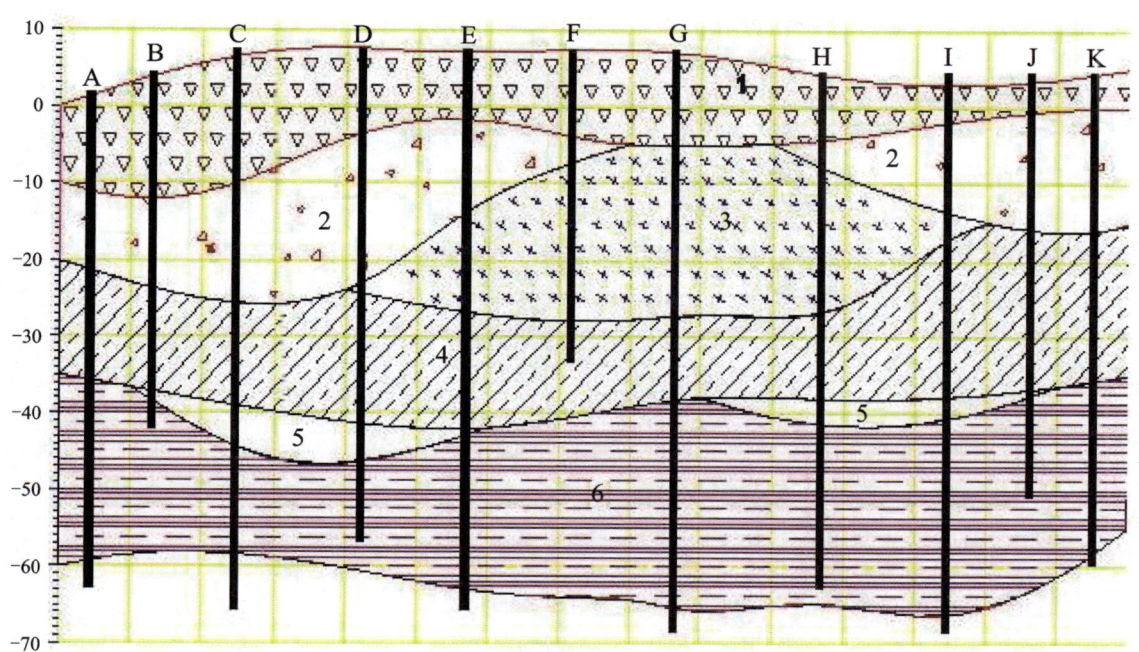

图 14-1-3 复杂地层的层序划分

过 GIK 方法得到的空间中岩性的概率分布情况,而这种情况可以用于验证层序划分是否正确。

通常情况下,岩性建模可以很好地判断场地的地质构造情况,是否可以进行地层建模、是否有溶洞等复杂地质构造等。对于可以进行地层建模的场地,当钻孔较多时,岩性建模甚至可以得到与地层建模相似的模型,因此对于需要随钻孔数据不断更新模型且钻孔数据量庞大的情况也非常适用。

岩性建模由于其便利性(几乎无须人工干预),广泛应用于复杂地质建模。但是由于岩性建模采用单元数据进行差值,所以世界上绝大部分地质建模软件得到的岩性模型都像乐高积木一样是锯齿状的。为了得到平滑的岩性模型,通常需要加密网格,但是这样会大大降低建模效率,增加计算时间。EVS 创新性地发明了不加密网格即可生成平滑岩性模型的平滑指数克里金方法,使用该方法可以得到非常平滑的岩性模型。

其中每个模块的用途如下。

(1) krig_3d_geology 模块:设置网格范围和网格精度。

(2) draw_lines 模块:绘制所需区域的边界线(闭合的曲线)。

(3) polyline_spline 模块:将区域边界线进行平滑处理。

(4) triangulate_polgons 模块:将区域边界线转化为平面用于模型切割。

(5) mask_geology 模块:取和区域边界线相交的网格作为插值运算的网格。

(6) indicator_geology 模块:进行平滑岩性建模,得到真三维的模型数据。

(7) explode_and_scale 模块:对模型数据赋予炸开和缩放的属性。

(8) area_cut 模块:按区域边界线对模型进行切割。

(9) plume_shell 模块:进行模型三维可视化。

(10) north 模块:添加指北针。

(11) post_samples 模块:进行钻孔数据的三维可视化。

(12) legend 模块:添加岩性图例。

(三)真三维模型

EVS将空间连续数据(坐标、层厚、标高等)存储在模型网格节点上,将空间非连续数据(地层、岩性等)存储在模型单元中,形成真三维地质模型。

在真三维地质模型中,可以根据模型中存储的属性来对模型中的数据进行筛选,从而实现模型的后处理,即对模型进行了集成化以便查看和获取不同的信息,例如可以筛选落在某个面上的信息来获得剖面,筛选大于某一层厚的地层来获得尖灭区域等。

相对于假三维地质模型,EVS创建的真三维地质模型可以存储更多的信息,可以反映地质体内部的差异,可以反映地质属性在空间中的变化情况。

(四)有限差分网格

EVS支持3种不同的网格类型如下。

1. 凸包(convex hull)网格

凸包网格是围合所有数据形成的不规则封闭多边形,其中每个单元的大小和方向都不同,是软件默认的网格样式,其特点在于无须进行任何设置,即可保证模型范围能够包含所有的数据点且无多余网格,而且模型在所有数据点处都是内插。其典型样式如图14-1-4所示。

2. 矩形线性(rectilinear)网格

矩形线性网格的边缘平行于坐标轴,其中每个单元的形状都是矩形,且它们的尺寸是相同的,只要知道网格的坐标范围就可以计算所有节点的位置,因此网格的连接关系可以隐式地表示。矩形线性网格的特点在于创建的地质模型具有较为均匀的属性数据分布。典型的矩形线性网格如图14-1-5、图14-1-6所示。

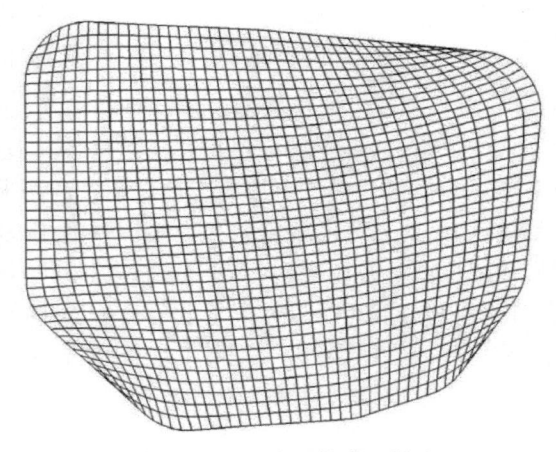

图14-1-4 凸包网格典型样式

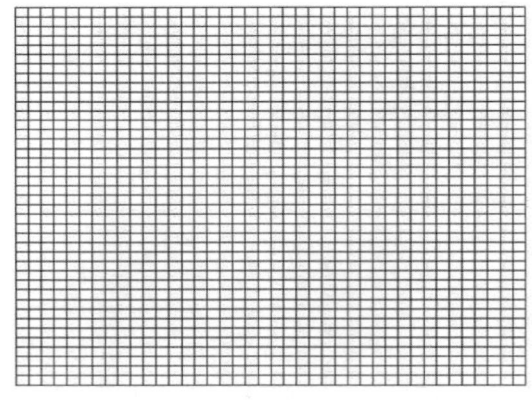

图14-1-5 典型矩形线性网格(平面)

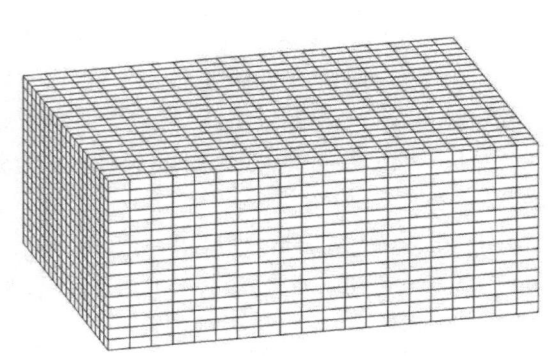

图14-1-6 典型矩形线性网格(三维)

3. 有限差分(finite difference)网格

由于矩形线性网格每个单元的大小和方向都是固定的,因此在进行某些数据的差值时,会有大量的区域为外插且没有意义,而且这些区域会增加计算时间。有限差分网格可以设置网格方向,可以在局部调整网格精度,很好地解决了上述问题,因此本项目采用有限差分网格。典型的有限差分网格如图 14-1-7、图 14-1-8 所示。

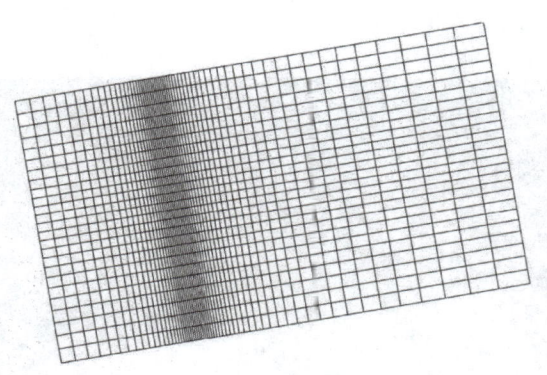

图 14-1-7　典型有限差分网格(平面)

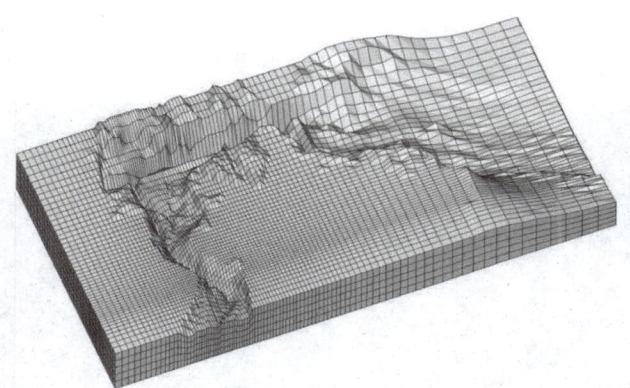

图 14-1-8　典型有限差分网格(三维)

三、建模结果

(一)建模区域

本项目需要建立模型的区域如图 14-1-9 所示。其中安庆三维地质模型为大区域模型,通过区域内的 8 条剖面图提取虚拟钻孔进行创建。安庆规划区模型为小区域模型,通过实际调查的钻孔进行创建。

为了体现多层次的建模思想,首先利用有限差分网格对大区域模型和小区域模型采用了不同的网格精度,在安庆规划区范围内对网格进行了加密,既节约了计算时间,又顾及了模型的主次,达到了效率与质量的平衡。建模所用网格如图 14-1-10 所示。

图 14-1-9　建模区域分布

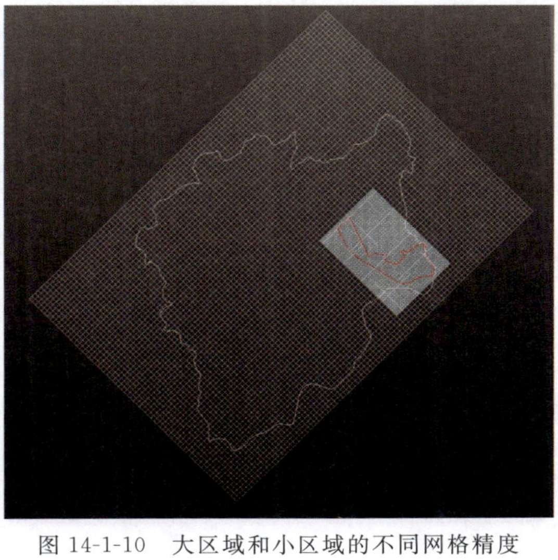

图 14-1-10　大区域和小区域的不同网格精度

其次，在多层次建模方面，对于安庆规划区模型分别采用了地层时代和地层名称进行建模，使得同一个模型表达了不同的信息。即对于安庆规划区的同一套钻孔，在层序划分的时候，先按照地层时代划分地层面，再按照地层名称划分地层面，然后分别按照地层时代和地层名称对应的地层面生成相应的地质模型。

（二）建模成果

安庆三维地质模型采用岩性建模方法进行创建，如图 14-1-11 所示。

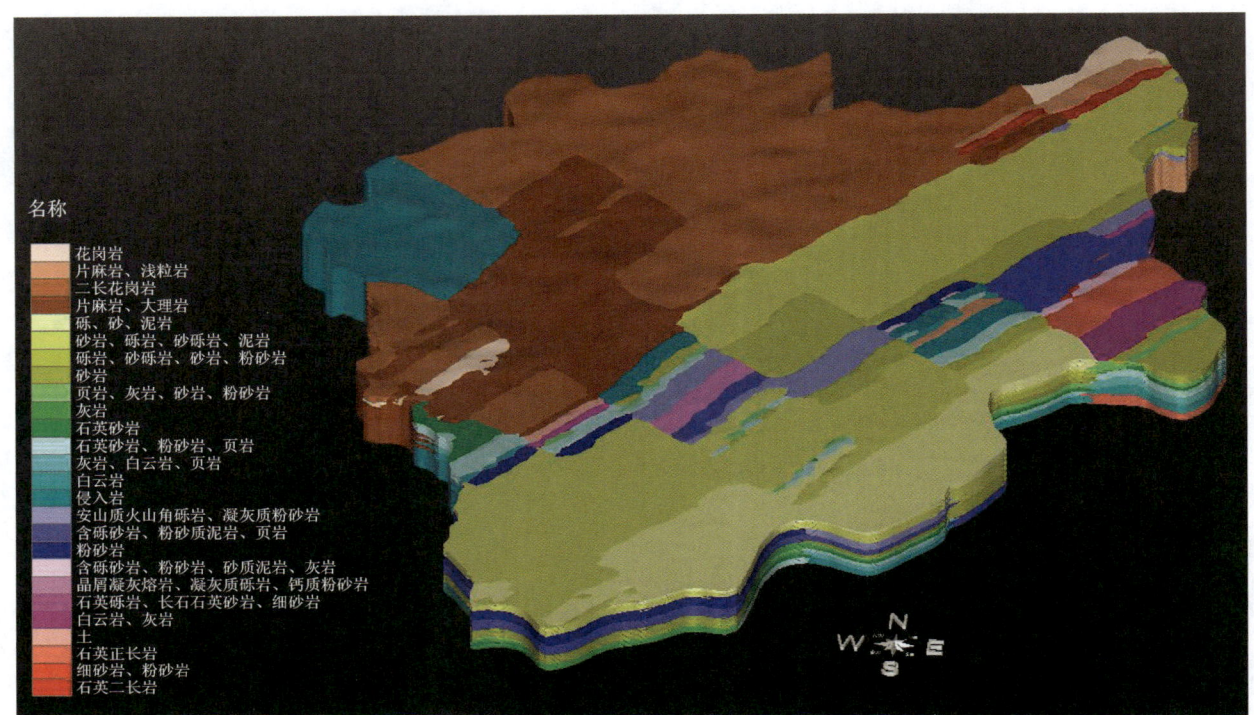

图 14-1-11　安庆三维地质模型

根据 8 条剖面的剖切线位置，在 EVS 模型中使用 thin_fence 模块进行剖面切割，如图 14-1-12 所示。

1. 安庆三维地质模型剖面准确性

为了验证模型的准确性，将模型中的 8 条剖面依次与 CAD 剖面进行对比，每条剖面与 CAD 剖面图的吻合程度均较好。

2. 安庆规划区模型

安庆规划区模型分别按地层时代和地层名称建模，如图 14-1-13 所示。

3. 长江漫滩平原及Ⅰ级阶地地区三维岩性模型

针对安庆市规划区内更高精度的模型要求，利用更详细的钻孔资料建立了三维岩性模型，如图 14-1-14 所示。

图 14-1-12　从安庆三维地质模型中切割的剖面（整体）

图 14-1-13　安庆规划区模型（按地层时代）

（三）模型在 GBIM 平台的展示

根据建模结果和信息平台需求，将模型导入项目信息平台，展示结果如图 14-1-15 所示。

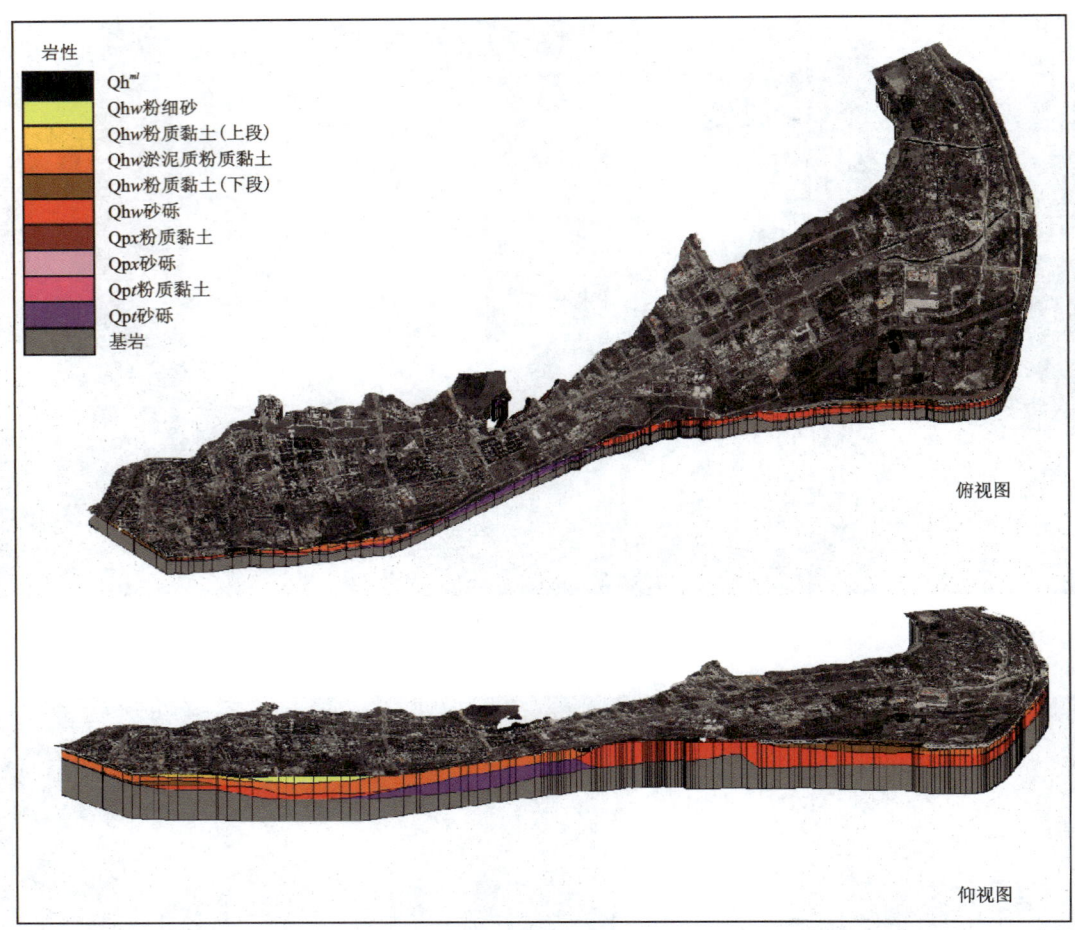

图 14-1-14　长江冲积漫滩区三维地质模型实体图

图 14-1-15　安庆市区模型

第二节 信息平台建设

一、数据库建设

（一）数据库标准体系

本数据库系统依据《城市地质调查数据内容与数据库结构》的有关规定进行系统建设，该系统包括野外调查数据、成果资料，其空间图形库、数据库的结构、数据格式、图层、视图工程文件的命名及图元编号的结构均按规定进行，参考的主要标准如下：

DZ/T 0352—2020	城市地质调查数据内容与数据库结构；
DD 2019-07	环境地质调查技术要求（1∶50 000）；
DD 2019-06	工程地质调查技术要求（1∶50 000）；
GB/T 12328-1990	综合工程地质图图例及色标；
GB/T 14848—2017	地下水质量标准；
DDB 9702	GIS 图层描述数据内容标准；
DDB 9701	数字化地质图图层及属性文件格式；
DD 2006-05	地质信息元数据标准；
DZ/T 0268—2014	数字地质数据质量检查与评价；
DD 2010-01	地质调查软件开发测试管理规程。

（二）数据库数据来源

数据库数据资料在进一步收集安庆市基础地质、水文地质、工程地质、环境地质、地震地质、矿山地质、农业地质及旅游地质等有关资料的基础上，充分利用城市建设发展规划、土地资源利用、卫星遥感影像、物探剖面等资料，采用遥感解译、地质测绘、物探、钻探、原位测试和室内试验、数值模拟等手段，利用3年时间在全市区开展了面向资源环境承载能力和国土空间适宜性"双评价"的综合分析与评价，编制1∶25万国土空间控制性要素图件13张。

在桐城和怀宁地区等城市规划辐射区开展了面向资源、环境保护利用的综合调查评价，编制了桐城市、迎江区、宜秀区及大观区的1∶5万地质资源分布图、环境地质图、水文地质图和工程地质图等系列图件。

在破罡湖等核心区开展了1∶2.5万工程地质调查，建立了多尺度三维地质结构模型，获取了典型层位的沉积环境、古气候环境、工程力学参数等地质参数，评价了地下空间开发利用地质适宜性。

在这些调查及收集数据的基础上建立了安庆多要素城市地质调查数据库。

（三）数据库建设工作方法和流程

1. 资料收集

主要包括调查类、测试分析类、技术方法类、成果类等项目所涉及的4类成果。

调查类：调查卡片数据、照片以及影像数据。

测试分析类:测试分析数据。
技术方法类:钻探数据、遥感解译数据、物探数据。
基础图件类:基础地理地质图、成果图件数据与空间数据相关的其他数据。
其他类:项目实施方案及方案审批意见书、项目野外验收意见和审核意见及其他有关规范和标准。

2. 资料预处理

在全面收集资料的基础上,对资料进行系统的分析研究,综合整理筛选,对基础图的错误进行修正,提高专业图图形编辑的精度和准确度。将所有资料分为空间数据和非空间数据两大类。空间数据包括地理地质基础图、成果图与空间数据相关的其他数据。非空间数据主要是有关规范和标准、任务书、调查类数据、测试分析类数据、技术方法类数据。

3. 建库文档准备

建库文档准备主要是指建库过程中所需要的文档进行准备,主要为数据整理记录表、空间数据属性表、外挂属性表准备等。

4. 空间数据的处理

1)地理地质基础资料

地理地质基础资料为标准图幅。坐标系采用"2000 坐标系";高程基准采用"1985 国家高程基准";地图投影采用按 6°分带,中央经线为 117°的"高斯-克吕格投影";比例尺分母,25 000、50 000、250 000;坐标单位,mm。

2)其他专题图和成果图

针对每种专题图按照标准建立分层文件,综合组在标准化的地理地质基础图的基础上进行相关成果图件的制作。具体工作方法如下。

(1)点图元工作方法:对于野外调查产生的滑坡点、崩塌点等点图元,采用从属性库提取点坐标生成 MapGIS 明码文件格式的方式进行。

(2)线图元工作方法:线要素的编辑是图形编辑的重点,特别注意线要素图形数据的空间位置的精确度、线与线联结的好坏、线与线形成的多边形能否封闭以及图层、参数、圆滑等的正确性。

①通过线要素图形数据和属性数据的挂接检查有没有漏掉或多余的数据,属性数据和图形数据是否一一对应。利用编辑系统中线编辑的输入线、删除线、编辑属性等功能进行编辑修改,同时利用数据库对属性数据进行修改,使其一一对应。

②修改数字化错误的线,包括参数、图层、接头、方向等。

③进行线的自动结点平差,确保该联结的线头能准确无误地联结在一起。

④建立拓扑关系,形成多边形。检查识别错误,返回以上几步重新修改错误,直到无任何差错为止。最终再建一次拓扑处理。

(3)图形检查、校正:经操作员和地质人员随机检查后输出素图(分色线划图)提供地质专检人员检查,保证各类地质体空间位置的准确和组合实体间及基础图形要素之间的关系原则或制约得当。

(4)图形编辑及分层:分层进行组成图形的点、线、多边形等图形要素的编辑和修改,保证空间实体的点、线、面等数据类型定义正确性和多边形空间实体的封闭性。保证不出现不正确的悬挂节点和伪节点,去掉不影响围成多边形及线的连通关系的伪节点和悬挂弧段。保证所有线状要素相交处都建立结点。图形编辑、修改完成后输出二校彩喷图交由地质人员进行地质图面各类地质体表示内容的准确性检查(面元类型)。然后分层输出各图层(图元内容较少时可适当合并)的图层图供地质人员统一编号和依此进行属性文件编制。

(5)拓扑处理:为保证点、线、面类型定义正确、不同图层共用界线的一致性、多边形封闭、结点关系正确(线状实体交叉应建立结关系)等拓扑一致性的要求,对综合图层进行整体拓扑处理,并进行拓扑错误检查,检查自相交、打折等相关问题,直到拓扑通过,再进行分层剥离各图元要素。

(6)内部属性文件编制、录入与挂接:属性表字段结构严格按《重要经济区和城市群地质环境调查数据库建设指南(2014版)》执行,数据录入采用根据参数赋属性来完成录入工作,在录入过程中根据本项目实际情况部分字段作了必要的调整。

将编制好的属性文件利用 Excel 或 MapGIS 软件的属性管理功能录入,形成 DBF 数据文件。录入完成后须经计算机人员自检后输出全部数据交地质人员检查校对,经修改无误后方可进行图形属性的挂接。

(7)图形与属性一致性检查:为确保图形数据与属性数据的一一对应并不出现重号现象,对图形和属性进行了多重的一致性检查。包括操作人员 100% 的自检和地质人员与操作人员间 100% 的互检。

(8)统一编码的建立:调查点图元统一编号是 GIS 连接空间图元与属性表及外部数据表的唯一性关键字,三者必须保持一致。按照《城市地质调查数据内容与数据库结构》中关于统一编号编码规则的要求,已经完成所有调查点的 19 位统一编号编码。

5. 数据交换格式

数据库交换格式采用《城市地质调查数据内容与数据库结构》规定的数据格式。

6. 数据组织

在横向上,环境地质、工程地质调查数据组织形成逻辑上无缝的一个整体。在纵向上,各种数据要在空间坐标定位的基础上分成多个图层。

7. 元数据库

元数据是对建库数据的来源、比例尺、时间、范围等信息的说明。使用者只需查看元数据便可对所查询数据的基本情况一目了然。

(四)数据库的主要内容

本项目数据库内容主要包括基础地理信息数据、环境地质、工程地质调查数据、栅格数据、表格、文本等其他数据。

1. 野外原始数据库主要内容

1)野外原始记录卡片及影像库原始资料

野外原始记录卡片和影像库原始资料来源于项目组野外调查完成的野外卡片。野外资料通过了南京地质调查中心的野外验收。野外调查点统计见表 14-2-1。

表 14-2-1 野外调查点统计表

序号	调查点类型	数目(个/条)
1	野外调查路线	131
2	野外地层界线调查点	211
3	野外工程地质岩性调查点	682
4	地貌调查点	193
5	地质灾害点	103

续表 14-2-1

序号	调查点类型	数目(个/条)
6	垃圾填埋场调查点	17
7	地质遗迹调查点	27
8	机(民)井调查点	357
9	泉点野外调查点	18
10	水文地质钻孔	55
11	工程地质钻孔	107
12	第四纪地质钻孔	46
13	抽水试验点	241
14	工程地质标准贯入、动力触探点	989
15	十字板剪切试验	177
16	渗水试验	66
17	抽水试验	108
18	常规水化学水样点	309
19	地下水环境同位素点	234
20	土壤化学样品点	428
21	第四纪测年样品点	155
22	第四纪地质样品点	2556
23	工程地质波速测试点	208

2)其他原始资料

其他原始资料均为本次开展的工程地质钻探工程、物探和遥感工作等所取得的成果资料。对于收集的社会经济资料,主要是国家已发布的国民经济统计资料。

2. 成果数据库主要内容

1)MapGIS 系统库

本次空间数据库的系统库统一采用系统库"slib 水工环 2015",所有图例符号都选自此系统库。

2)地理图层原始资料

在获取到地理图层原始资料后,仔细检查核对地形图与现状的差别,收集了行政区划基础数据、交通数据、地图参数,为地理数据数字化与投影变换打下基础。坐标系采用"2000 坐标系";高程基准采用"1985 国家高程基准";地图投影采用按 6°分带,中央经线为 117°的"高斯-克吕格投影"。

(五)数据库质量控制

1. 质量控制原则

(1)统一标准原则:数据建库中数据内容、分层、结构、质量要求等要严格依据数据库建库标准执行。

(2)过程控制原则:对数据采集、数据入库等过程中的每一重要环节均进行检查控制与记录,以免环节出错造成误差传递、累加等,同时要保证建库过程的可逆性。

(3)持续改进原则:遵循了持续改进原则,使其贯穿数据采集、检查、入库等各环节中,不断优化各环节的数据,保障数据质量。

(4)质量评定原则:对数据库数据质量进行了评定,以便及时、准确地掌握数据的质量状况,并及时发现建库中存在的问题,保证数据建库成果的质量。

2. 数据源质量控制

(1)根据数据源质量要求对其进行质量检查,并填写原始数据质量检查表,检查图形数据精度是否在限差范围之内。

(2)检查 DEM 等数据源的点位精度时,选择明显地物点,与 GPS 测量实地坐标进行对比检查。

(3)检查野外调查记录表的规范性、完整性、逻辑一致性,并对照图件检查对应关系。

(4)检查数据源的数据格式、数学基础和数据精度等。

3. 数据采集质量控制

采用环节质量控制和交接检查的方法,对过程质量进行控制。

(1)作业员对其作业过程及重大问题及时记录。

(2)作业员对数据进行全面自查,技术负责人组织作业员互查。

(3)由专业质量检查员对重要环节进行重点检查,并填写质量控制检查及处理表。

(4)专业质量检查员要不定期地进行抽查,确保数据质量。

(5)不同作业员进行不同作业环节的数据交接时,进行数据交接检查,交接检查卡填写。

4. 接边拓扑处理质量控制

(1)作业员对每幅图应进行接边处理并记录重大问题,专业质量检查员应对接边图幅进行重点检查并填写质量控制检查及处理表、质量控制检查及处理表。

(2)检查每幅图相邻图形要素是否存在缝隙和重叠现象。

(3)检查每幅图相邻图形要素及属性要素的逻辑一致性。

5. 数据入库质量控制

(1)数据入库前应对数据进行 100% 的数据质量检查。

(2)数据入库后要对计算机自动输出成果进行检查。

(3)数据运行过程中要对数据库整体安全性运行检查。

6. 数据建库信息管理

数据建库过程中的信息管理是数据库质量保障体系的重要组成部分,是对建库过程中的各文档资料进行编写、整理和归档的过程。其内容主要包括项目设计书、技术标准、数据文档、原始图件、调查工作底图、格中进度安排、数据库建库总结、数据库自检报告等信息的管理。严格按照《重要经济区和城市群地质环境调查数据库建设指南(2014 版)》的要求,认真填写工作日志,并定期组织自检和互检,对抽检提出的问题认真修改,做好相关记录并建立质量控制文档。

二、地质环境监测网络

地质环境是指与人的生存发展有密切联系的地质背景、地质作用及发生空间的总和,主要要素包括气体、液体及岩(土)体等。地质环境监测指通过空、天、地等各种不同的观测系统对地质环境各种要素进行观测并实时记录其动态变化特征。滨江地区地质环境主要是在基底大地构造背景下河流侵蚀淤积作用过程中形成的,具有明显分带性,地域狭长。

(一)监测内容

根据滨江地区地质环境特点,需要关注的地质环境要素分别在近江及近山地区有所不同。具体见表 14-2-2、表 14-2-3。

表 14-2-2　滨江丘岗地区水环境要素监测指标及频率表

地区	监测指标	监测频率	其他
近江地区	地下水水位/温度	8次/天	与地表水频率一致
	地表水水位/温度	8次/天	
	地下水理化指标	1次/周	
	地表水理化指标	1次/周	
	地下水化学成分(常规)	1次/月	
	地表水化学成分(常规)	1次/月	
	地下水化学成分(特殊)	根据具体情况待定	如 As、Fe、Mn 等
	地表水化学成分(特殊)	根据具体情况待定	
古河道地区	地下水水位/温度	8次/天	
	地下水理化指标	1次/周	
	地下水化学成分(常规)	1次/月	
	地表水化学成分(常规)	1次/月	
	地下水化学成分(特殊)	根据具体情况待定	如 As、Fe、Mn 等
近山地区	地下水水位/温度	2次/天	
	地下水理化指标	1次/周	
	地下水化学成分(常规)	1次/月	
	地表水化学成分(常规)	1次/月	
	地下水化学成分(特殊)	根据具体情况待定	如 As、Fe、Mn 等

表 14-2-3　滨江丘岗地区土壤环境监测要素

地区	监测指标	监测频率	其他
近江地区	表层土壤含水率	8次/天	监测探头
	表层土壤温度	8次/天	监测探头
	表层土壤化学特征	1次/年	监测探头
古河道地区	表层土壤含水率	8次/天	监测探头
	表层土壤温度	8次/天	监测探头
	表层土壤化学特征	1次/年	监测探头
近山地区	表层土壤含水率	8次/天	监测探头
	表层土壤温度	8次/天	监测探头
	表层土壤化学特征	1次/年	监测探头
	水土流失指数	1次/年	遥感

(二)监测方法

(1)测量方法与精度。

流量:采用固定堰板观测,堰测读数精确至毫米。

水位:对水文地质钻孔、水井的测量方式是首先测量出监测点在地面的高程,然后用自动水位计测量地下水水位、水温及pH值等其他所需要的指标,并发送数据到指定平台,读数精确至厘米。

(2)资料整理:各动态监测点的监测数据应及时整理、汇总,并绘制动态过程曲线,以便发现问题及时纠正。

(3)针对点状、数据量较小的因子采用自动监测,数据自动传输至信息平台,统一展示,分析。

(4)针对连续、缓变因子如地层连续温度变化、区域性断裂带两盘差异性运动等采取人工定期监测,数据返回后上传信息系统相应模块,定期更新。

(三)站点布置

分析以往资料,在野外初步调查的基础上,筛选出具有代表性的泉点或水井、水文地质钻孔等进行监测网点的布置。

1. 地下水监测站点布置

根据安庆市水文地质特征,安庆规划区水文地质分区呈现出条带状分布的特点,根据本项目施工的钻孔,置入基于物联网技术的地下水自动测量探头,按照控制所有单元、沿深槽控制的原则部署了8处监测站点。

2. 土壤环境监测剖面

选择山前岗地区、漫滩平原区及长江一级阶地建立了4个土壤监测剖面。

三、信息平台建设

(一)平台基本性能

从连续性、并发数、传输速度、响应时间、可扩展性、安全性和运行环境等方面分析安庆城市地质信息管理与服务平台主要性能:

(1)保证系统 7×24h 连续不间断地运行。

(2)允许在线用户数不小于200;允许并发操作用户数不小于100。

(3)系统传输速度最低为 100kB/S,最高为 2MB/S,稳定传输速度为 500kB/S。

(4)系统平均响应时间不大于10s,数据查询响应时间不超过3s,业务网内数据检索返回速度小于5s。

(5)针对系统易用性的要求,在系统的具体设计过程中,从易部署性、易安装性、界面友好性、易学习性和易操作性等方面进行综合考虑,具体如表14-2-4所示。

表 14-2-4 可操作性与易用性设计

系统可操作性层面	设计
易部署性	1. 在系统开发阶段,我们将制定一套统一的系统开发规范,为系统的结构设计、功能设计、接口定义、系统编码等方面提供规范化的指导; 2. 对系统符合规范的代码和相关文档进行统一管理,尽量实现功能代码的重用,加快系统的开发; 3. 选择稳定的技术、成熟的开发框架作为系统的基础框架,支撑系统的快速开发实现
易安装性	1. 为系统的安装提供符合流行的安装模式,实现系统的顺利安装; 2. 实现系统的安装流程简单化; 3. 为系统的安装过程提供详细的安装说明
用户界面的友好性	界面操作应简捷,方便用户的数据输入和查询
易学习性	为系统用户提供便于理解学习的系统操作手册,实现系统操作人员的快速上手
易操作性	对主要或常用功能提供快捷方式。如提供模板技术发布信息页面,使得系统应用和检索页面的定制简单、快速

(6)从数据量扩展、用户数量扩展与功能扩展系统等方面进行可扩展性设计:

①系统运行过程中,数据在不断地积累,要求系统不仅能够存储更大量的数据,更重要的是在数据传输、计算量增大的时候,保证系统数据管理的性能要求。

②随着业务的发展,系统的用户会越来越多。要求系统在用户数量不断增长的情况下也要保证性能要求。

③随着业务的发展与深化,需要系统增加新的功能。要保证系统在扩展过程中方便地添加新的功能;扩展后新旧系统之间具有良好的集成性;扩展后的系统仍能满足业务要求的性能;扩展过程中要有良好的安全解决方案;能够进行低成本扩展。

(7)安全设计主要包括系统安全、数据安全和传输安全等。

①系统安全主要从硬件和软件两个方面进行阐述。

硬件方面:根据安全域的划分,在不同的域之间使用路由器和防火墙进行隔离,划分不同的网段进行控制,同时设定合理的防火墙规则,以达到对不同的域进行安全控制的目的。

软件方面:购买系统杀毒软件,保证系统的运行环境,对跨域的数据交换的端口进行侦听,同时指定可靠的端口进行信息传递。

②数据之间相互关联,采用锁机制确保不会出现误读。

系统中的数据记录彼此之间有相互关联,当删除或修改某记录时,系统要求相关的其他数据记录需要同步删除或修改。因此,当非授权用户蓄意或误操作敏感信息时,系统通过数据间的逻辑关联性可避免信息破坏,从而提高系统安全性。

系统为确保数据不会出现脏读、误读等情况而采用了锁机制。当一个用户操作对象之前,首先锁定该对象,这样在修改结束之前,其他用户不能得到该对象的访问权。一旦修改结束,对象解除锁定状态,同时消除原用户的一切信息,新的用户不能获得原用户活动所产生的任何信息。

③针对系统所在网络环境,对系统进行网络级安全设计。

根据资源访问的涉密程度,可将网络划分为开放网络、安全隔离区(DMZ)、核心区,开放网络指Internet;核心区是指被保护域,其内部资源不允许开放网络中的用户直接访问;安全隔离区是核心区向开放网络用户提供服务的安全缓冲区。隔离区内不能访问核心区的资源,开放网络在被授权后,可以访问DMZ区的资源。

(8)运行环境设计。在遵循"立新"和"利旧"相结合的工作思路的前提下,结合业主提供的运行环境条件,本章分条目以图表形式说明本软件(系统)网络运行环境设计、硬件环境设计和软件环境设计。

(9)网络环境。安庆市城市地质信息管理与服务平台部署在中国地质调查局南京地质调查中心的内网,部署服务器包括应用服务器、开发环境服务器等。具体网络拓扑如图14-2-1所示。

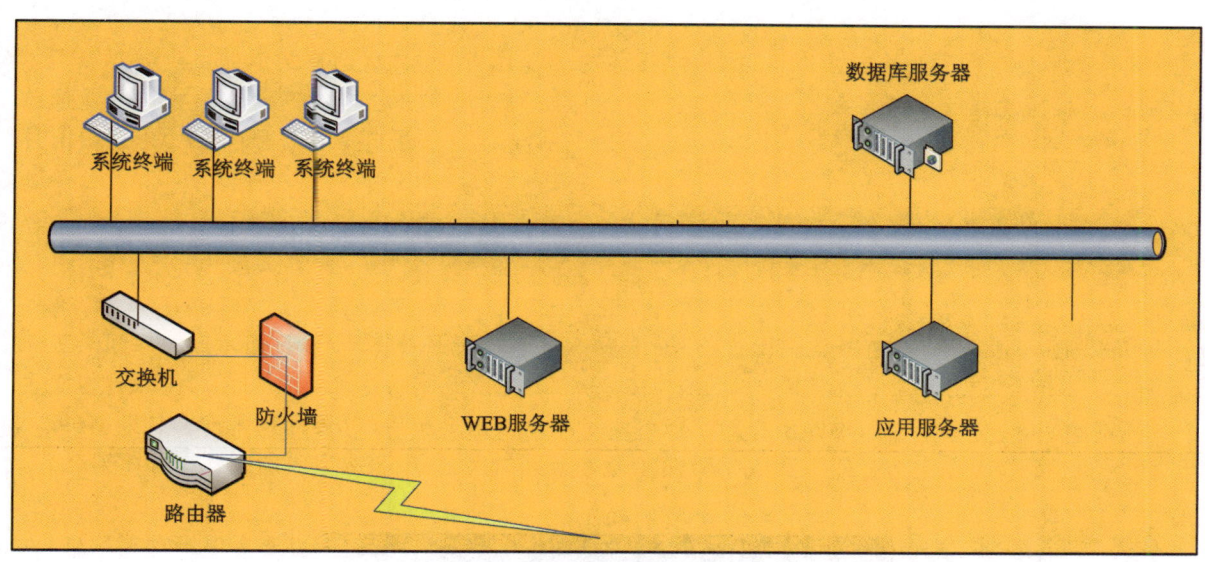

图14-2-1　安庆城市地质信息管理与服务平台网络环境拓扑图

(二)功能设计

1. 一张图展示系统

一张图展示系统主要是面向领导及"安庆市城市地质信息管理与服务平台"成果使用者,通过开发一张图系统,用户使用该系统可实现对工程地质、地质灾害防治、地下水监测、资源承载力等相关信息服务管理,实现重要研究成果及时发布,实时监控情况和数据及时更新,实现信息共享和信息联动。

一张图系统是一个地质环境信息展示平台,可提供数据查询与统计分析功能、空间查询及空间量算功能。

地图基本操作:实现放大、缩小、漫游、全幅等基本电子地图操作功能(图14-2-2)。

定位功能指通过指定经纬度坐标或者投影坐标,将地图窗口定位到用户指定的区域,简化用户地图查找操作(图14-2-3)。

空间量算包括距离量算和面积量算。距离量算支持在地图上绘制连续的线段,然后显示线段的长度;面积量算支持在地图上绘制多边形,然后显示多边形的面积。

图层控制功能可以控制图层的显示情况,以测站图层为例:用户需要查看测站的信息,只需要勾选图层中的测站即可显示测站图层。本系统图层涵盖了地质相关的常用图层,可以满足各部门的业务需求。

图层控制包括专题图层显隐控制和底图切换。

关键字查询:针对不同专项和对象类别,提供给用户一种按常用查询指标和匹配规则进行查询的方式,并展示相关的属性信息。

空间查询:提供点查询、矩形查询、多边形查询等多种方式对空间对象进行查询和展现。

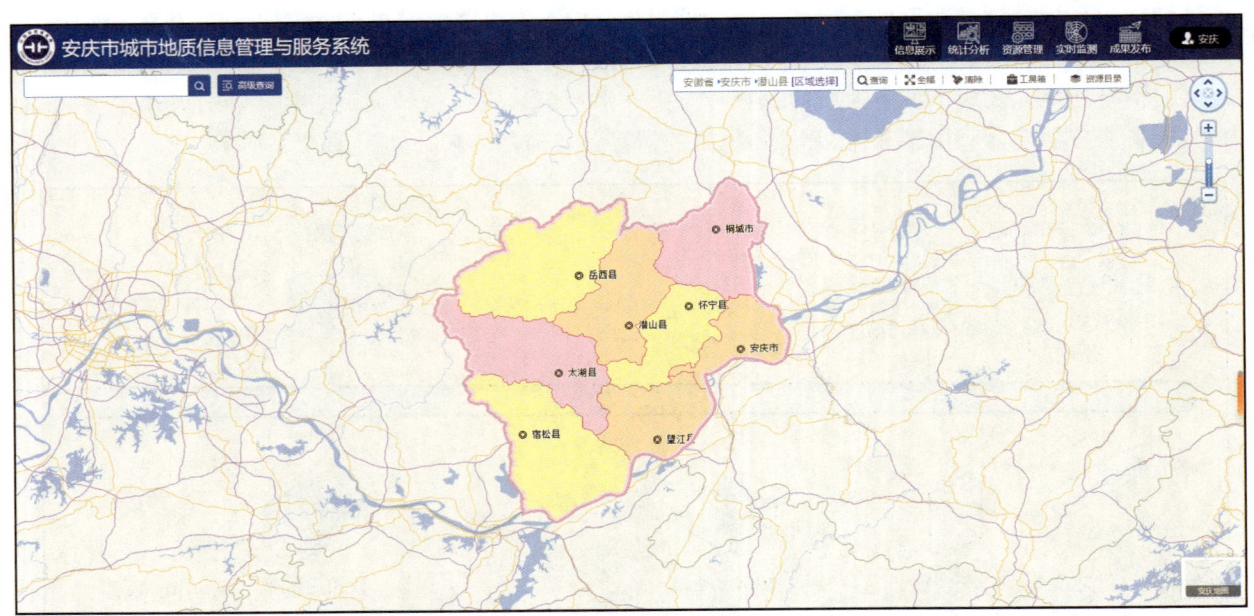

图 14-2-2　地图基本操作工具

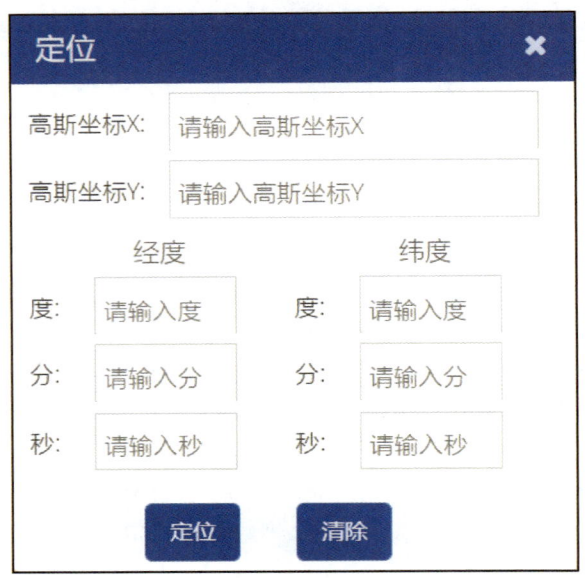

图 14-2-3　定位界面示意图

2. 统计分析

综合统计：对属性查询结果进行分类统计，生成统计图表和专题图。

系统支持对地质对象的业务信息进行统计，用户可以随意选择某个地质对象，然后再选择感兴趣的指标和统计的分类方式，系统支持以统计表、统计图、专题图的形式向用户展示统计结果。

分析评价功能包括环境评价、工程评价和地球化学分类要素评价 3 类（图 14-2-4）。

环境评价：根据收集资料，针对如何预测突发性事件或事故（一般不包括人为破坏及自然灾害）引起有毒有害、易燃易爆等物质泄漏，或突发事件产生的新的有毒有害物质，建立环境分析评价模型，进行分析评估，分析得到影响范围等信息以使影响降低到最低程度。

工程评价：根据收集资料，建立工程地质评价模型，全面分析工程地质环境，对新建工程建筑物的工

图 14-2-4　分析评价界面

程地质条件所作的适宜性评价。由于建筑物的规模、类型不同,对地质条件的要求也不同,需结合建筑物的具体要求进行。

地球化学分类要素评价:根据收集资料,建立地球化学分类要素评价模型,研究地球的化学组成、化学作用和化学演化,对矿产的寻找、评价和开发,农业发展和环境科学等有重要意义。

3. 实时监测

通过接入实时水温、水位信息,以文本、表格、过程线等方式显示按照监测站名和时间记录的监测信息,为工作人员提供水温水位监测查询、水温水位过程线、时段水温水位报表等实时水温水位信息和历史水温水位信息服务功能。

4. 资源管理

1) 三维基本操作

通过三维窗口提供的三维导航工具或通过鼠标键盘组合,实现三维场景的基本操作,可以任意角度浏览场景和重要设施。常用基本操作包括漫游、放大、缩小、倾斜、旋转、拉平竖起、选择、全屏显示等。

2) 二三维一体化显示

二三维一体化显示支持应用 DEM 和影像数据生成三维地图基础图层、叠加点、线、面等 GIS 图层及三维模型、三维标注、三维线和多边形等空间数据(图 14-2-5)。

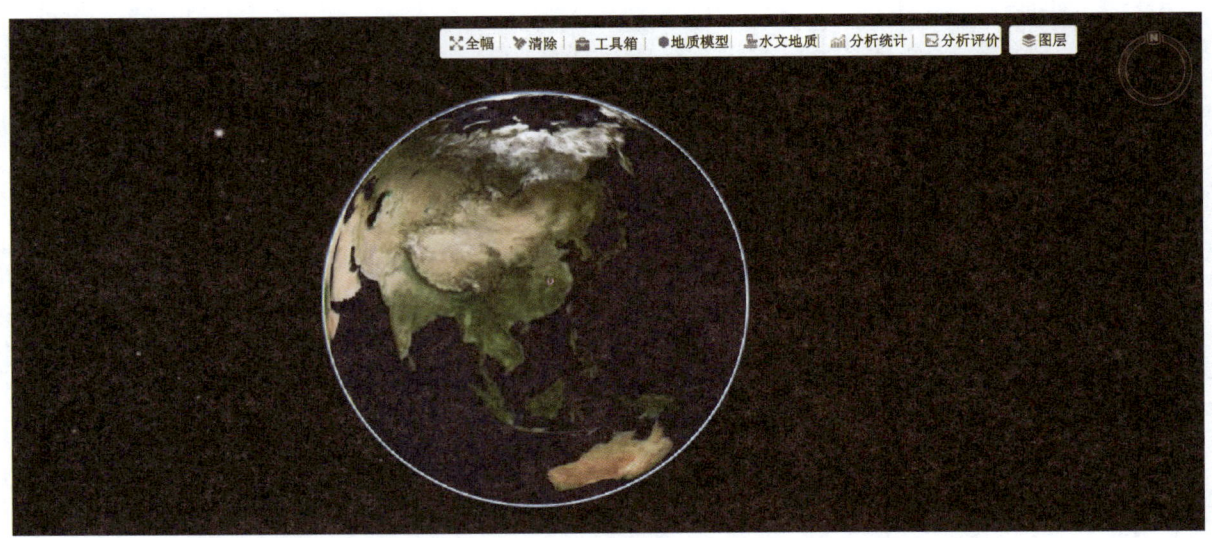

图 14-2-5　三维场景加载示意图

3）三维地质模型可视化

加载重点地质精细模型数据（图 14-2-6）。

图 14-2-6　地质模型展示

5. 地质模型剖分

在三维建模基础上进行模型平面剖分、折线剖分和组合剖分展示。提供多种可视化工具和手段对模型进行可视化展示，主要包括以下几种。

切片分析：通过栅格图、水平切片、任意切片、路径切片等方式，对模型进行切片处理（图 14-2-7），方便地质工作人员对任意位置剖面图、地质图等地质信息的获取。

切割分析：根据地质体结构和业务需求确定切割面，实现对地质模型的切割。

开挖分析：在三维地质体内部挖去一定形状的空间，实现在空间中漫游，查看地层内部分布情况。

钻孔分析：在已有地质体模型任意处生成带有属性信息的虚拟钻孔，进行可视化展示，查看地层分布情况。

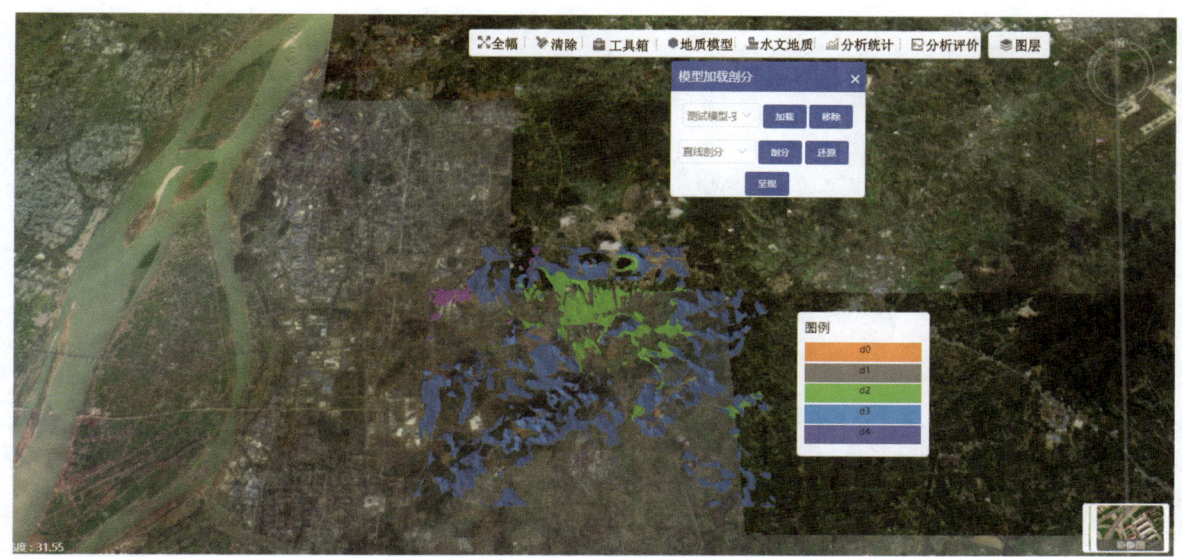

图 14-2-7　模型界面

6. 成果发布

成果发布模块主要面向社会公众提供安庆城市地质信息管理与服务平台的重要研究成果,通过 WebService 服务发布(图 14-2-8),并对发布的实时监控情况和数据做到及时更新,实现信息共享和信息联动。

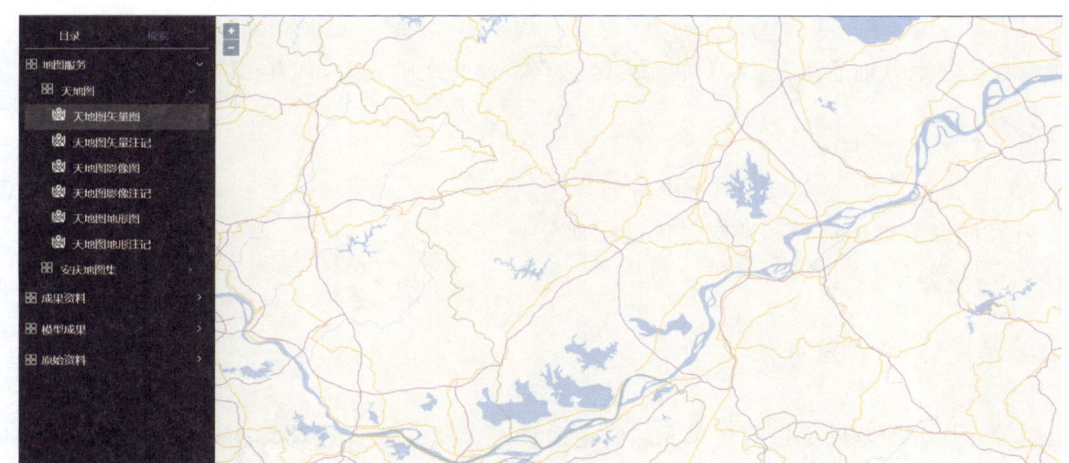

图 14-2-8　成果发布界面

第十五章 科技创新总结

第一节 工作方法创新

一、全要素调查

城市在规划、建设及运行管理过程中对资源、环境、空间和灾害等不同要素的需求也不一样,面对多样的对象和成果需求,提出基于地质单元划分的全要素调查技术。主要包括以下几部分内容。

(一)地质单元划分

1. 划分原则

根据调查尺度划分地质单元,各个单元内部具有一致的地质成因,具有相同的地质规律。

2. 划分等级

一般1:25万尺度以主控构造因素进行划分。
1:5万尺度以关键构造带和地层时代进行划分。
1:2.5万尺度以沉积接触关系进行划分。

(二)各单元调查关注对象

在地质单元划分的基础上进行各单元综合地质调查。同一调查点有共性基础地质条件的,同时进行基础地质、水文地质、工程地质地球化学及调查,调查内容填写于野簿和野外卡片上,具体调查内容见表15-1-1。

(三)野外调查工作流程

根据项目工作的目标和需求,野外调查主要包括区域水文地质调查、工程地质调查、环境地质调查和第四纪地质调查等。全要素综合调查需按照水平分带、垂向分层的原则展开,并遵循由表及里、由浅入深、从定性到定量的过程,总体流程如图15-1-1所示。野外调查总体可分为3个阶段:计划设计阶段、地质测绘阶段和重点解剖阶段。

表 15-1-1　各类调查区应调查的主要地质问题

	地质地貌	水文地质	工程地质	环境地质
沿江低缓平原区	1. 第四系厚度、岩性变化，确定地质时代、成因类型及其岩相变化规律； 2. 地貌的成因形态类型和形态组合类型及微地貌形态特征、分布、组成物质、形成时代；侧重调查阶地形态特征、结构与类型，水文网的发育变迁，古河床，牛轭湖埋藏谷的分布与埋藏情况； 3. 新构造运动性质与特征，根据地震活动性、地貌差异及水热活动等判定活动构造	1. 查明不同地层的透水性、富水性及其变化规律，并进行含水层（组）划分； 2. 获得主要含水层（组）的水文地质参数； 3. 查明各含水层（组）水力性质、水力联系及水化学变化规律； 4. 查明局部和区域性隔水层的分布、埋深和厚度； 5. 查明天然劣质水体空间分布范围； 6. 基本掌握地下水动态变化规律； 7. 查明地下水的补给、径流、排泄条件和地下水系统	1. 对 30m 深度范围内土体进行工程地质类型划分，分层分段给出各土层的物理力学性质指标，评价地基稳定性； 2. 要特别重视对软弱黏性土、粉质土、胀缩性土、淤泥质土、易液化饱和土等特殊性质土体调查其空间分布及变化规律，评价对不同结构类型的建筑物地基适宜性； 3. 注意天然斜坡或人工边坡可能对建筑物的影响，评价其稳定性； 4. 分析地震活动及地震地质资料基础，对区域地壳稳定性调查评价	1. 对于因人类工程、经济活动所产生的环境地质问题，如地下水污染、地面沉降等应进行专门调查，初步查明其分布、规模、程度，分析其主控因素，作出初步评价预测； 2. 调查地方病的发生及分布范围，提出防病措施； 3. 对天然水质不良区进行划分
中低山区	1. 查明不同地层的岩性组合与变化规律； 2. 判定测区所属构造体系类型及所在构造部位和各类构造的形态特征、产状、性质规模、分布及其组合关系； 3. 着重调查不整合面沉积间断面，玄武岩孔洞发育层，围岩接触带、红层、岩溶层等的特征与分布； 4. 着重调查各类岩层和各类构造的不同部位裂隙发育程度与特征，以及断裂破碎带的充填胶结情况； 5. 查明不同岩层、不同地貌形态风化壳的发育特征与风化带的划分； 6. 查明新构造运动的分布与特征，根据地震活动性、地貌差异、水热活动等迹象，判定活动构造	1. 查明不同地层岩性的透水性、富水性及变化规律；划分含水层和地下水类型； 2. 找出各类构造对地下水埋藏、运移与富集的控制程度、区域储水构造、断裂带和裂隙密集带的导水性、含水性和富水地段； 3. 详细调查风化带的蓄水条件，层间水的埋藏条件与补给来源以及岩体岩脉在围岩接触带的储水条件； 4. 中新生代红层广泛分布区应着重调查岩溶层的分布与富水性，地下水在垂向上水化学分带，注意是否有盐卤水分布； 5. 注意山区河谷平原及山间盆地内第四系潜水及承压水的调查，查明主要含水层（组）的分布水量、水质、埋藏条件及动态变化。基本查明地表水和地下水之间的关系	1. 查明不同地层岩性组工程地质特性，特别要着重查明软弱夹层、含膏盐地层的成分、工程地质性质、厚度与分布； 2. 调查各类岩体结构面型及其主要特征； 3. 根据岩体工程地质特性、物理力学指标和岩体结构类型，进行岩体工程地质类型划分； 4. 查明崩塌、滑坡、泥石流等外动力地质现象的分布、规模、发育程度与稳定状况，分析其形成诱发的主控因素； 5. 在分析地震活动及地层地质资料的基础上，对区域地壳稳定性作出评价； 6. 在对新老矿山统计分析的基础上，评价矿山环境现状，提出矿山环境修复治理对策建议	1. 着重调查由于人类工程经济活动引起的环境地质问题（地下水污染、水土流失崩塌、滑坡、泥石流、塌陷、诱发地震等），查明分布、发展程度或规模，产生条件、原因对其发展趋势作出预测和评价； 2. 对天然水质不良区进行划分； 3. 对采矿、选矿造成的地下水污染进行调查评价，提出治理措施，对未污染地区提出预防措施及应急预案

续表 15-1-1

	地质地貌	水文地质	工程地质	环境地质
山前波状平原区	1.查明山前松散岩类地层的岩性、厚度及夹层； 2.查明山前更新世与全新世地层界线形态及分布范围； 3.查明各种岗地地貌形态特征与规模,研究岗地发育规律与地层岩性及地质构造的关系	1.查明各含水层(组)水理性质、水力联系及水化学变化规律； 2.查明局部和区域性隔水层的分布、埋深和厚度变化规律； 3.基本掌握地下水动态变化规律； 4.查明地下水的补给、径流、排泄条件和地下水系统	1.对山前松散岩类、岩层及其夹层,研究其单层厚度、风化程度,并对基础和边坡稳定性作出评价； 2.着重调查由于水动力条件的变化所引起的外动力地质现象,如塌陷、地裂、滑坡、岩崩等的发育程度、规模及其发展趋势	1.着重调查水土流失情况； 2.调查胀缩土存在范围； 3.对天然水质不良区进行划分

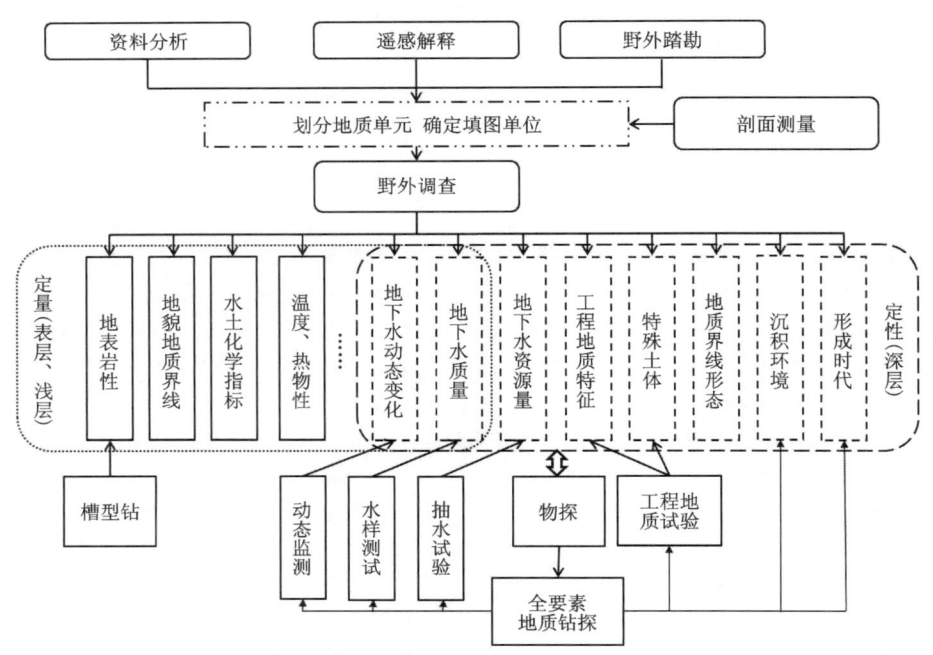

图 15-1-1　全要素调查工作流程及工作手段关系图

计划设计阶段主要是指综合调查之前根据分析以往资料,结合遥感对地理地貌的解释,在踏勘的基础上,对全区进行平面分区以确定各区工作重点以及工作方法。

地质测绘阶段主要是指综合调查过程中的路线调查阶段,是在剖面测量或者对收集到的地质资料(主要是指钻探资料)分析确定填图单元之后的地表地质测绘阶段。该阶段主要工作为通过地质路线调查对工作区取得部分定量认识(地表岩性、地质地貌界线、潜水水化学基本特征以及民用建筑主要持力层等)以及定性的总体认识(如地下水动态变化、含水层结构、主要供水层位、各含水层或者同一含水层不同位置水化学差异、各工程地质层层序、工程地质特征、特殊土体分布以及地质界线形态)。为更好地开展全要素调查,自主研发了直推式原位土壤取样器,并获得实用新型专利一项(图 15-1-2)。

重点解剖阶段是利用必要的工程手段对调查过程中不明确的认识进行验证或者修正,进行必要的试验取得相关参数,采集必要的样品进行综合分析,是地质测绘阶段的深化延伸阶段。在地质测绘基础上,确定物探工作详细参数,并依此进行水文、工程及第四纪地质多参数全要素地质钻探,进而开展相关

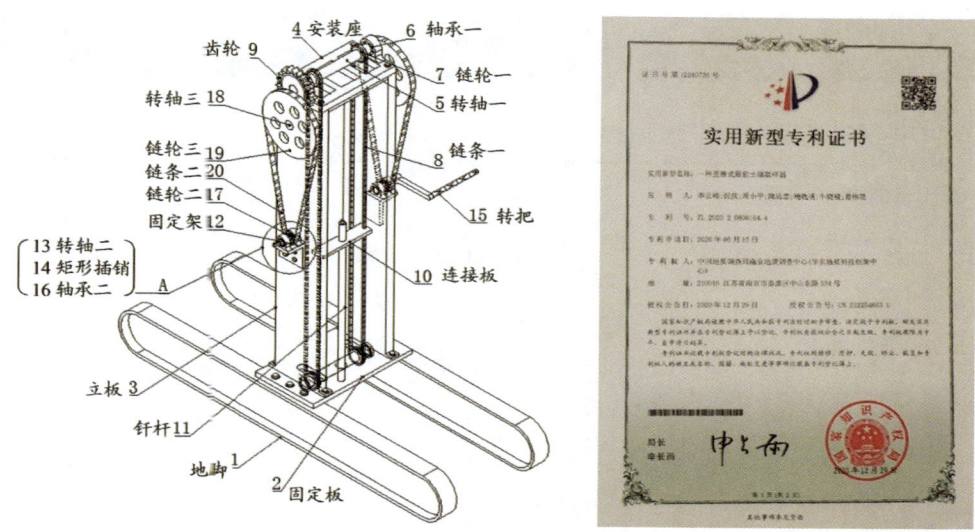

图 15-1-2　直推式原位土壤取样器结构原理图及专利证书

水文、工程地质试验并采集样品。为对调查区各个分区地下水动态进行对比研究,开展连续多个水文周期的地下水水位监测等。

二、全要素钻探

在划分地质单元的基础上开展全要素地质钻探,建立每个单元的第四纪沉积、工程地质结构、水文地质结构及沉积层地球化学分布连续的标尺(图 15-1-3)。每个单元至少 1 个控制性第四纪地质钻孔。控制性钻孔连续取第四纪地质样品,孢粉、粒度每隔 1m 取样、古地磁每隔 0.2m 取样,建立每个单元第四纪地质标准层序,该钻孔变层开展工程地质试验减少第四纪样品间隔,保证样品连续性。同时配合第四纪地质样品连续获取地球化学样品。其他钻孔地层变化后取孢粉与粒度样品,遇合适样品取 ^{14}C、光释光或者 ESR 等测年样品。创新了成果表达形成空间坐标(XYZ)+属性的成果表达方式,为整合以往地质资料、建立地质档案数据库及快速成果服务奠定基础。已通过审查正在公示,检索界面如图 15-1-4 所示。

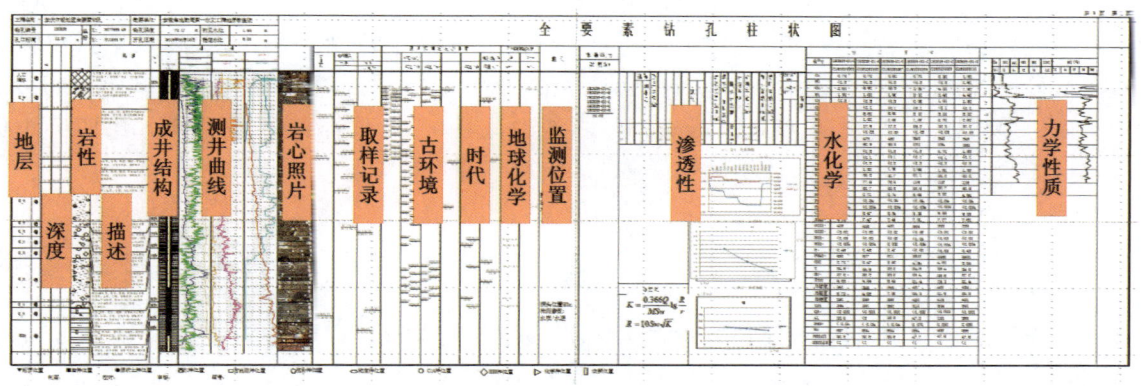

图 15-1-3　全要素地质钻孔示意图(长江冲积河漫滩)

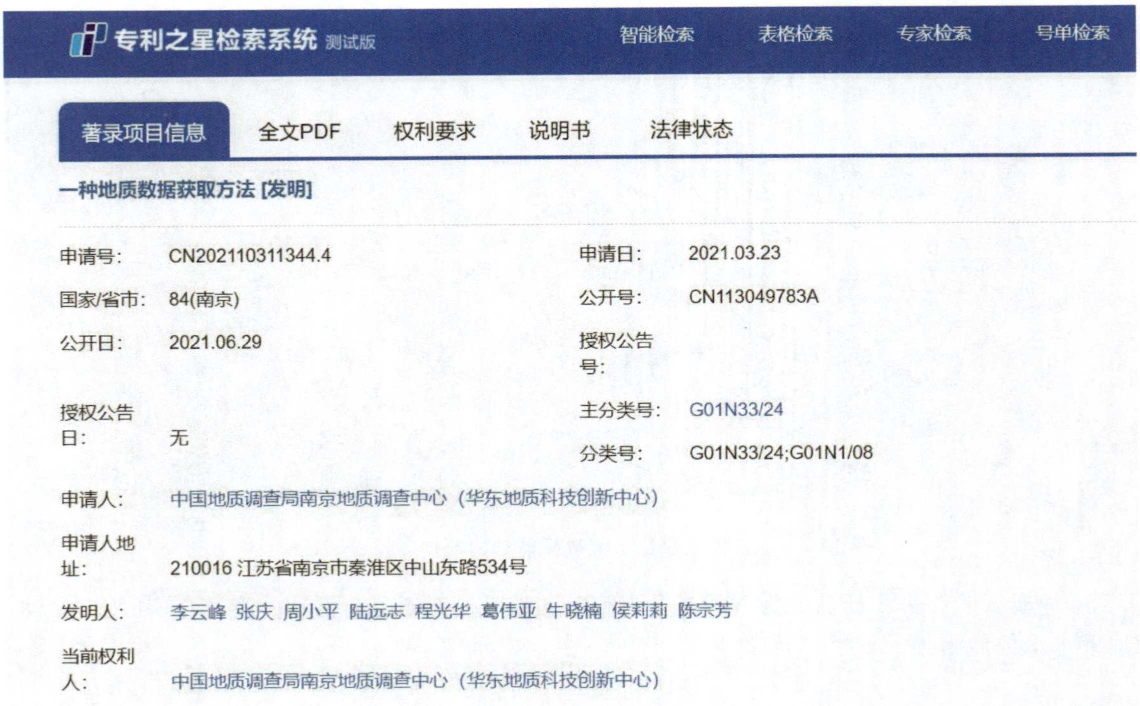

专利之星检索系统 测试版　智能检索　表格检索　专家检索　号单检索

著录项目信息　全文PDF　权利要求　说明书　法律状态

一种地质数据获取方法 [发明]

申请号:	CN202110311344.4	申请日:	2021.03.23
国家/省市:	84(南京)	公开号:	CN113049783A
公开日:	2021.06.29	授权公告号:	
授权公告日:	无	主分类号:	G01N33/24
		分类号:	G01N33/24;G01N1/08
申请人:	中国地质调查局南京地质调查中心（华东地质科技创新中心）		
申请人地址:	210016 江苏省南京市秦淮区中山东路534号		
发明人:	李云峰 张庆 周小平 陆远志 程光华 葛伟亚 牛晓楠 侯莉莉 陈宗芳		
当前权利人:	中国地质调查局南京地质调查中心（华东地质科技创新中心）		

图 15-1-4　全要素地质钻探发明专利检索情况

（一）第四纪地质要素获取

查明工作区第四纪地质结构、沉积环境，并与已有资料进行地层划分与对比研究，建立测区第四纪地层层序。

在沿江平原区、潜山盆地，第四纪厚度大、地层完整地区的 20 个钻孔中取第四系样品（沿江平原：18ZK12、18ZK11、18ZK10、18ZK09、18ZK08、18ZK07、18ZK04、18ZK05、18ZK06、18ZK27；潜山盆地：18ZK01、18ZK02、18ZK03、18ZK21、18ZK20、18ZK26、18ZK24、18ZK22、18ZK23、18ZK19），设计总进尺 890m。全部钻孔每层取孢粉、粒度样品、合适地层取光释光、^{14}C、ESR 等测年样品，分别在潜山盆地戚家矶组—下蜀组出露地质单元选取沟谷、岗地两个典型钻孔 18ZK03、18ZK02 连续取第四纪地质样品，孢粉、粒度每隔 1m 取样、古地磁每隔 0.2m 取样，建立每个单元第四纪地质标准层序，该钻孔变层开展工程地质试验；在沿江平原芜湖组出露地质单元选取长江沿岸、大观区两个典型钻孔 18ZK05、18ZK12 连续取第四纪地质样品，孢粉、粒度每隔 1m 取样、古地磁每隔 0.2m 取样，建立每个单元第四纪地质标准钻孔，4 个典型钻孔中地层变化时开展工程地质试验。

（二）工程地质参数获取

查明工作区工程地质结构、岩土体物理力学性质、基岩结构及破碎程度。

在沿江平原区、低山丘陵、潜山盆地全部 27 个钻孔中，布置标准贯入试验 200 次，圆锥动力触探 50 次，波速测试 1200m，所有钻孔中取地下水样进行腐蚀性分析。在沿江平原区及潜山盆地河谷地区开展静力触探试验（双桥型探头）500m、十字板剪切试验 150 次。全部钻孔每层取土工实验样品，每隔 2m 进行标贯原位试验，合适地层砂、卵砾石层每隔 2m 进行圆锥动力触探试验，在软土地区每隔 1m 进行十字板剪切试验。

（三）水文地质参数获取

查明松散层含水系统地质结构并获取水文地质参数，在岩溶区确定各岩溶含水层的埋深、厚度及水量水质。分析工作区水文地质特征，结合已有水文地质勘查钻孔、地下水动态监测井、生产井以及野外调查情况，拟在钻孔空白区及潜在应急水源地富水块段设计扩孔成井 7 个，总进尺约 400m（潜山盆地：18ZK01、18ZK02、18ZK03；沿江平原区：18ZK04、18ZK05、18ZK06；低山丘陵区：18ZK13），采集地下水样品（无机全分析、有机分析）进行抽水试验，获取水文地质参数，并埋设自动监测探头，获取水位、水温等信息。

（四）地球化学参数获取

通过连续采取地球化学样品，进行松散层地球化学分析，主要分析指标有 Ag、Au、As、B、Ba、Be、Bi、Br、Cd、Cr、Cl、Co、Ce、C_1、F、Ga、Ge、Hg、I、La、Li、Mn、Mo、N、Ni、Nb、P、Pb、Rb、S、Sb、Sc、Se、Sn、Sr、Th、Ti、Tl、U、V、W、Y、Zn、Zr、SiO_2、Al_2O_3、TFe_2O_3、K_2O、Na_2O、CaO、MgO、TC、Corg、pH 共 54 项。

（五）地球物理参数获取

通过地球物理测井在全要素地质钻探钻孔获取地球物理参数，进行三岩性、三孔隙度、五电法测井系列组合。包括井径、自然电位、放射性测井、纵波声波时差、岩性密度、补偿中子、微梯度和微电位、微球形聚焦、深浅双侧向电阻率。

三、地热能资源评价

近年来，地热资源作为一种新颖的清洁能源已经开始引起广泛的关注。我国地热资源和浅层地热能资源丰富，但探测手段限制其大规模发展。地下水径流条件下传统水井测温结果具有一定的不确定性，城市区开展地温测量的难度更大。基于上述需求，在项目开展过程中，研发了原位热物性参数测试仪，实现岩土比热容、导热系数等自动测量，并能根据浅层测量结果对恒温层、地下温度场进行反演，弥补了传统水井测温的不确定性，大幅缩减了室内岩土热物性参数测量等工作，提高了地热能、浅层地热能调查的工作效率。

（一）设备原理

1. 参数测量原理

多功能原位热物性测试仪的基本原理是基于傅里叶扩散定律的热探针法，可以测量的热物性参数包括温度、导热系数、体积比热容和热扩散系数。

热探针法的数学模型是基于无限大且均匀的介质中的瞬态线热源导热理论，通过简化线热源的导热微分方程，得到探针表面升温速率与加热时间的关系，以此计算岩土体的热物性参数。

升温与时间对数函数关系式：

$$\theta(r,\tau) = \frac{q}{4\pi\lambda}\left[-C - \ln\frac{R^2}{4a\tau}\right] = \frac{q}{4\pi\lambda}\ln\frac{4a\tau}{Br^2}$$
$$= \frac{q}{4\pi\lambda}\ln\tau + \frac{q}{4\pi\lambda}\ln\frac{4a}{Br^2}$$
$$= K\ln\tau + b \tag{15-1}$$

式中：$B = \exp(C) = 1.7812$；$K = q/(4\pi\lambda)$；$b = \frac{q}{4\pi\lambda}\ln\frac{4a}{Br^2}$，上式即为时间对数与升温直线方程，又 $\lambda = q/(4\pi K)$，$a = (Br^2)/4"\exp"(b/K)$，$c = \lambda/a\rho$，根据测量得到的直线方程可得 K 和 b，则可计算热物性参数，通过计算机编程可实现热物性测量。

2. 地温反演原理

据研究，24h 太阳辐射变化在 1m 深度左右造成的温度变化几乎可以忽略。因此地下 1m 深度以下短时间内可简化为稳态温度场。对地层热量传递作出以下假设：①忽略热辐射和热对流，只存在热传导一种导热形式；②热传导不存在热量损失，热流密度和导热系数保持不变；③热量传递沿着钻孔方向，为一维稳态热传导；④地层导热系数为常数。根据假设，结合一位稳态热传导理论，预测深度的地温，可由式（15-2）计算：

$$T = T' + q\frac{H}{\lambda} \tag{15-2}$$

式中：T' 为已知点地温，单位℃，通常取浅层测温法实测地温；q 为根据浅层测温数据计算得到的浅层热流密度，单位 W/m²；H 为已知地温点深度到预测深度的距离，单位 m；λ 为已知地温点到预测深度之间的地层综合导热系数，单位 W/(m·K)。

（二）设备功能

该测试仪采用探针式探头测量导热系数和温度，探针内部封装为 PT1000 温度传感器和电阻加热丝，设计高精度的温度采集电路系统，并以微控制系统控制电路的工作，实现温度和导热系数的测试功能。测试仪以 C♯ 语言编制基于 Windows 系统的数据采集软件，并将基于线热源热传导的导热系数理论计算方法嵌入到数据采集软件，可通过数据采集软件控制电路工作和采集测试数据，实时计算分析数据并显示计算结果（图 15-1-5、图 15-1-6）。

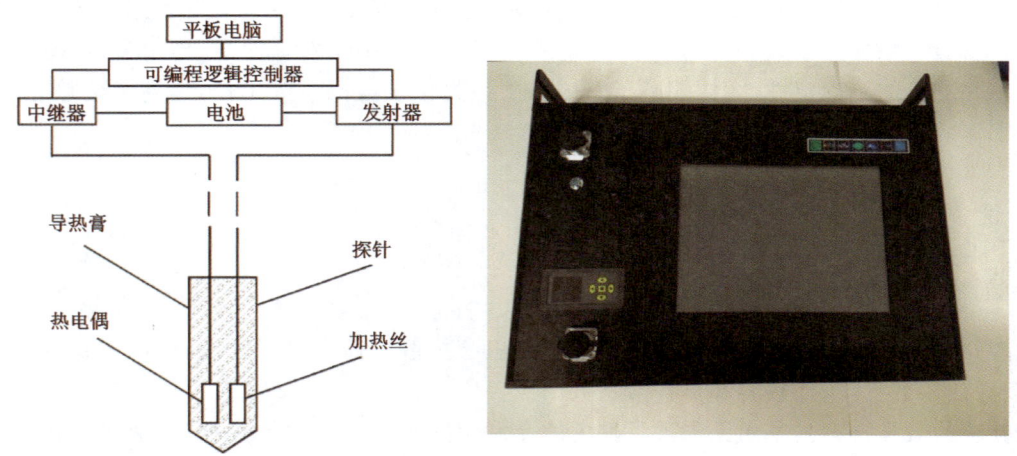

图 15-1-5 多功能原位热物性测试仪工作理论及实物图

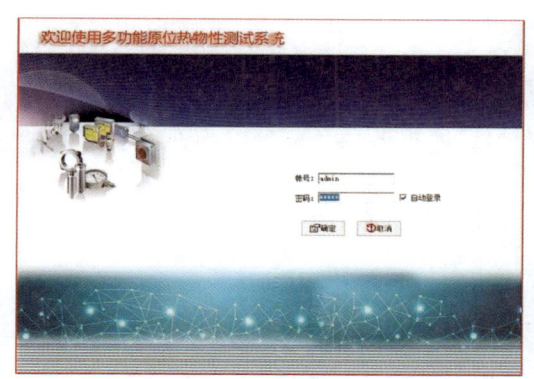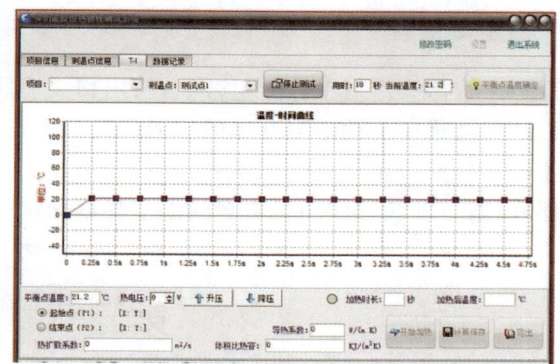

图 15-1-6　软件主界面及测量界面图

（三）应用前景

1. 地热资源调查

通过对浅表地温的测量,可以反演一定深度范围内的温度,是地热资源调查重要工作手段(图 15-1-7)。通过本设备可以大大提高温度测量工作效率与效果,为地热靶区选择提供重要依据。

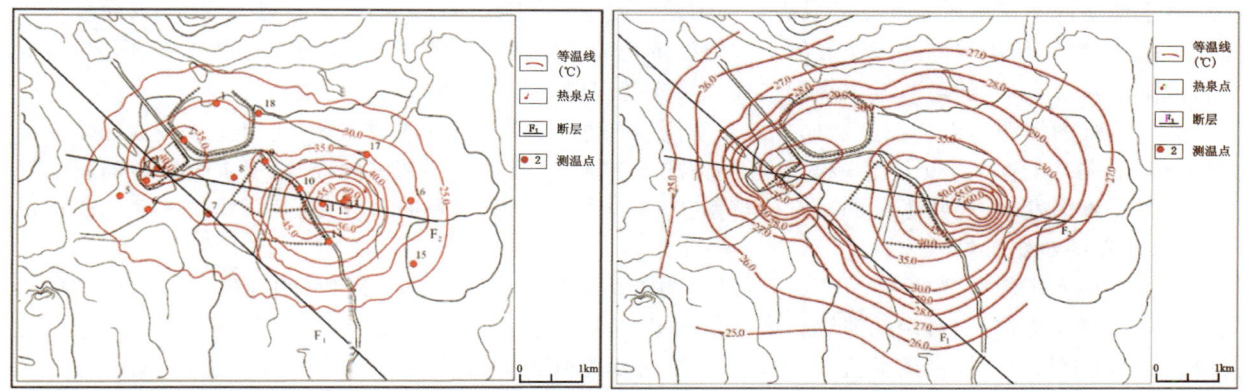

图 15-1-7　某场地基于多功能原位热物性测试仪的地温预测效果对比图(左:预测图;右:实测图)

2. 浅层地热能调查

浅层地热能调查需要查明工作区恒温层温度分布,进而设计地源热泵(图 15-1-8)。

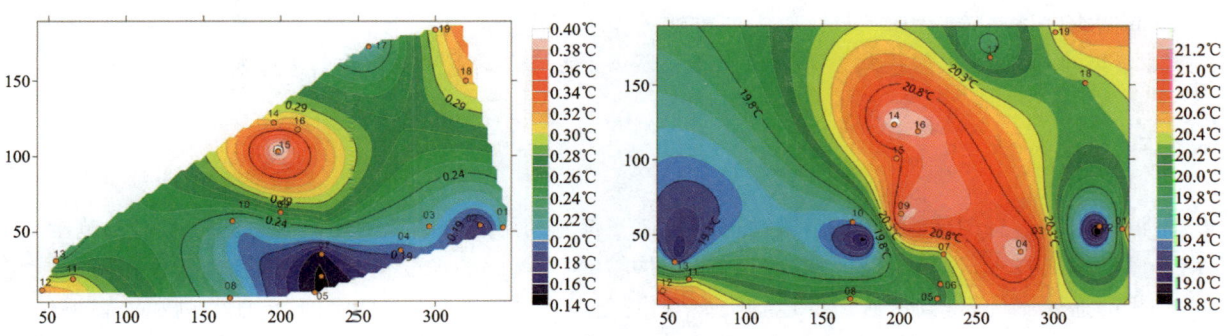

图 15-1-8　某场地浅层热流密度分布云图(左)和恒温层温度等值线图(右)

3. 温度场调查

近年土壤污染修复工作大量开展，采用相关手段进行原位修复时，温度场是影响修复效果的重要因子，然而，场地尺度下地下温度场的测量与监测手段相对欠缺，本设备的功能可以弥补地下温度测量和动态监测工作的不足。

此外，本设备还可应用于更多的地下温度场调查、监测及预测相关工作中。

第二节 技术创新

一、基于 SVM 算法的暗浜立体调查技术

安庆市处于经济快速发展的长三角区域，多年来城市地区人类活动剧烈，城市不断建设和扩张，建设用地、工业用地增长的同时，也侵蚀着耕地、水域、草地等。原始地貌改变众多，地表覆被严重，这些给城市勘察带来了众多困难，暗浜就是其中一个十分典型的问题。原有的地表河浜可能由于各种原因被填埋而形成暗浜，底部多以淤泥为主，部分地段还含有大量生活垃圾，土性极差。而随着时间的推移，这些埋藏于地下的不良地质条件逐渐成为后期市政道路、桥梁工程建设中的质量隐患。此外，也导致工程开挖难度加大，尤其给河网地区浅表的工程建设带来较多的额外经济开支。因此，提取城市地区的暗浜分布范围，为城市工程建设与城市规划提供决策支持，具有十分重要的意义。

目前暗浜的探测多以物探方法如二维微动剖面探测法、瞬态瑞雷波法、高密度电法为主，这些探测方法一般是在对工作区地质条件较为熟悉的情况下开展的，且适合小范围的勘察，成本较高。随着卫星对地观测技术的发展，遥感影像的时空分辨率在不断提高，这为监测和刻画土地利用变化时空过程提供了丰富、可靠的数据支撑。

为了查清安庆规划区（主要分布在主城区）的暗浜分布范围，安庆项目组采用面向对象的分类后比较的变化监测方法，分别对两期遥感影像 T1 与 T2 进行面向对象的监督分类，进而对分类结果进行叠加分析，提取出前期土地利用类型为水体但是目前变为其他土地覆盖类型的区域，即为暗浜的分布区域。在此基础上，将检测出来的变化区域作为靶区，选择典型区域，利用物探工作方法中的微动测量方法，探测地下是否存在暗浜，验证变化检测结果的可靠性。

（一）研究区与数据介绍

暗浜调查区域布置为矩阵区域，以安庆市辖区为主，包括宜秀区、十里铺、老峰镇、大龙山镇等，数据选取 2004 年的 Quickbird 影像与 2018 年的 worldview-2 影像。调查区域与数据选择如图 15-2-1 所示。

（二）研究方法

暗浜提取以遥感图像识别为主、微动探测为辅。首先利用遥感图像变化检测方法提取暗浜范围，进而结合微动探测技术，选择典型区域，验证结果的可靠性。遥感图像变化检测技术通过处理相同区域在不同时相的遥感影像，得到该区域的地物类型变化，已经在城市建设、森林保护、土地监测和灾害评估等领域发挥了重要的作用。在变化检测中，分类后比较法是一种根据分类比较的方法进行变化细节判别的方法，目前使用非常广泛。分类后比较具体的做法是分别对不同时相的遥感影像进行分类，得到不同时期的专题图，通过叠加这些专题图像，从而判别随着时间的跃迁类别的具体变化。微动探测方法可以

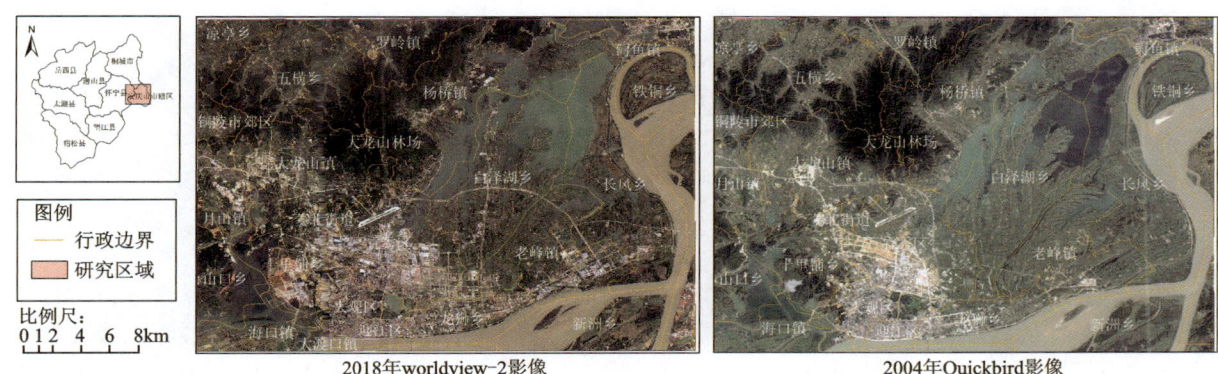

图 15-2-1　研究区概况及遥感影像数据

勘察地表以下地层结构，根据横波波速结构或视横波波速剖面图，结合钻孔钻探资料及其他地质资料加以解释，给出地质现象解译，判断暗浜是否存在。

技术路线如图 15-2-2 所示，首先针对两期高分遥感影像 T1 和 T2，对数据预处理，进而采用分类后比较的变化检测方法，其中分类时以图像分割得到的影像对象为基本处理单元，不仅利用遥感影像的光谱信息，而且充分利用影像的形状、纹理等信息，提高分类精度。根据分类结果，提取暗浜范围，进而选择典型的区域，辅以微动探测，布设试验，验证暗浜提取结果的可靠性。

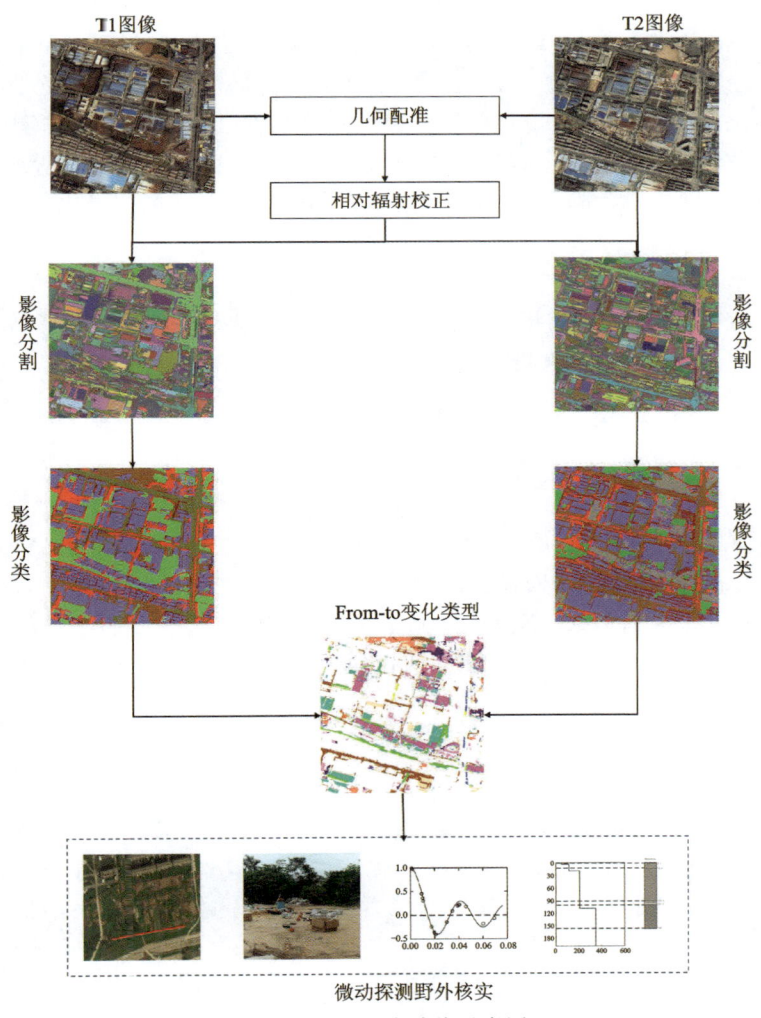

图 15-2-2　技术路线示意图

1. 图像预处理

影像预处理是面向对象的变化检测的前提,主要包括辐射校正和几何校正。首先对两期影像进行相对辐射校正,以降低因图像辐射差异对变化检测结果的影响。进而对影像进行几何校正,使得两期影像精确配准,控制误差小于0.5像素。

2. 图像分割

由于高分遥感影像单个地物特征内反射率的变异性以及图像的复杂性,传统的逐像素分析方法难以适应高分影像的应用需求。研究表明,基于对象的影像分析(OBIA)技术可减少地理参考以及光谱变异性等带来的影响。图像分割是OBIA的核心,分割过程是将图像划分为光谱上相似且在空间上相邻的同质对象。理想的分割结果是,对象内部的方差最小,对象与对象之间的异质性较大。通过分割生成图像对象即分割体,从而获得更丰富的信息,包括纹理、形状和与相邻对象的空间关系。

目前的分割方法可以分为两类:①基于边缘的影像分割;②基于区域的影像分割。基于边界的分割算法是按照影像中各类地物像素灰度值不连续的特点、边界特征差异性的原则实现影像分割。目前常用的边缘检测算子有Krisch算子、Robert算子等。基于边缘的方法更加符合人们的认知,当影像各地物类型之间有显著差异,该方法往往能够取得良好的效果。基于区域分割的方法主要分为两种:①区域增长;②区域分裂与合并。区域分割的依据是影像内像素点或者像素块的特征相似性,包括灰度、颜色、纹理、空间结构等特征信息。

影像分割的核心问题在于如何选择最优的影像分割尺度,在最优分割尺度下获得的影像对象能够更好地表达实际地物的特征信息,有利于变化检测结果精度的提高。本书影像分割步骤采用了ENVI 5.3的Feature Extraction模块。该模块采用基于边缘的分割方法,可以根据遥感影像内邻近像素的色度、亮度和纹理等信息对影像进行分割,同时通过分割效果预览框可以实时地进行分割尺度的调整,操作简单方便,应用性较强。本书反复试验对比,通过目视判断确定研究区的最优分割尺度。

3. 特征提取

利用影像的原始特征光谱、提取的指数特征以及纹理特征作为特征组合。指数特征有归一化水体指数NDWI以及归一化植被指数NDVI。

$$\text{NDWI} = \frac{\rho_{\text{green}} - \rho_{\text{nir}}}{\rho_{\text{green}} + \rho_{\text{nir}}} \tag{15-3}$$

式中,ρ_{nir}与ρ_{green}分别表示影像近红外波段、绿色波段的反射率,突出水体信息。

$$\text{NDVI} = \frac{\rho_{\text{nir}} - \rho_{\text{red}}}{\rho_{\text{nir}} + \rho_{\text{red}}} \tag{15-4}$$

式中,ρ_{red}表示影像红色波段的反射率,增强植被信息。

纹理特征使用灰度共生矩阵计算,通过8种基于二阶矩阵的纹理滤波的结果对比,选择均值滤波的结果作为纹理特征。利用PCA提取特征组合。通过协方差矩阵计算主成分,选择包含95%的信息量的前3个特征分量。

4. 图像分类

基于分割结果,利用支持向量机(SVM)算法,对图像进行监督分类。经过对研究区影像进行判读分析,确定建设用地(包括城镇用地、农村居民点、其他建设用地)、林地、草地、耕地、水域、未利用土地等类别,进而选择各类地物的训练样本,训练样本的位置随机选择。在此基础上,利用SVM算法对影像进行分类。

SVM算法的基本思想是基于训练样本集D在样本空间找到具有"最大间隔"的划分超平面,将不同类别的样本分开。SVM在线性分类的基础上引入了结构风险最小化原理,提高了算法的泛化能力,在小样本的情况下也能达到较好的分类精度。SVM与核函数方法结合,解决了非线性分类问题。由于此算法的上述优势,在遥感影像分类中得到了广泛应用。

具体模型如下:

$$\min_{w,b} \frac{1}{2}||w||^2$$
$$s.t. \ y_i(w^T x_i + b) \geq 1, \quad i=1,2,\cdots,m \tag{15-5}$$

其中 $w=(w_1;w_2;\cdots;w_d)$ 为超平面的法向量,b 为位移项,$x_i \in D$ 为训练样本集中的一个样本。

对式(15-5)使用拉格朗日乘子可得到其"对偶问题":

$$\max_{\alpha} \sum_{i=1}^{m} \alpha_i - \frac{1}{2}\sum_{i=1}^{m}\sum_{j=1}^{m}\alpha_i \alpha_j y_i y_j x_i^T x_j$$
$$s.t. \sum_{i=1}^{m}\alpha_i y_j = 0,$$
$$\alpha_i \geq 0, \quad i=1,2,\cdots,m \tag{15-6}$$

对于线性不可分问题,将核技巧应用到支持向量机,基本思想是通过非线性变换将输入空间对应一个特征空间,使得在输入空间 R^n 中的超曲面模型对应于特征空间 H 中的超平面模型。这样,分类问题的学习任务通过在特征空间中求解线性支持向量机就可以完成。此时,对偶问题则为

$$\max_{\alpha} \sum_{i=1}^{m} \alpha_i - \frac{1}{2}\sum_{i=1}^{m}\sum_{j=1}^{m}\alpha_i \alpha_j y_i y_j K(x_i,x_j)$$
$$s.t. \sum_{i=1}^{m}\alpha_i y_j = 0,$$
$$0 \leq \alpha_i \leq C, \quad i=1,2,\cdots,m \tag{15-7}$$

其中 $K(x_i,x_j)$ 为核函数,C 为惩罚参数。常用的 SVM 核函数有多项式核函数,高斯核函数,sigmoid 核函数等。已有研究表明,高斯核函数更适用于土地覆被的分类,因而采用高斯核函数作为 SVM 分类器中的核函数,其数学形式为 $K(x,z)=\exp\left(-\frac{||x-z||^2}{2\sigma^2}\right)$。

5. 变化检测

变化检测的流程如图 15-2-3 所示。变化检测是基于 SVM 算法得到地物分类结果,将两期影像的结果进行对比,提取出时相 T1(2004 年)影像上的水体在时相 T2(2018 年)影像的变化情况。首先将两期影像的分类结果图转为分类矢量图,对两个图层进行叠加分析,得到包含变化信息的多边形,同时赋予这些多边形类别变化的属性信息,完成变化检测,并统计各类别的增加、减少情况。

6. 地球物理特征分析

基于变化检测提取的暗浜范围,选择前期是坑塘目前已变为耕地或道路的区域作为采样点,布设微动测线,根据现场的探测结果解译,判断地下是否有存在暗浜的可能。图 15-2-4 为在安庆市迎江区布设的 3 条微动测线,由图可知在 2004 年此区域地表覆盖类型为池塘,而现场测量时发现,此处已在开发建设,坑塘早已被填埋。若暗浜填充物的波阻抗大于周围地层介质波阻抗,则微动速度-深度剖面上暗浜区域应表现为相对低速异常,反之则为相对高速异常。由此,推断地质断面图并判断暗浜的位置。

(三)结果与讨论

1. 变化检测实验结果

对两期影像分别进行裁剪、拼接、相对辐射校正、地理配准,得到两期影像 T1 与 T2 影像。本书目的在于提取暗浜的空间分布,即以前地表为水体包括沟塘河渠的地区,现在变化为非水体。因此,实验

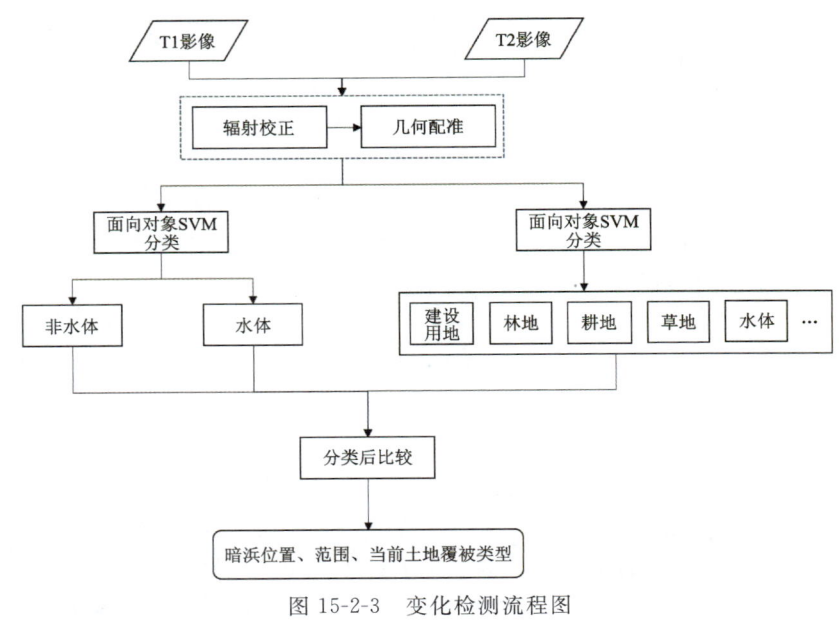

图 15-2-3　变化检测流程图

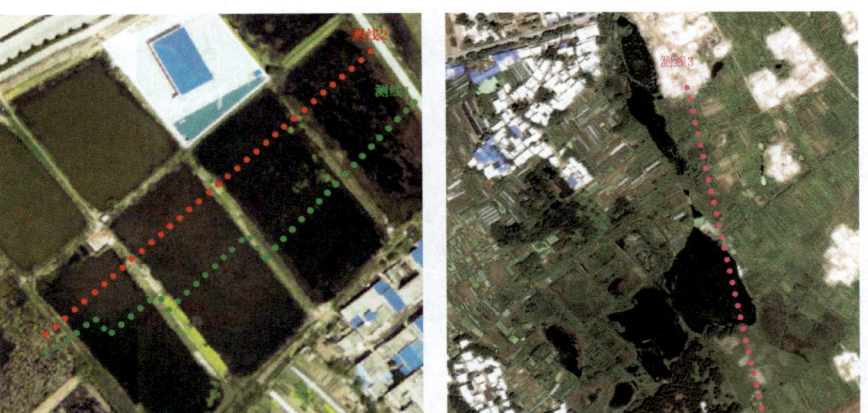

a.测线1和测线2示意图　　　　　　　　b.测线3示意图

图 15-2-4　微动测量工作布置示意图（2004年影像）

中，对 T1 影像即 2004 年 QuickBird 影像分为水体和非水体两类，对 T2 影像即 2018 年 WorldView-2 影像分为建设用地（包括城镇用地、农村居民点、其他建设用地）、林地、草地、耕地、水域、未利用土地等类别，分类结果如图 15-2-5 所示。

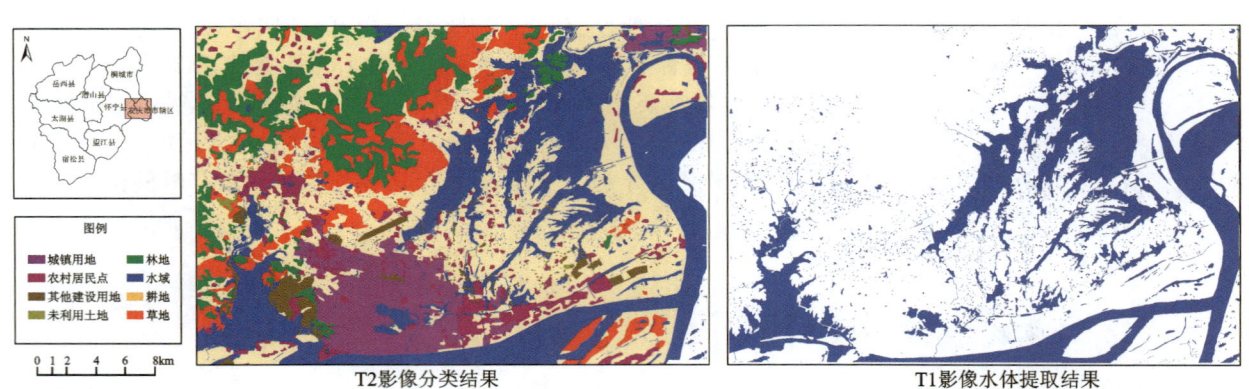

T2影像分类结果　　　　　　　　　　　　T1影像水体提取结果

图 15-2-5　影像分类结果

最后对分类结果进行精度评价,发现 Kappa 系数很高,结果准确度较高(表 15-2-1)。

表 15-2-1 分类精度

	总体精度(%)	Kappa 系数
T2 影像	90.49	0.850 6
T1 影像	96.12	0.94

对两期影像分类结果进行叠加分析,得到 T1 影像表现为水体而 T2 影像表现为非水体的图斑,作为暗浜空间范围,如图 15-2-6 所示。

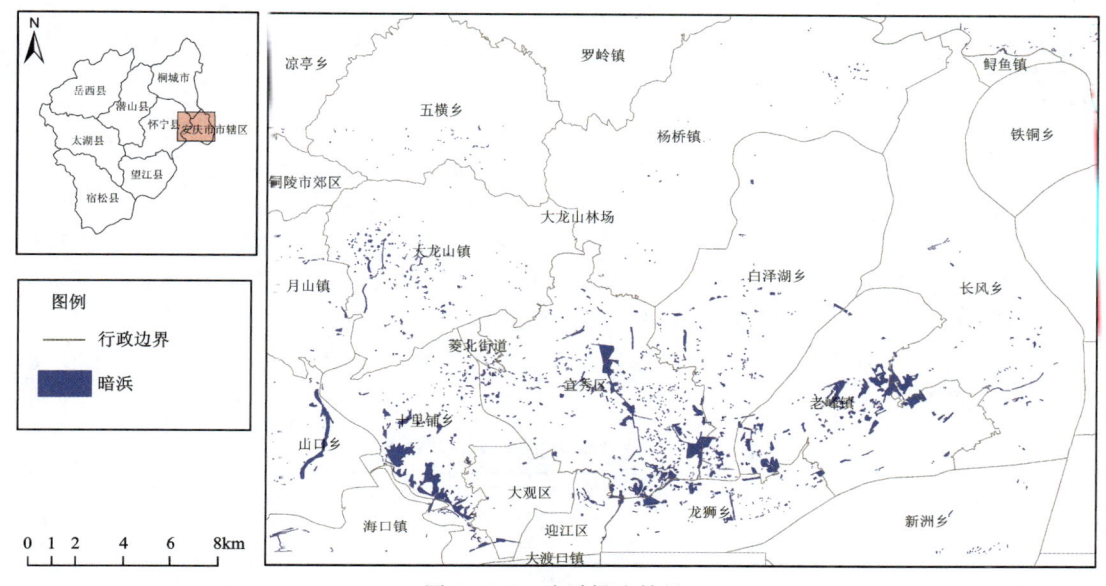

图 15-2-6 暗浜提取结果

对暗浜图斑的属性进行赋值,分析得到研究区的暗浜幼前期的水体目前转变为何种地物类别,如图 15-2-7 所示。

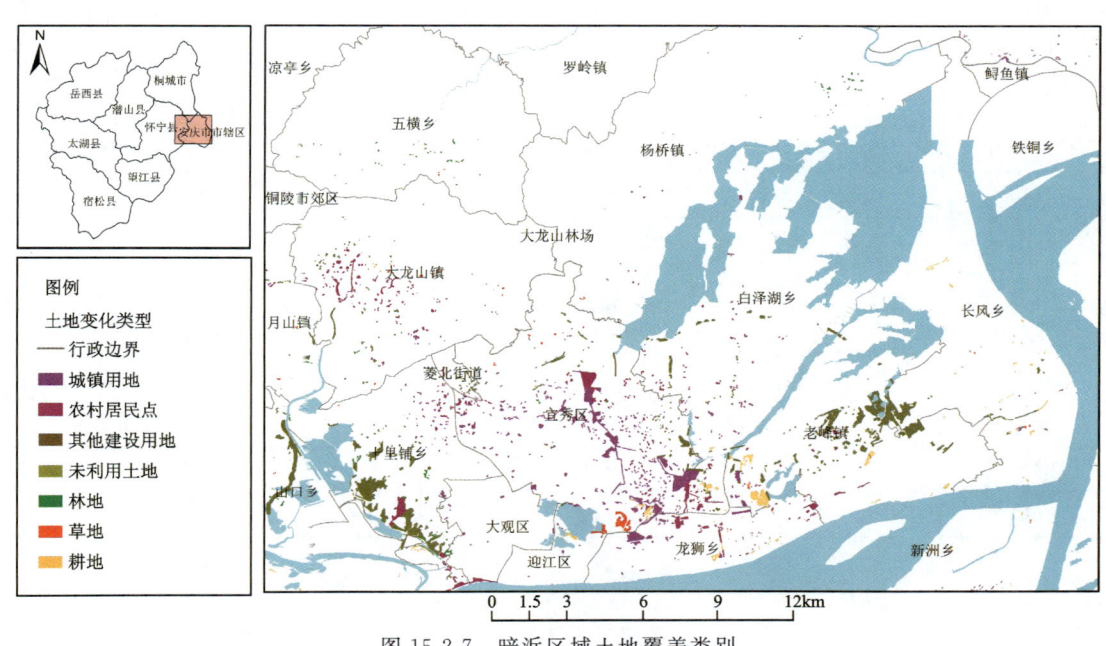

图 15-2-7 暗浜区域土地覆盖类别

2. 微动探测试验结果

基于变化检测结果,选取两个区域,布设微动探测剖面3条,共计140个点,采用直线型布阵方式进行测量,台阵半径1m—2m—4m,采样频率250Hz,测量时间20min,点距8m。采用标准化流程进行数据处理,并根据收集的钻探成果对其过程参数进行修正,在总体与钻探成果较为吻合后确定最终的微动速度-深度剖面图,并推断地质断面图。

根据遥感图像可知,1号~5号点为深色暗浜或水田区域,11号~60号点为暗浜区域,61号~71号点为深色暗浜或水田区域。10m以浅的低速异常推测为暗浜分布区域,速度范围在100~300m/s之间,变化检测结果基本一致。同时,按剖面中100~300m/s速度范围区分暗浜,发现15m以浅的低速异常为暗浜分布区域。由剖面图发现在14号点、22号点、26号点存在局部的低速异常,根据变化检测结果可知,在2004年时15号~22号点都属于暗浜范围,至2018年地物地貌变化极大,暗浜基本被回填。

3. 讨论

通过上述方法,提取出研究区暗浜面积986.26hm^2(1hm^2=0.01km^2),从空间分布来看,大部分暗浜位于安庆市辖区南部沿江地区,包括宜秀、十里铺乡、老峰镇、白泽胡乡、山口乡,暗浜表面主要地物类型为建筑物,如表15-2-2所示。整体来看,有89.15%的暗浜区域,其地表覆盖类型目前为建设用地,如道路、桥梁、房屋等,其中居民点占42.35%,其他建设用地占46.80%。这跟安庆市近15年的发展建设相一致,城市的扩张使得不透水层面积急剧增加,以前的很多小池塘沟渠被填埋,用以城市开发建设。此外,暗浜区域地表覆盖类型是耕地的面积为68.74公顷,占暗浜总面积的6.97%,一些湖泊被人为造田,使得水域面积减少。

表 15-2-2 暗浜空间范围分布面积统计

名称	建设用地	耕地	林地	草地	未利用土地	暗浜总计
宜秀区	233.68	4.86	0.53	18.44	0	257.51
十里铺	200.97	0.64	5.1	0.08	0	206.79
老峰镇	161.46	35.6	0.1	0.5	0.93	198.59
白泽湖	58.41	6.22	0	0	0	64.63
山口乡	58.52	0	1.86	0.1	0	60.48
长风乡	50.28	6.07	0.16	0.67	0	57.18
龙狮乡	51.2	4.96	0	0	0	56.16
大龙山	39.72	0.21	0.55	1.59	0	42.07
大观区	9.32	0	0.07	0	0	9.39
月山镇	7.16	0	0.72	0.35	0.07	8.3
海口镇	0.03	6.59	0	0	0	6.62
迎江区	1.84	2.68	0.45	1.38	0	6.35
菱北街	3.06	0	0	0.1	0	3.16
杨桥镇	0.49	0	1.8	0.24	0	2.53
鲟鱼镇	2.25	0	0.09	0	0	2.34
五横乡	0	0	2.02	0.15	0	2.17
新洲乡	0.9	0.91	0	0.18	0	1.99
总计	879.29	68.74	13.45	23.78	1	986.26

注:面积单位为公顷。

基于变化检测结果以及微动探测实地验证,推断地质断面,能够勘察得到暗浜的深度和边界。经实地验证,发现布设的 3 处测线处均存在暗浜,填充物较复杂,填充不均匀,且两处地表由于城市规划已开始施工作业,导致微动剖面速度特征杂乱,在填充物简单、地表未进行人类工程活动时,微动探测应用效果会更好。

二、基于监督分类学习的自然资源遥感解译技术

资源环境承载能力评价作为区域发展规划的限制性概念,其研究主题首先是自然资源,比如地下水资源、矿产资源等地质要素。但是自然资源也包括覆盖于地表的森林、河流、山川等,而且这些地表自然资源与地下水、矿产等地质要素联系密切。然而由于种种原因关于这类自然资源的研究在地质工作领域较少。其原因主要有 3 个方面:①未对地表自然资源予以研究方面的重视;②数据源获取困难,人工数据采集的局限性大,数据不完整,且人为因素干扰较大;③地表自然资源的监测与调查涉及的学科面较广,存在一定技术难题。

近年来,数据获取手段不断进步、遥感对地观测技术不断成熟、遥感交叉学科蓬勃发展,为以上存在的 3 个问题提供了解决方案。遥感技术可以快速、大范围、非人工干预地直接获取地表覆盖卫星影像数据,这种卫星影像包含丰富的光谱和空间信息。遥感交叉学科领域的学者们,提出了诸多卫星影像数据自然资源识别方法,如植被指数 NDVI、水体指数 NDWI 等,这些技术进步使全自动地表自然资源监测成为可能。

山体作为一种重要的自然资源,在地表上呈现面积大、边界错综复杂等特点。传统的人工监测过程中,工作人员置身山区,无法宏观上分析山区地形地貌。对于错综复杂的山体,实地测量和勘测山体边界更无法实现,工作人员无法确定多大程度的高程或地形陡变可以定义为山体,因此不同人可以界定出不同的山体边界。借助于模式识别、计算机视觉理论和方法,结合遥感卫星影像数据,可以为识别山体并提取山体边界提供一条全新途径,进而解决人为主观因素的影响。

安庆地区西北部存在一片大范围连续分布的山体区域,东南部存在多个小范围山体,错落分布于东南部各地,无论是大范围山体还是小范围山体区域,其边界均极为复杂。因此项目组在安庆多要素城市地质调查项目实施过程中,利用 30m 分辨率 Landsat 8 遥感卫星数据,围绕山体的全自动识别和边界提取,设计了一种 DEM 辅助的、基于统计学原理的智能算法。

(一)数据介绍

项目所使用的数据是安庆地区 30m 分辨率的 Landsat 8 遥感卫星图像数据和该区域对应的 DEM 数据,只采用遥感图像数据所包含的蓝、绿、红 3 个波段光谱信息。

(二)DEM 辅助的山体识别与边界提取

本书采用统计学习领域的聚类分析方法设计山体识别算法。该算法首先利用 Landsat 8 卫星遥感图像的光谱信息和 DEM 高程信息作为特征,采用高斯混合模型在特征空间进行聚类,发掘潜在的位于山区的像素。然后,利用 DBSCAN(density-based spatial clustering of applications with noise)算法,实现图像空间聚类,使离散的山区像素聚合成山体,再利用后处理手段,剔除噪声和小图斑。最后,利用边缘检测算法,提取各聚类的边缘,进而检测山体边界。具体流程如图 15-2-8 所示。

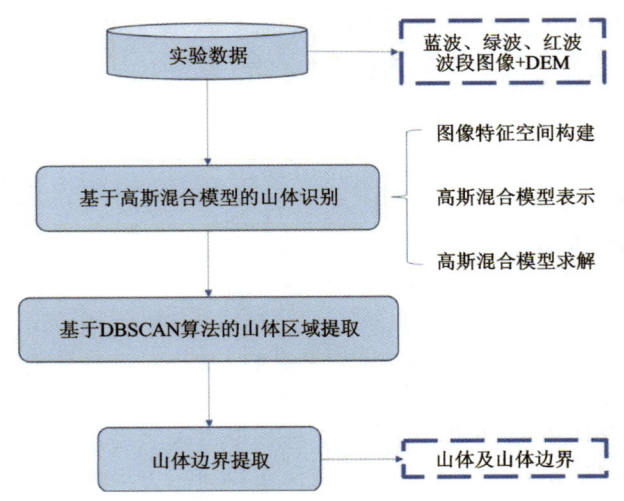

图 15-2-8　山体及山体边界提取流程图

1. 基于高斯混合模型的山体识别

该步骤主要包括图像特征空间构建；高斯混合模型表示；高斯混合模型求解。

1）图像特征空间构建

利用 Landsat 遥感图像蓝波、绿波和红波波段的光谱信息以及相应 DEM 高程信息，构建具有 4 个维度的特征空间。即在后续的建模过程中，每一个像素均对应一个四维向量，用于刻画该像素的光谱和几何信息。

2）高斯混合模型表示

假设特征空间存在两个高斯分布，即山体从属于第一个高斯分布（参数为 μ_1，Σ_1），非山体从属于另一个高斯分布（参数为 μ_2，Σ_2）。两个高斯分布的先验服从伯努利分布，因此仅存在一个参数 φ。则该模型的对数似然函数 $\mathcal{L}(\varphi,\mu,\Sigma)$ 是：

$$\mathcal{L}(\varphi,\mu,\Sigma) = \sum_{i=1}^{m} \log \sum_{z^{(i)}}^{2} p(x^{(i)} \mid z^{(i)}, \mu_{z^{(i)}}, \Sigma_{z^{(i)}}) p(z^{(i)};\varphi) \tag{15-8}$$

其中，$z^{(i)}$ 是隐含变量，表示每一个特征可能的类别；$p(\cdot)$ 代表离散的概率值。

3）高斯混合模型求解

从高斯混合模型的对数似然函数可以发现，对数函数内部有求和表达式，因此，该似然函数无法利用常规方法实现最大化。因此，算法采用一种迭代求解的方法，逐渐逼近极大值解。

首先，给定隐含变量 $z^{(i)}$ 的初始值，则式(15-8)中的似然函数可以简化成如下形式：

$$\mathcal{L}(\varphi,\mu,\Sigma) = \sum_{i=1}^{m} \log p(x^{(i)} \mid z^{(i)}, \mu_{z^{(i)}}, \Sigma_{z^{(i)}}) + \log p(z^{(i)};\varphi) \tag{15-9}$$

然后，得到关于参数 φ,μ,Σ 的极大似然解：

$$\varphi_j = \frac{1}{m} \sum_{i=1}^{m} 1(z^{(i)} = j) \tag{15-10}$$

$$\mu_j = \frac{\sum_{i=1}^{m} 1(z^{(i)} = j) x^{(i)}}{\sum_{i=1}^{m} 1(z^{(i)} = j)} \tag{15-11}$$

$$\Sigma_i = \frac{\sum_{i=1}^{m} 1(z^{(i)} = j)(x^{(i)} - \mu_j)(x^{(i)} - \mu_j)^{\mathrm{T}}}{\sum_{i=1}^{m} 1(z^{(i)} = j)} \tag{15-12}$$

以上过程需要迭代执行,不断估计隐含变量$z^{(i)}$的值,进而不断更新参数φ,μ,Σ的极大似然解。其中隐含变量$z^{(i)}$的更新公式是:

$$p(z^{(i)}=j\mid z^{(i)};\varphi,\mu,\Sigma)=\frac{p(x^{(i)}\mid z^{(i)}=j;\mu_{z^{(i)}},\Sigma_{z^{(i)}})p(z^{(i)}=j;\varphi)}{\sum_{l=1}^{2}p(x^{(i)}\mid z^{(i)}=l;\mu_{z^{(i)}},\Sigma_{z^{(i)}})p(z^{(i)}=l;\varphi)} \quad (15\text{-}13)$$

以上过程收敛后,最大的$p(z^{(i)}=j\mid x^{(i)};\varphi,\mu,\Sigma)$值对应的类别标号,即该模型所预测的当前像素类别标号。

2. 基于DBSCAN算法的山体区域提取

通过高斯混合模型结算,并识别出来的山体是独立的像素,若提取山体区域,独立的像素需要进行追踪,进而形成区域整体以表示山体结构。DBCAN方法是一种基于密度的聚类方法,可以在含有噪声的集合中追踪出任意形状的簇(区域)。鉴于DBSCAN方法极小的计算复杂度和内存消耗,本书采用该方法实现独立像素到区域整体的追踪。在实现过程中,由于山体与非山体像素已经在前述步骤中进行了标记,所有山体像素的像素值是相同的。因此,不需要考虑密度大小问题,也不需要筛选核心点,即任何一个像素均可以作为聚类中心。

基于DBSCAN算法的山体区域提取具体实现步骤如下:

(1)在图像中选择一个从属于山体类别的像素,并创建一个队列,将该像素加入其中。

(2)根据图像空间相邻关系,检索该像素的相邻像素,若相邻像素中含有同样从属于山体类别的像素,则将这些像素加入到当前队列;若不存在相邻像素从属于山体类别,则返回第(1)步,并将当前队列视为一个山体区域。

(3)循环执行第(1)(2)步,直到所有像素均被遍历为止,位于同一个队列的像素具有相同的标号。不同队列的标号按照追踪完成的顺序确定。

3. 山体边界提取

整个图像覆盖范围的所有山体区域提取完成以后,整幅图像是由几个独立区域组成的,各独立区域由具有一致性标号的像素构成。利用一个具有差分作用的模板即可以起到区域边界检测的效力,本书使用如图15-2-9所示的差分力缘检测算子。具体边缘检测的实现过程即首先利用图15-2-9所示的算子,以窗口滑动的方式遍历整幅图像。将图像像素与该算子的卷积结果,作为新的像素值,进而生成一幅新的特征图像。最后设定一个经验阈值,特征图像中像素值大于该阈值的像素被认为位于山体边界。

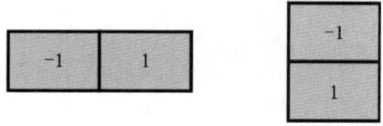

图15-2-9 边缘检测差分算子

(三)实验及结果分析

实验采用定性和定量化分析的方式,验证本书所设计方法的有效性。其中定量化分析的精度评价指标包括正确率P_c、误判率P_e和漏检率P_m,具体计算公式如下:

$$P_c=\frac{R_a\cap R_m}{R_m} \quad (15\text{-}14)$$

$$P_e=\frac{R_a-R_a\cap R_m}{R_a\cup R_m} \quad (15\text{-}15)$$

$$P_m = \frac{R_m - R_a \cap R_m}{R_a \cup R_m} \tag{15-16}$$

其中R_a是本书方法自动提取的山体区域，R_m是人工勾选的山体区域，$R_a \cap R_m$是本书方法自动提取的山体区域与人工勾选的山体区域的交集，$R_a \cup R_m$是相应的并集。

1. 定性结果分析

如前所述，本书方法分为3个步骤，即基于高斯混合模型的山体识别、基于DBSCAN算法的山体区域提取和山体边界提取。图15-2-10是各步骤识别或提取结果。

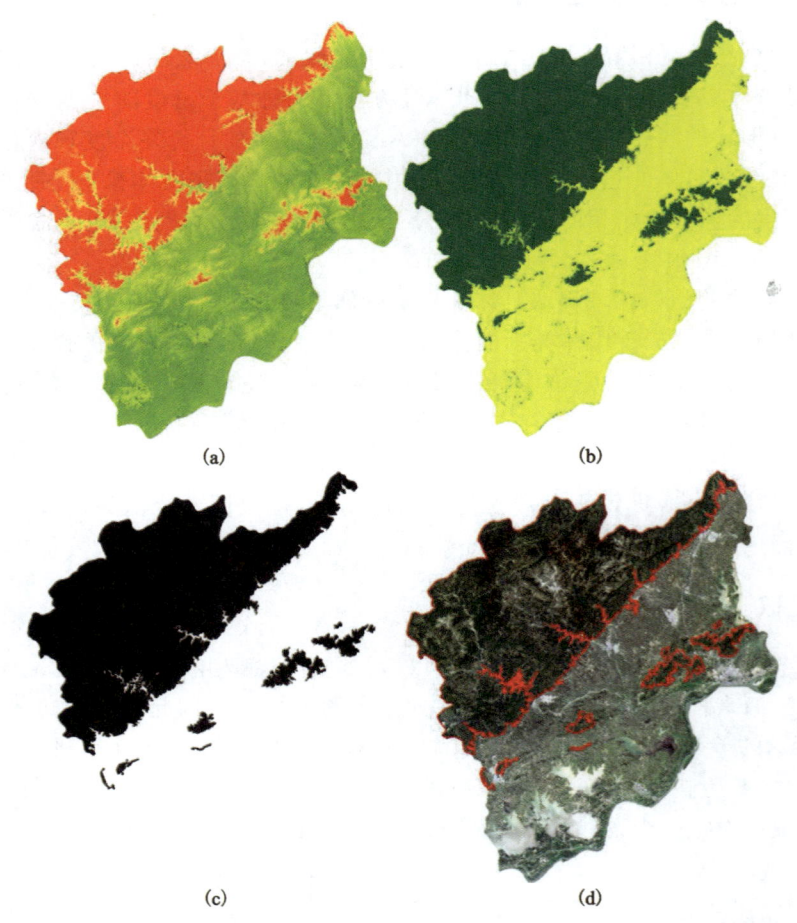

(a)安庆地区DEM信息可视化效果图；(b)本书方法对安庆地区山体像素与非山体像素的识别结果；
(c)本书方法对安庆地区山体区域提取结果；(d)安庆地区山体区域边界与遥感图像叠加结果
图15-2-10　山体识别与边界提取各步骤结果

图15-2-10(b)是基于高斯混合模型的山体识别生成的山体与非山体聚类图，可以直观发现，该聚类图已经识别出位于山体上的像素，其中绿色赋值的像素位于山体。但是该结果存在较多噪声(聚类图中包含很多离散的绿色赋值的孤立像素或小范围区域)，因此后续步骤需要可以起到剔除这些孤立像素或小范围区域的目的。

图15-2-10(c)是基于DBSCAN算法的山体区域提取结果，从该结果可以看到，不同的山体区域被识别并提取出来。并且，该步骤有效剔除了基于高斯混合模型的山体识别步骤聚类图中存在的孤立像素或小范围区域。

图15-2-10(d)是山体边界提取结果，其中红色曲线标识出了边界。从该结果中可以发现，本书方法检测出的边界细致，有效刻画了山体的自然形态。图15-2-11是基于本书方法制作的安庆地区山体地

图,局部放大图表明,本书方法所提取的边界符合人类视觉规律,并与人类视觉规律识别出的山体边界重合。

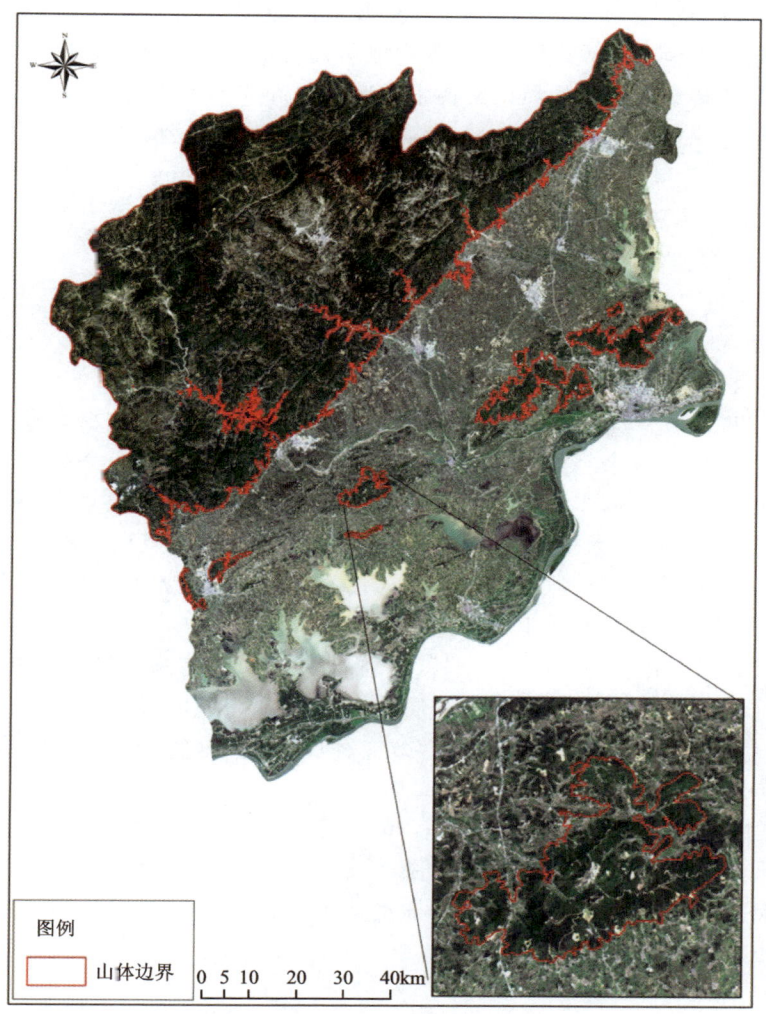

图 15-2-11　安庆地区山体地图

2. 定量化结果分析

表 15-2-3 给出了本书方法的定量化分析结果。通过该表可以得出结论,对于一种全自动算法而言,取得该表相应高的精度以及相应低的误差,已经达到了预期目的,并取得了足够好的结果。

表 15-2-3　定量化结果分析表

评价指标	准确率P_c	误判率P_e	漏检率P_m
精度/误差	88.61%	5.53%	10.76%

三、基于 Slug-Test 的抽水试验技术

新时期水文地质调查、地下水资源评价越来越要求精细刻画水文地质参数。渗透系数、导水系数和

储水系数等是反映含水介质渗透性的主要水文地质参数,受岩土体形成条件不同的影响,在空间分布上呈现一定的异质性。

Slug-Test 是一种现场水文地质试验技术,可有效地测定渗透性参数在空间上的变化。在国外,Slug-Test 已被广泛应用于地下水污染治理、核废物地质处置等各类实际工程中,形成了较为完整的理论体系,而国内仍多采用传统的水文地质试验技术。借鉴国外成熟的先进技术和方法,探求一种快速、高效、准确地精细测量岩土体渗透性参数的现场测试方法显得非常重要。

基于上述需求安庆多要素城市地质调查项目在区域上开展了 Slug-Test 对比分析传统抽水试验,并在此基础上总结现场技术和理论模型的发展,分析 Slug-Test 的特点、适用范围及其结果的可信度,探讨其在水文地质精细调查中的应用。

(一)Sulg-Test 原理

20 世纪 50 年代初,Hvorslev 等学者首次应用 Sulg-Test 技术进行了水文地质参数现场测量,并开发了相应的数学模型。经过 60 余年的研究与发展,国外许多学者对微水试验的现场技术和理论模型进行了不断的改进和完善,制定出诸多领域专门的技术标准和规范,对试验设计、现场操作和数据分析等进行了严格的规定。现场试验技术由单一含水层只能进行一次完整井测试发展到可进行多个深度段次的非完整井测试,开发了排除非测试段干扰的封塞等技术,提高了水位自动测量设备的精度,完善了成孔技术和洗井措施,在传统试验的基础上开发出了空压、封塞和闭合等 Sulg-Test 手段。理论模型由最早适用于承压含水层的完整井发展到适用于承压与潜水含水层、完整井与非完整井、均质各向同性与各向异性多孔介质,还研究了适用于非均质裂隙介质的模型,同时模型的假设条件也逐渐更加符合实际水文地质条件,研究出考虑存在钻孔皮肤效应、储存效应、惯性效应、井管扰流和水位动态压力变化等现象的模型。

在国内,对于微水试验的相关研究起步较晚,20 世纪 80 年代开始相关理论的研究,直到近年才陆续开展微水试验的现场试验工作。目前,国内对微水试验的应用主要为传统微水试验技术,试验数据的处理多采用国外成熟且常用的数学模型,然后与抽水试验结果进行对比,以验证微水试验的可靠性和适用性。常用模型如下。

1. Hvorslev 模型

Hvorslev(1951)通过大量试验后发现,井内水位迅速变化后水位恢复的速度和时间成指数关系,水位恢复的时间与地层的渗透系数有关,恢复速率与井孔的结构有关。在此基础上,Hvorslev 针对承压完整井和非完整井的过阻尼微水试验提出一种半解析的方法。

$$q(t) = \pi r^2 \frac{dy}{dt} = FK(h_0 - y) \tag{15-17}$$

因此,利用 $\ln \dfrac{h_t}{h_0} = -\dfrac{FK}{\pi r^2}t$,可以求得渗透系数 K。

式中:F 为形状因子,取决于井孔滤水管形状和位置;K 为影响半径内含水层水平渗透系数,单位 m/d;r 为井管内径半径,单位 m;h_0 为 $t=0$ 时静止水位到井孔水位间的距离,单位 m;y 为试验过程井孔中水位的变化量,单位 m;h_0-y 为静止水位到井孔水位的距离。

2. Bouwer-Rice 模型

Bouwer 和 Rice(1976)提出了可计算潜水含水层完整井和完整井的 Bouwer-Rice 模型,属于过阻尼衰减模型。其适用条件:均质各向异性多孔介质;定水头有限直径圆岛形边界条件;忽略含水介质的弹性储水效应。Bouwer-Rice 模型的解析解公式如下:

$$\ln\left(\frac{h_0}{y}\right) = \frac{2tKL}{r^2 \ln\left(\frac{R}{B}\right)} \quad (15\text{-}18)$$

式中：L 为过滤器长度，单位 m；B 为井径半径，含滤料厚度，单位 m。

3. CBP 模型

CBP 模型是基于传导方程确定含水层参数的 Slug-Test 模型，模型基本假定：承压含水层是均质、各向同性；含水层等厚、无限延伸；承压井为完整井；在井孔工作段的井壁上或滤管的壁面上，任何时候含水层中的水头与井中水位度都是相等的；基准面取在含水层初始水头面上；通过试验井壁流入含水层的流量等于井中水体减少的速率。在上述假设条件下，可以得到井流问题的数学模型：

$$\alpha \frac{\partial^2 y}{\partial x^2} + \frac{1}{r}\frac{\partial y}{\partial x} = \frac{\partial y}{\partial t} \quad (15\text{-}19)$$

初始条件：$y(x,0) = h_0$；

边界条件：$y(0) = h_0$，$y(\infty,t) = 0$，$y(B,t) = y(t)$；

Cooper(1967)推导出震荡条件下，井中水头变化是含水层导水系数跟贮水系数的函数：

$$y = h_0 F(\alpha, \beta) \quad (15\text{-}20)$$

式中：$\alpha = \frac{B^2 S}{r^2}$；$\beta = \frac{Tt}{r^2}$；$h_0 = \frac{V}{\pi r^2}$。

进而，$T = \frac{r^2 \beta}{t}$；$S = \frac{r^2 \alpha}{B^2}$，可以利用配线法进行参数求解。

（二）试验过程及数据处理

1. 仪器设备

(1)准备具有一定体积（与待试验钻孔结构相适应，使水位变化能被明显识别）的重锤，用于激发水位（图 15-2-12）。

(2)观测水位用美国 IN-situ Level TROLL 700 水位计，设置记录频次为 4 次/s（图 15-2-12）。

2. 操作过程

(1)水位计埋入水位以下，持续测量水位数据。
(2)待数据稳定后，迅速抛入重锤。
(3)待得水位恢复稳定一段时间后，迅速提出重锤。
(4)待得水位恢复稳定后，完成测量。
(5)保持整个过程中，水位计始终在工作测量。

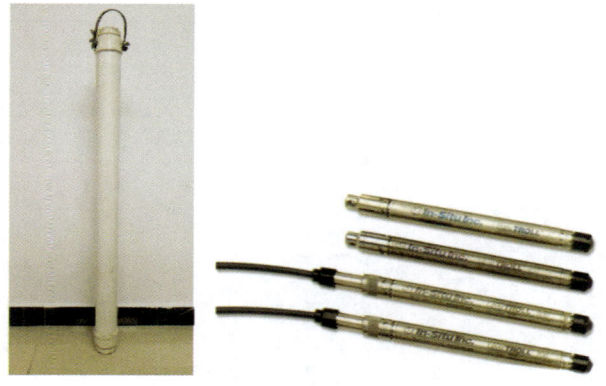

图 15-2-12　主要设备仪器重锤（左）水位计（右）

3. 数据处理

1）数据处理过程

(1) 取前 100 组数据的平均值作为稳定水位 h_0。
(2) 绘制水位历时曲线，根据曲线选择试验段。
(3) 计算水位变化量 y。
(4) 绘制 y-t 半对数坐标曲线。
(5) 选择 vorslev 模型，计算直线段斜率，进而求取渗透系数 K。

2）安庆地区 Slug-Test 试验各孔水位历时曲线

对比分析发现，安庆地区水位历时曲线主要包括阶梯型（18ZK01、18ZK02、18ZK06-2）、脉冲型（18ZK13、19ZK02、19ZK04-1、19ZK05、19ZK08、19ZK10、20ZK04、水 01、水 08）、缓坡型（18ZK03、18ZK06-1、18ZK15、19ZK04、TCSW03、TCSW10）三种类型，分别对应了不同的地质单元。

阶梯型对应了红层盆地中泥质充填砾石层含水层，如 18ZK01、18ZK02 孔，其水位历时曲线大致分为两段，水位变动的瞬间呈现出脉冲式，但是其水位始终无法达到平衡，总体呈斜坡状缓慢下降。但 18ZK06-2 为钻孔锈蚀孔壁堵塞的结果，主要表现在其水位历时变化不存在前期的脉冲形态。造成这种现象的主要原因为，井孔中水位迅速抬升后，先将地下水排入管壁周边滤料层，然后再缓慢入渗地层，而含水层渗透系数较小，导致出现斜坡缓慢下降的状态。井壁锈蚀堵塞后，水位仅在井管中发生变化。

脉冲型对应了长江漫滩平原区下伏砂砾石主要含水层段。水位变动流畅。

缓坡型分为 3 种类型：一是对应红层盆地中大型河流漫滩平原区，如 18ZK03、TCSW03、TCSW10 孔；二是长江漫滩平原上覆粉砂层主要含水层段，如 18ZK06-1、19ZK04；三是基岩裂隙水，如 18ZK15 孔。

（三）对比分析

基于现场测试和已有的抽水试验结果对比表 15-2-4，初步探讨了各种理论模型的不同，并以经典 Hvorslev 模型分析计算了水文地质参数（渗透系数），一定程度上反映了区域渗透性不均衡的特点，为精细评价地下水资源提供了途径。通过对比抽水试验，验证了该试验的准确性，为该法的使用和推广提供科学依据。

表 15-2-4 抽水试验与 Slug-Test 结果对比

钻孔编号	抽水试验(m/d)	Slug-Test(m/d)	线型
18ZK01	0.03	0.163	阶梯
18ZK02	0.004	0.0973	阶梯
18ZK03	3.62	2.15	缓坡
18ZK04	12.42	12.00	脉冲
18ZK05	1.28	4.00	脉冲
18ZK06-1	3.87	1.53	缓坡
18ZK06-2	—	0.010 4	阶梯
18ZK13	3.73	0.8	缓坡
18ZK15	0.26	0.163	缓坡

续表 15-2-4

钻孔编号	抽水试验(m/d)	Slug-Test(m/d)	线型
19ZK02	3.87	4.28	脉冲
19ZK04	0.229	0.237	缓坡
19ZK04-1	2.276	4.28	脉冲
19ZK08	2.014	2.56	脉冲
19ZK10	5.307	2.15	脉冲
20ZK04	0.691	2.15	脉冲
TCSW03	1.804	0.544	缓坡
TCSW10	1.982	0.50	缓坡
水 01	0.62	1.29	脉冲
水 08	0.083	3.50	脉冲

1. Slug-Test 的优势分析

(1) Slug-Test 经济性和便捷性使其可作为一种常规调查手段进行推广。丰富水文地质调查的内容，同时加强对区域查差异性的认识，并在此基础上更精确地评价区域性水文地质特征和计算地下水资源量。

(2) Slug-Test 低扰动性可以作为长期监测孔数据质量的检查手段。国家级地下水监测孔往往用无缝钢管作为井管，在地下水作用下很容易产生锈蚀，进而堵塞过滤器，导致数据质量下降，如 18ZK02、18ZK06-2 等孔，使观测水位与实际地下水水位出现较大的偏差。

(3) Slug-Test 低耗损性可以作为缺水地区或其他有需求的地区水文地质评价的重要手段。缺水地区进行抽水试验会对水资源造成较大的浪费，而本试验对地下水扰动小，也不需要大量抽取地下水。城市区水文地质调查时排水会有很大的问题，可以通过本试验减少城市部分区域排水难等问题。

(4) 结合其他孔内封闭技术，可以简单实现单孔多层试验，能精细刻画调查研究深度范围内地层渗透性连续变化情况。

(5) 相对于传统抽水试验而言省时、高效且成本低。

2. Slug-Test 的劣势分析

同时 Slug-Test 也存在一定的局限性，这是由于 Slug-Test 的 K 值主要反映钻孔附近地层的渗透情况，因此受局部的不均匀性影响较大，比如裂隙的发育情况、空隙，洗井及试验仪器精度等，人为操作也会给试验结果带来一定的误差。而传统抽水试验周期相对较长，影响半径远大于 Slug-Test 的激发脉冲水位波动范围。因此在地层不均一性比较大的地区，Slug-Test 仅能代表"一孔"之见。

3. 弥补措施

因其经济性和便捷性，可以在区域上或场地内开展多层位、多点位的试验，用足够多、足够密集的数据代替原来一定范围内均一化的数据。因此，如果 Slug-Test 将作为水文地质调查的必须手段推行，可以对区域所有水井点进行相关试验，可以通过大量的试验数据弥补其局限性。

第三节 理论认识创新

一、沿江地区高砷原生劣质水体成因

应用稳定同位素示踪、放射性同位素等技术进一步确定了安庆沿江平原区地下水时空循环特征及地下水与地表水转化方式。在调查分析沿江地区地下水、地表水及土壤中砷含量空间分布特点的基础上,结合同位素技术、反向水文地球化学模拟技术,阐明了高砷地下水的成因及形成机制。

一是研究区高砷地下水以三价砷为主,平面上,主要分布在安庆市区、望江县城和皖河农场附近。垂向上,主要赋存在芜湖组砂层、细砂层的 10～30m 埋深范围内。研究区含水介质第四纪以来沉积环境由冲积相转变为冲湖积相沉积,沉积环境由氧化环境逐渐转化为弱还原环境,这种古环境的演化格局为高砷高铁锰地下水的形成奠定了基础。

二是化学性状和水化学组分对高砷地下水分布影响分析表明:①在呈碱性、还原环境的地下水中,吸附在矿物表面及在矿物晶格中的砷更易释放到地下水中;②地下水中重碳酸根、硝酸根、亚铁、硫酸根含量对于地下水中砷分布存在一定影响,重碳酸根含量升高时,导致吸附在铁锰氧化物表面的砷释放到地下水中,硝酸盐、亚铁分别为氧化环境、还原环境代表组分,在高砷地下水中,砷与硝酸盐呈负相关性,与二价铁呈正相关性;③在 O_2/NO_3 还原区,地下水中砷含量较低,在铁氧化物还原区,地下水中砷含量升高;在 SO_4 还原区,地下水中砷含量明显降低。

三是含水介质中砷含量高值分布在埋深 10～26m 的灰黑色细砂、粉砂中。含水介质中有效态砷以铁锰氧化物结合态砷和碳酸盐吸附态砷为主。与低砷区含水介质相比,高砷区含水介质的可交换态砷、碳酸盐结合态砷、铁锰氧化物结合态砷的地球化学活性明显较强。

四是含水介质室内实验研究表明,含水介质对砷的吸附、解吸符合非线性关系,pH 条件、温度、固液比、离子强度、磷酸盐、碳酸盐、有机质等对地下水中砷的吸附、解吸有很大影响。在相同条件下,As(Ⅴ)比 As(Ⅲ)更易于被含水介质吸附。在还原环境中,微生物介导下含砷铁矿物发生还原性溶解,矿物表面或者晶格里的砷不断释放,溶液中砷、铁含量不断增加,二者呈现显著正相关关系。在氧化环境中,微生物介导下含砷铁矿物发生氧化溶解,从而引起砷的释放;随着反应的进行,含砷铁矿物溶解产生的 Fe^{2+} 在氧气的作用下发生氧化,进而水解生成了 Fe(Ⅲ)矿物,Fe^{2+} 离子被吸附在形成的矿物表面从而导致溶液中 Fe^{2+} 含量降低。

五是沿江平原含水介质中的砷主要来自西北山区含砷岩石的风化产物。第四纪以来,研究区含水介质的沉积环境由冲积相转变为冲湖积相沉积,由氧化环境逐渐转化为弱还原环境,这种古环境的演化格局为高砷地下水的形成奠定了基础。地下水高砷区含水介质中有效态砷含量明显高于地下水低砷区,其中砷主要以铁锰氧化物吸附态和碳酸盐吸附态形式存在。在高 pH 值、低 Eh 值条件下,由于碳酸盐吸附态砷的吸附性降低,一部分被吸附的砷从矿物表面解吸;另外,部分铁锰氧化物被还原为低价态可溶性铁锰,吸附在含水介质表面或晶格里的砷也随之释放出来,从而导致高砷地下水的形成。

二、沿江地区液化砂土成因

通过动三轴及 SEM 扫描电镜等试验开展安庆地区特殊砂土(淤泥质砂土、黏土质砂土及粉土质砂土)抗液化性能的影响因素研究,主要从粒径及级配、细粒含量、微观结构 3 个角度研究其对砂土抗液化

性能的影响。为今后滨江及江河流域地区砂土液化问题的工程治理奠定理论基础。

通过对安庆滨江地区不同类砂土进行动三轴试验,并通过微观结构观测验证,得出以下结论:砂土抗液化能力与组成砂土的颗粒粒径、级配相关,又受细粒百分含量影响。

一是通过对安庆滨江地区不同位置钻井所取原状样品分析,将该地区样品按照相关规范要求分类,分为淤泥质砂土、黏土质砂土及粉土质砂土,并通过动三轴试验分析三类砂土抗液化能力与其骨架粒径间的关系,试验发现骨架颗粒越大,抗液化能力越强。主要是由于砂土颗粒粒径越大,振动过程中骨架抵抗变形的能力越强,且颗粒越大孔隙也越大,孔隙水消散得越快,使得颗粒越大,抗液化能力越强。

二是从组成砂土的颗粒均匀程度来看,砂土颗粒越均匀,其级配越优良,砂土抗液化能力越强。通过扫描电镜观测,级配越优良的砂土,不同粒径颗粒相互交融,其固结情况更为良好,抵抗外界破坏的能力越强,其抗液化能力越强。

三是在其他条件相似的情况下,砂土的抗液化能力随着细粒质量百分含量的增加先减小后增加,且不同类砂土抗液化能力最弱时的细粒质量百分含量不同。这主要是由于细粒组分含量不同时,其所起到的作用不同,当细粒含量较少时,其主要起到润滑的作用,不利砂土的抗液化性能。当其超过阈值时,细粒含量主要起到黏合作用,有利于砂土的抗液化性能。又由于不同类砂土骨架颗粒粒径不同,导致各类砂土孔隙不同。因此,不同类砂土的阈值不同。

主要参考文献

陈华文,2010.上海城市地质工作服务经济社会发展机制与模式探索[J].上海地质(3):9-15.

陈建兵,刘志云,崔福庆,等,2015.青藏高原工程走廊带多年冻土辨识及年平均地温预估模型[J].中国公路学报,28(12):33-51.

陈锁忠,1998.长江下游沿岸(南通—上海段)第Ⅰ承压水砷超标原因分析[J].地质学刊(2):101-106.

程光华,翟刚毅,庄育勋,2013.城市地质与城市可持续发展[M].北京:科学出版社.

程光华,翟刚毅,庄育勋,2014.中国城市地质调查成果与应用[M].北京:科学出版社.

代晶晶,王登红,王海宇,2019.我国三稀矿产资源遥感调查综述[J].地质学报,93(6):1270-1278.

邓娅敏,王焰新,李慧娟,等,2015.江汉平原砷中毒病区地下水砷形态季节性变化特征[J].地球科学(11):1876-1886.

杜培军,白旭宇,罗洁琼,等,2018.城市遥感研究进展[J].南京大学学报(自然科学版),10(1):11-29.

范代读,李从先,2007.长江贯通时限研究进展[J].海洋地质与第四纪地质(2):121-131.

范代读,李从先,YOKOYAMA K,2006.河口地层独居石 Th(U)-Pb 年龄对长江贯通时限的约束[J].海洋地质动态(7):11-15,35.

范代读,李从先,YOKOYAMA K,等,2004.长江三角洲晚新生代地层独居石年龄谱与长江贯通时间研究[J].中国科学 D 辑:地球科学(11):1015-1022.

范代读,王扬扬,吴伊婧,2012.长江沉积物源示踪研究进展[J].地球科学进展(5):515-528.

冯丹,滕彦国,张琢,等,2010.河水-地下水交互带内砷及金属的自然衰减过程[J].地球与环境,38(4):456-461.

冯小铭,郭坤一,王敬东,2001.对中国城市环境地质工作的思考[J].安全与环境工程,8(4):5.

甘义群,王焰新,段艳华,等,2014.江汉平原高砷地下水监测场砷的动态变化特征分析[J].地学前缘,21(4):37-49.

葛伟亚,常晓军,贾军元,等,2019.新型小城镇地质环境综合调查服务:以江苏丹阳 2016 年数据集为例[J].中国地质,46(S02):25.

葛伟亚,王睿,张庆,等,2021.城市地下空间资源综合利用评价工作构想[J].地质通报,40(10):8.

龚士良,2008.上海城市地质工作深化服务领域及机制[J].城市地质,3(2):4.

顾家伟,2015.上新世以来苏北盆地与长江三角洲构造沉降史分析[J].地质科技情报,34(1):95-99,106.

顾家伟,2018.长江河口区晚新生代以来沉积化学元素分布及物源指示意义[J].地球科学进展,33(5):506-516.

郭华明,倪萍,贾永锋,等,2014.原生高砷地下水的类型、化学特征及成因[J].地学前缘,21(4):1-12.

韩芳,张百平,李西灿,等,2016.青藏高原山体效应的遥感估算及其生态效应分析[J].山地学报,34(6):788-798.

韩子夜,蔡五田,张福存,2007.国外高砷地下水研究现状及对我国高砷地下水调查工作的建议[J].水文地质工程地质,34(3):126-128.

翰力群,毕思文,宋世欣,2006.地表层温度的级联递推预测模型研究[J].中国科学 E 辑:技术科学,36(增刊):29-37.

郝爱兵,林良俊,李亚民,2017.大力推进多要素城市地质调查精准服务城市规划建设运行管理全过程[J].水文地质工程地质,44(4):1.

胡圣标,何丽娟,汪集暘,2001.中国大陆地区大地热流数据汇编(第三版)[J].地球物理学报,44(5):611-626.

黄国成,程海艳,李翔,等,2020.浙江矿产时空分布规律综述[J].地质学报,94(1):102-112.

黄凯,2009.秦岭越岭深埋隧道地温预测方法[J].山西建筑,35(18):295-296.

黄宣维,童华炜,李树疑,2018.淤泥质砂土抗液化性能的动三轴试验研究[J].科学技术与工程,18(18):252-256.

贾军涛,郑洪波,黄湘通,等,2010.长江三角洲晚新生代沉积物碎屑锆石 U-Pb 年龄及其对长江贯通的指示[J].科学通报,55(Z1):350-358.

贾军涛,郑洪波,杨守业,2010.长江流域岩体的时空分布与碎屑锆石物源示踪[J].同济大学学报(自然科学版),38(9):1375-1380.

焦居仁,史立人,牛崇桓,等,2006.我国东中西部水土保持发展战略[J].中国水土保持科学,4(5):1-6.

李德仁,2003.利用遥感影像进行变化检测[J].武汉大学学报(信息科学版),28(S1):7-12.

李红梅,邓娅敏,罗莉威,等,2015.江汉平原高砷含水层沉积物地球化学特征[J].地质科技情报(3):178-184.

李浪,罗新荣,张克兵,2010.丁集煤矿深部地温预测[J].黑龙江科技学院学报,20(5):340-342.

李瑞敏,殷志强,李小磊,等,2020.资源环境承载协调理论与评价方法[J].地质通报,39(1):80-87.

李瑞山,陈龙伟,袁晓铭,等,2017.荷载频率对动模量阻尼比影响的试验研究[J].岩土工程学报,39(1):71-80.

李肖雪,吴立,杨钊,等,2020.安徽省地热温泉资源分布与特征[J].安徽师范大学学报(自然科学版),43(4):364-370.

李延河,1998.同位素示踪技术在地质研究中的某些应用[J].地学前缘(2):106-112.

林良俊,李亚民,葛伟亚,等,2017.中国城市地质调查总体构想与关键理论技术[J].中国地质,44(6):16.

刘德平,汪双杰,金龙,2015.共和至玉树公路多年冻土地温拟合模型[J].中国公路学报,28(12):100-105.

刘德平,汪双杰,王彩勤,2016.国道 214 线鄂拉山至清水河段多年冻土地温预测模型研究[J].公路交通科技,33(5):53-60.

刘建华,2011.高空间分辨率遥感影像自适应分割方法研究[D].福州:福州大学.

刘亚俊,贾德祥,童庆丰,1995.矿井三维地温场的反演分析[J].阜新矿业学院学报(自然科学版)(2):8-11.

刘一鸣,向芳,陈灼华,等,2018.重庆—宜昌地区第四纪沉积物中重矿物特征及其对三峡演化的指示[J].成都理工大学学报(自然科学版),45(2):189-198.

柳鉴容,宋献方,袁国富,等,2009.中国东部季风区大气降水$\delta^{18}O$的特征及水汽来源[J].科学通报,54(22):3521-3531.

龙玄耀,李培军,2008.基于图像分割的城市变化检测[J].地球信息科学,10(1):121-127.

鲁宗杰,邓娅敏,杜尧,等,2017.江汉平原高砷地下水中 DOM 三维荧光特征及其指示意义[J].地球科学,42(5):771-782.

马玉涛,崔宏环,刘建坤,等,2017.冻融循环后路基粉质黏土动力特性研究[J].低温建筑技术,39

(1):81-83.

马致远,吴敏,郑会菊,等,2018.对关中盆地腹部深层地下热水δ^{18}O富集主控因素的再认识[J].地质通报,37(2-3):487-495.

石青,李明健,熊培生,等,2015.江汉平原高砷地下水区水、沉积物砷含量及饮水型地方性砷中毒调查[J].江苏预防医学,26(1):11-13.

舒强,张茂恒,赵志军,等,2008.苏北盆地XH-1钻孔晚新生代沉积记录特征及其与长江贯通时间的关联[J].地层学杂志(3):308-314.

苏小四,高睿敏,袁文真,等,2019.基于环境同位素技术的河水补给研究:以沈阳黄家傍河水源地为例[J].吉林大学学报(地球科学版),49(3):762-772.

眭海刚,冯文卿,李文卓,等,2018.多时相遥感影像变化检测方法综述[J].武汉大学学报(信息科学版),43(12):1885-1898.

孙立军,秦健,2006.沥青路面温度场的预估模型[J].同济大学学报(自然科学版),34(4):480-483.

孙习林,李长安,2010.碎屑白云母^{40}Ar-^{39}Ar示踪及在长江贯通研究中的应用探讨[J].地质科技情报,29(6):121-127.

谭梦如,2018.云南西双版纳地区部分温泉水化学和同位素特征及成因研究[D].北京:中国地质大学(北京).

王贵玲,蔺文静,韩玉英,等,2007.浅层地热能研究现状及亟待开展的工作[J].工程建设与设计(11):1-4.

王靖文,叶恒鹏、熊培生,等,2014.江汉平原高砷地下水区地下水的化学特征及指示[J].环境污染与防治,2014,36(3):35-39.

王娟,韩薇,2001.天然矿泉水中微量元素与人体健康[J].微量元素与健康研究,18(2):77-78.

王娜,2016.面向对象的高分辨率遥感影像土地覆盖信息提取技术研究[D].昆明:昆明理工大学.

王薇,张太平,王强,等,2019.黄河下游地区浅层地下水资源特征及保护建议[J].地质学报,93(S1):93-99.

王正文,张景润,等,2002.温泉水浴治疗6种顽固性皮肤病193例的效果观察[J].云南医药,23(3):218-220.

吴波,孙德安,2013.非饱和粉土的液化特性研究[J].岩土力学,34(2):411-416..

吴海权,李琴,范董伟,2019.安徽大别山响肠超单元的岩石学和地球化学特征及成因探讨[J].宿州学院学报,34(9):66-72.

肖化超,周诠,张建华,2015.遥感卫星在轨机场变化检测方法[J].测绘通报(1):22-25.

肖建新,江显泓,杨永,2014.长江贯通三峡之探讨[J].资源环境与工程,28(1):53-56.

谢琦峰,刘干斌,范思婷,等,2017.循环荷载下饱和重塑黏质粉土的动力特性研究[J].水文地质工程地质(1):78-83.

谢作明,罗艳,王焰新,等,2013.土著细菌对江汉平原浅层含水层沉积物中砷迁移的影响[J].生态毒理学报,8(2):201-206.

薛怀民,董树文,1999.大别山超高压变质杂岩的折返[J].华东地质,20(1):23-24.

薛怀民,董树文,2000.南大别山超高压岩区变质作用的P-T-t研究:兼论花岗片麻岩[J].华东地质,21(4):235-243.

阎如璲,孙庭芳,贺平,1996.安徽省饮用天然矿泉水资源的基本特征与形成规律[J].安徽地质,6(3):63-76.

杨苗林,2016.云南省云龙地区温泉及盐泉特征[D].北京:中国地质大学(北京).

杨鹏,袁杰,秦鹏,2019.日照市地下水动态特征及演化规律[J].地质学报,93(S1):100-110.

杨小强,吴建良,2014.基于多年观测数据的地温预测模型[J].山西建筑,40(6):150-151.

杨章贤,2018.安徽省饮用天然矿泉水类型及分布特征研究[J].地下水,40(5):28-31.

叶恒朋,熊培生,杨泽玉,等,2013.江汉平原高砷地下水系统沉积柱中砷分布研究[J].环境科学与技术(3):24-27.

尹上岗,杨山,李在军,2022.长三角地区生态城镇化空间格局及影响因素[J].自然资源学报,37(6):1494-1506.

于连广,吴喜平,李昊翔,2011.三维地铁隧道土壤温度预测模型[J].沈阳工业大学学报,33(2):234-240.

于平胜,1999.长江南京段沿岸地下水中砷的含量分析[J].江苏卫生保健(1):44.

于振江,彭玉怀,2008.安徽省第四纪岩石地层序列[J].地质学报,82(2):254-261.

岳照溪,张永军,段延松,等,2018.DEM辅助的卫星光学遥感影像山地阴影检测与地形辐射校正[J].测绘学报,47(1):113-122.

张蓓蓓,徐庆,姜春武,2017.安庆地区大气降水氢氧同位素特征及水汽来源[J].林业科学,53(12):20-29.

张进平,杜建国,何铁柱,2014.基于Tough2软件的深部地温场模拟及影响因素分析:以苏北褶皱构造区为例[J].城市地质(9):35-40.

张小平,牛雪,赵安生,等,2011.大连地区场地土动力学参数初步研究[J].中国地震,27(3):280-289.

张延军,张通,殷仁朝,等,2017.基于2m测温法的地热异常区探测及地温预测[J].吉林大学学报(地球科学版),47(1):189-196.

张宇,杨平恒,王建力,等,2016.河水-地下水侧向交互带地球化学特征:以重庆市马鞍溪为例[J].环境科学(7):2478-2486.

赵希涛,胡道功,吴中海,等,2017.长江三角洲地区晚新生代地质与环境研究进展述评[J].地质力学学报,23(1):1-64.

郑淑惠,侯发高,倪葆龄,1983.我国大气降水的氢氧稳定同位素研究[J].科学通报,28(13):801-806.

郑天亮,邓娅敏,鲁宗杰,等,2017.江汉平原浅层含砷地下水稀土元素特征及其指示意义[J].地球科学,42(5):693-706.

周斌,李辑,李晶,等,2015.辽西地区地温预测方法探析[J].资源与环境科学(21):232-235.

周健,陈小亮,杨永香,等,2011.饱和层状砂土液化特性的动三轴试验研究[J].岩土力学,4(32):967-972.

周训,金晓媚,梁四海,等,2017.地下水科学专论[M].2版.北京:地质出版社.

朱贵兵,2019.地震液化机理、判别及其危害性评价[J].发展与创新(2):233-235.

ALIMI O S,FARNERBUDARZ J,HERNANDEZ L M,et al.,2018. Microplastics and nanoplastics in aquatic environments: Aggregation, deposition, and enhanced contaminant transport[J]. Environmental Science & Technology,52(4):1704-1724.

AMINI F,QI G Z,2000. Liquefaction testing of stratified silty sands[J]. Journal of Geotechnical and Geo-environmental Engineering,ASCE,126(3):208-217.

ANDRADY A L,2011. Microplastics in the marine environment[J]. Marine Pollution Bulletin,62(8):1596-1605.

ASAHARA Y,1999. Provenance of the north Pacific sediments and process of source material transport as derived from Rb-Sr isotopic systematic[J]. Chemical Geology,158(S3-4):271-291.

ASAHARA Y,TANAKA T,KAMIOKA H,et al.,1995. Asian continental nature of $^{87}Sr/^{86}Sr$ ratios in north central Pacific sediments[J]. Earth Planet. Science Letters,133(1-2):105-116.

ASHBINDU S,1989. Review article digital change detection techniques using remotely-sensed data[J]. International Journal of Remote Sensing,10(6):989-1003.

BOULTON A J,FENWICK G D,HANCOCK P J,et al.,2008. Biodiversity,functional roles and ecosystem services of groundwater invertebrates[J]. Invertebrate Systematics,22(2):103-116.

BOUWMEESTER H,HOLLMAN P C H,PETERS R J B,2015. Potential health impact of environmentally released micro-and nanoplastics in the human food production chain:Experiences from nanotoxicology[J]. Environmental Science & Technology,49(15):8932-8947.

BURKHOLDER B K,GRANT G E,HAGGERTY R,et al.,2008. Influence of hyporheic flow and geomorphology on temperature of a large, gravel-bed river, Clackamas River, Oregon, USA[J]. Hydrological Processes:An International Journal,22(7):941-953.

CAI L,HU L,SHI H,et al.,2018. Effects of inorganic ions and natural organic matter on the aggregation of nanoplastics[J]. Chemosphere,197:142-151.

CAO R,CHEN Y,SHEN M,et al.,2018. A simple method to improve the quality of NDVI time-series data by integrating spatiotemporal information with the Savitzky-Golay filter[J]. Remote Sensing of Environment,217:244-257.

CAPO R C,STEWART B W,CHADWICK O A,1998. Strontium isotopes as tracers of ecosystem processes:Theory and methods[J]. Geoderma,82(1-3):197-225.

CHRISTOPHE R,BERTRAND M,JEANPIERRE G,et al.,2020. Stable isotope study of rainfall,river drainage and hot springs of the kerguelen archipelago,SW Indian Ocean[J]. Geothermics(83):101726.

CHUNG K Y C,WONG I H,1982. Liquefaction potential of soils with plastic fines[C]. Soil dynamics & earthquake engineering. Proceedings of the 2nd International Conference. Rotterdam:Balkema:887-897.

CORCORAN P L,BIESINGER M C,GRIFI M,2009. Plastics and beaches:A degrading relationship [J]. Mar. Pollut. Bull. 58(1):80-84.

DESCLEE B,BOGAERT P,DEFOURNY P,2006. Forest change detection by statistical object-based method[J]. Remote Sensing of Environment,102(1):1-11.

DUVEILLER G,DEFOURNY P,DESCLEE B,et al.,2008. Deforestation in Central Africa:Estimates at regional, national and landscape levels by advanced processing of systematically-distributed Landsat extracts [J]. Remote Sensing of Environment,112(5):1969-1981.

ELACHI C,ZYL J V,2006. Introduction to the physics and techniques of remote sensing[M]. New Jersey:John Wiley and Sons.

FRIAS J P G L,SOBRAL P,FERREIRA A M,2010. Organic pollutants in microplastics from two beaches of the Portuguese coast[J]. Marine Pollution Bulletin,60(11):1988-1992.

GAN Y,WANG Y,DUAN Y,et al.,2014. Hydrogeochemistry and arsenic contamination of groundwater in the Jianghan Plain,central China[J]. Journal of Geochemical Exploration,138(3):81-93.

GANDY C J,SMITH J W N,JARVIS A P,2007. Attenuation of mining-derived pollutants in the hyporheic zone:A review[J]. Science of the Total Environment,373(2-3):435-446.

GOLDSTEIN S J,1988. Nd and Sr isotope-systematics of river water suspended material:Implications for crustal evolution[J]. Earth Planet. Sci. Lett,87(3):249-265.

GOLDSTEIN S L,ONIONS R K,HAMILTON P J,1984. A Sm-Nd isotopic study of atmospheric dusts and particulates from major river systems[J]. Earth & Planetary Science Letters,70(2):221-236.

GREIG S M,SEAR D A,CARLING P A,2005. The impact of fine sediment accumulation on the survival of incubating salmon progeny:Implications for sediment management[J]. Science of the Total Environment,344(1-3):241-258.

GROLIMUND D,BORKOVEC M,2005. Colloid-facilitated transport of strongly sorbing contaminants in natural porous media:Mathematical modeling and laboratory column experiments[J]. Environmental

Science & Technology,39(17):6378-6386.

GUO H,CHEN L,HAI L,et al.,2013. Pathways of coupled arsenic and iron cycling in high arsenic groundwater of the Hetao Basin,Inner Mongolia,China:An iron isotope approach[J]. Geochimica Et Cosmochimica Acta,112(3):130-145.

GUO H,YANG S,TANG X,et al.,2008. Groundwater geochemistry and its implications for arsenic mobilization in shallow aquifers of theHetao Basin,Inner Mongolia[J]. Science of the Total Environment,393(1):131-144.

HANNAH D M,MALCOLM I A,BRADLEY C,2010. Seasonal hyporheic temperature dynamics over riffle bedforms[J]. Hydrological Processes,23(15):2178-2194.

HANSEN M C,LOVELAND T R,2012. A review of large area monitoring of land cover change using Landsat data[J]. Remote Sensing of Environment,122:66-74.

HANTSON S,CHUVIECO E,2011. Evaluation of different topographic correction methods for Landsat imagery[J]. International Journal of Applied Earth Observation and Geoinformation,13(5):691-700.

HOLMES L A,TURNER A,THOMPSON R C,2012. Adsorption of trace metals to plastic resin pellets in the marine environment[J]. Environmental Pollution,160(1):42-48.

HUSSAIN M,CHEN D,CHENG A,et al.,2013. Change detection from remotely sensed images: From pixel-based to object-based approaches[J]. ISPRS Journal of Photogrammetry and Remote Sensing, 80(2):91-106.

HÜFFER T,PRAETORIUS A,WAGNER S,et al.,2017. Microplastic exposure assessment in aquatic environments:Learning from similarities and differences to engineered nanoparticles[J]. Environmental Science and Technology,51:2499-2507.

ISHIHARA K,1993. Liquefaction and flow failure during earthquake[J]. Geotechnique,43(3): 351-415.

JONES G W,PICHLER T,2007. Relationship between pyrite stability and arsenic mobility during aquifer storage and recovery in southwest central Florida[J]. Environmental Science & Technology,41 (3):723-730.

JU Z,LIU H,2012. Fuzzy gaussian mixture models[J]. Pattern Recognition,45(3):1146-1153.

KHASKA M,CORINNE L G L S,SASSINE L,et al.,2018. Arsenic and metallic trace elements cycling in the surface water-groundwater-soil continuum down-gradient from a reclaimed mine area: Isotopic imprints[J]. Journal of Hydrology,558:341-355.

KOOI M,BESSELING E,KROEZE C,et al.,2018. Modeling the fate and transport of plastic debris in freshwaters:Review and guidance[M]. Cham:Springer.

LAMBERT S,SINCLAIR C J,BRADLEY E L,et al.,2013. Effects of environmental conditions on latex degradation in aquatic systems[J]. Science of the Total Environment,447,225-234.

LAURA A R,DANIEL M,JÜRGEN S,et al.,2019. Dual in-aquifer and near surface processes drive arsenic mobilization in Cambodian groundwaters[J]. Science of the Total Environment,659(1): 699-714.

LEBRETON L C M,JOCST V D Z,DAMSTEEG J W,et al.,2017. River plastic emissions to the world's oceans[J]. Nature Communications,8:15611.

LI Z X,LI Z J,FENG Q,et al.,2020. Runoff dominated by supra-permafrost water in the source region of theYangtze River using environmental isotopes[J]. Journal of Hydrology,582:124506.

LIU F,ZHANG Z X,ZHAO X L,et al.,2021. Urban Expansion of China from the 1970s to 2020 based on remote sensing technology[J]. 中国地理科学（英文版）,31(5):765-781.

LIU H F,YANG M H,CHEN J,et al.,2018. Line-constrained shape feature for building change detection in VHR remote sensing imagery[J]. ISPRS International Journal of Geo-Information, 7(10): 410.

LLOYD J R, ISLAM F S, GAULT A G, et al., 2004. Role of metal-reducing bacteria in arsenic release from Bengal delta sediments[J]. Nature(London), 430(6995): 68-71.

MAO S, GU W, BAI J, et al., 2020. Migration of heavy metal in electronic waste plastics during simulated recycling on a laboratory scale[J]. Chemosphere, 245: 125645.

MARTIN C, MCCULLOCH M, 1999. Nd-Sr isotopic and trace element geochemistry of river sediments and soils in a fertilized catchment, New South Wales, Australia[J]. Geochimica Et Cosmochimica Acta, 63(2): 287-305.

MASAKI H, DONALD O, ROSENBERRY, 2002. Effects of Ground Water Exchange on the Hydrology and Ecology of Surface Water[J]. Groundwater, 40(3): 309-316.

MCARTHUR J M, BANERJEE D M, HUDSON-EDWARDS K A, et al., 2004. Natural organic matter in sedimentary basins and its relation to arsenic in anoxic ground water: the example of West Bengal and its worldwide implications[J]. Applied Geochemistry, 19(8): 1255-1293.

MCARTHUR J M, RAVENSCROFT P, SAFIULLA S, et al., 2001. Arsenic in groundwater: Testing pollution mechanisms for sedimentary aquifers in Bangladesh[J]. Water Resources Research, 37(1): 109-117.

MCCLAIN M E, BOYER E W, DENT C L, et al., 2003. Biogeochemical hot spots and hot moments at the interface of terrestrial and aquatic ecosystems[J]. Ecosystems, 6: 301-312.

NICOLLI H B, BUNDSCHUH J, GARCÍA J W, et al., 2010. Sources and controls for the mobility of arsenic in oxidizing groundwaters from loess-type sediments in arid/semi-arid dry climates-evidence from the Chaco-Pampean plain(Argentina)[J]. Water Research, 44(19): 5589-5604.

NIZZETTO L, FUTTER M, LANGAAS S, 2016. Are agricultural soils dumps for microplastics of urban origin?[J]. Environment Science & Technology, 50, 10777-10779.

NIZZETTO L, LANGAAS S, FUTTER M, 2016. Pollution: Do microplastics spill on to farm soils?[J]. Nature, 537(7621): 488-488.

PATIL S, TAWFIQ K, CHEN G, 2011. Colloid release and transport in agricultural soil as impacted by solution chemistry[J]. Journal of Urban and Environmental Engineering, 5(2): 84-90.

PILI E, TISSERAND D, BUREAU S, 2013. Origin, mobility, and temporal evolution of arsenic from a low-contamination catchment in Alpine crystalline rocks[J]. Journal of Hazardous Materials, 262(22): 887-895.

RICHARDS L A, SÜLTENFUSS J, BALLENTINE C J, et al., 2017. Tritium Tracers of Rapid Surface Water Ingression into Arsenic-bearing Aquifers in the Lower Mekong Basin, Cambodia[J]. Procedia Earth and Planetary Science, 17: 845-848.

ROSS N, JOHN M, WILLIAM B, et al., 1998. Arsenic poisoning of Bangladesh groundwater[J]. Nature, 395: 338.

SEED H B, IDRISS I M, 1971. Simplified procedure for evaluating soil liquefaction potential[J]. ASCE, 97(9): 1249-1273.

SEED H B, LEE K L, 1966. Liquefaction of saturated sands during cyclic loading[J]. Journal of the Soil Mechanicsand Foundation Division, ASCE, 92(6): 105-124.

SEN T K, KHILAR K C, 2006. Review on subsurface colloids and colloid-associated contaminant transport in saturated porous media[J]. Advances in colloid and interface science, 119(2-3): 71-96.

SHAMS M, ALAM I, CHOWDHURY I, 2020. Aggregation and stability of nanoscale plastics in aquatic environment[J]. Water Research, 171: 115401.

SHEN J, HAO X, LIANG Z, et al., 2016. Real-time superpixel segmentation by DBSCAN clustering algorithm[J]. IEEE Transactions on Image Processing,25(12):5933-5942.

SMEDLEY P L,KINNIBURGH D G,2002. A review of the source,behaviour and distribution of arsenic in natural waters[J]. Applied Geochemistry,17(5):517-568.

STÜBEN D, BERNER Z, CHANDRASEKHARAM D, et al., 2003. Arsenic enrichment in groundwater of West Bengal, India: geochemical evidence for mobilization of As under reducing conditions[J]. Applied Geochemistry,18(9):1417-1434.

TEUTEN E L,SAQUING J M,KNAPPE D R U,et al.,2009. Transport and release of chemicals from plastics to the environment and to wildlife[J]. Philosophical Transactions of The Royal Society B-biological Science,364(1526):2027-2045.

THOMPSON R C,2004. Lost at Sea:Where is all the plastic? [J]. Science,304(5672):838.

TONG M, HE L, RONG H, et al., 2020. Transport behaviors of plastic particles in saturated quartz sand without and with biochar/Fe_3O_4-biochar amendment[J]. Water research,169:115284.

TRAUTH N,FLECKENSTEIN J H,2017. Single discharge events increase reactive efficiency of the hyporheic zone[J]. Water Resources Research,53(1):779-798.

VAN C L,JANSSEN C R,2014. Microplastics in bivalves cultured for human consumption[J]. Environmental Pollution,193:65-70.

VARSÁNYI I, FODRE Z, BARTHA A, 1991. Arsenic in drinking water and mortality in the Southern Great Plain,Hungary[J]. Environmental Geochemistry & Health,13(1):14-22.

VELZEBOER I,KWADIJK C,KOELMANS A A,2014. Strong sorption of PCBs to nanoplastics, microplastics,carbon nanotubes,and fullerenes[J]. Environmental Science & Technology,48(9):4869-4876.

VINSON D S,MCINTOSH J C,DWYER G S,et al.,2011. Arsenic and other oxyanion-forming trace elements in an alluvial basin aquifer:Evaluating sources and mobilization by isotopic tracers(Sr, B,S,O,H,Ra)[J]. Applied Geochemistry,26(8):1364-1376.

VON M N,BURKHARDT-HOLM P,KOEHLER A,2012. Uptake and effects of microplastics on cells and tissue of the blue mussel Mytilus edulis L. after an experimental exposure[J]. Environmental Science & Technology,46(20):11327-11335.

WANG W,NDUNGU A W,LI Z,et al.,2017. Microplastics pollution in inland freshwaters of China:A case study in urban surface waters of Wuhan,China[J]. Science of the Total Environment, 575(jan. 1):1369-1374.

WANG X,ZHOU X,ZHAO J,et al.,2015. Hydrochemical evolution and reaction simulation of travertine deposition of the Lianchangping hot springs in Yunnan,China[J]. Quaternary International, 374:62-75.

WANG Z,LIU Y,REN Y,et al.,2018. Object-Level Double Constrained Method for Land Cover Change Detection[J]. Sensors,19(1):79.

WARD A S, SCHMADEL N M, WONDZELL S M, et al., 2016. Hydrogeomorphic controls on hyporheic and riparian transport in two headwater mountain streams during base flow recession[J]. Water Resources Research,52(2):1479-1497.

WATSON C S, KING O, S. MILES E, et al., 2018. Optimising NDWI supraglacial pond classification on Himalayan debris-covered glaciers[J]. Remote Sensing of Environment,217:414-425.

WEN D,HUANG X,ZHANG L,et al.,2016. A Novel Automatic Change Detection Method for Urban High-Resolution Remotely Sensed Imagery Based on Multiindex Scene Representation[J]. IEEE Transactions on Geoscience and Remote Sensing,54(1):609-625.

WRIGHT S L,ROWE D,THOMPSON R C,et al.,2013. Microplastic ingestion decreases energy reserves in marine worms[J]. Current Biology,23(23):R1031-R1033.

WU X L,LYU X Y,LI Z Y,et al.,2020. Transport of polystyrene nanoplastics in natural soils: Effect of soil properties,ionic strength and cation type[J]. Science of The Total Environment,707:136065.

XIAN G,Homer C G,2010. Updating the 2001 National Land Cover Database Impervious Surface Products to 2006 using Landsat imagery change detection methods [J]. Remote Sensing of Environment,114(8):1676-1686.

XIE Y Y,ZHANG Y J,ZHANG T,et al.,2016. 2m Survey Method and its Improved Device Application in Dongshan Geothermal Field in Xiamen in China[J]. Environmental Earth Sciences,75(18):1290.

XU S T,JIANG L L,LIU C,et al.,1992. Tectonic framework and evolution of the Dabie Mountains in Anhui,Eastern China[J]. Acta Geologica Sinica,66(2):221-238.

YOSHIMINE M,KOIKE R,2005. Liquefaction of clean sand with stratified structure due to segregation of particle size[J]. Soils and Foundations,45(4):89-98.

ZHANG K,SHI H,PENG J,et al.,2018. Microplastic pollution in China's inland water systems: A review of findings, methods, characteristics, effects, and management[J]. Science of The Total Environment,630.

ZHAO S,ZHU L X,WANG T,et al.,2014. Suspended microplastics in the surface water of the Yangtze Estuary System,China: first observations on occurrence, distribution[J]. Marine Pollution Bulletin,86(1/2):562-568.

内部资料

安徽省地质调查院,2020. 皖江经济带综合地质调查成果集成与总结地质遗迹专题研究报告[R]. 合肥:安徽省地质调查院.

安徽省地质调查院,2020. 皖江经济带综合地质调查成果集成与总结第四纪地质专题研究报告[R]. 合肥:安徽省地质调查院.

安徽省地质调查院,2020. 皖江经济带综合地质调查成果集成与总结基础地质专题研究报告[R]. 合肥:安徽省地质调查院.

安徽省地质调查院,2020. 皖江经济带综合地质调查成果集成与总结生态地质专题研究报告[R]. 合肥:安徽省地质调查院.

安徽省地质调查院,2020. 皖江经济带综合地质调查成果集成与总结水文地质专题研究报告[R]. 合肥:安徽省地质调查院.

安徽省地质调查院,2020. 皖江经济带综合地质调查成果集成与总结土地质量专题研究报告[R]. 合肥:安徽省地质调查院.

安徽省地质环境监测总站,2020. 皖江经济带综合地质调查成果集成与总结地热专题研究报告[R]. 合肥:安徽省地质环境监测总站.

安徽省地质环境监测总站,2020. 皖江经济带综合地质调查成果集成与总结地质灾害专题研究报告[R]. 合肥:安徽省地质环境监测总站.

安徽省地质环境监测总站,2020. 皖江经济带综合地质调查成果集成与总结矿山环境地质专题研究报告[R]. 合肥:安徽省地质环境监测总站.

戴圣潜,储东如,刘家云,等,2014. 安徽省区域地质志报告[R]. 合肥:安徽省地质调查院.

合肥工业大学,2020. 皖江经济带综合地质调查成果集成与总结工程地质专题研究报告[R]. 合肥:合肥工业大学.

中国地质调查局南京地质调查中心,2021. 皖江经济带综合地质调查成果集成与总结城市地质专题研究报告[R]. 南京:中国地质调查局南京地质调查中心.